汇编语言程序设计

（第二版）

主　编　詹仕华
副主编　满正行　张旭玲
编　写　余国伟　刘志都

中国电力出版社
CHINA ELECTRIC POWER PRESS

内 容 提 要

汇编语言是各种 CPU 所提供的机器指令的助记符的集合。编程人员可以直接通过汇编语言程序控制硬件系统工作。本书以 8086 指令系统为主，介绍汇编语言程序设计的基本理论和基本方法。本书为普通高等教育“十二五”系列教材。

全书共分为 8 章，第 1 章介绍微型计算机基础知识，第 2～8 章介绍 80x86 微处理器及系统结构，80x86 指令系统，汇编语言程序格式，基本程序设计，应用程序设计，输入、输出和中断程序设计，高级语言与汇编语言混合编程等。本书逻辑性强，层次分明，特别注重理论和实践相结合，有大量应用程序实例，并有配套的习题解答、课程实验和课程实习的辅助教材。

本书可作为普通高等教育院校计算机科学与技术及其相关专业的汇编语言程序设计课程的教材，也可作为成人函授教育或高职高专相关专业教材，还可作为自学汇编语言程序设计的读者和相关技术人员的参考用书。

图书在版编目（CIP）数据

汇编语言程序设计 / 詹仕华主编. —2 版. —北京：中国电力出版社，2015.1(2022.7 重印)
普通高等教育“十二五”规划教材
ISBN 978-7-5123-6961-0

Ⅰ. ①汇… Ⅱ. ①詹… Ⅲ. ①汇编语言－程序设计－高等学校－教材 Ⅳ. ①TP313

中国版本图书馆 CIP 数据核字（2014）第 308624 号

中国电力出版社出版、发行
（北京市东城区北京站西街 19 号 100005 http://www.cepp.sgcc.com.cn）
三河市百盛印装有限公司印刷
各地新华书店经售
*
2008 年 2 月第一版
2015 年 1 月第二版 2022 年 7 月北京第八次印刷
787 毫米×1092 毫米 16 开本 17 印张 411 千字
定价 **50.00** 元

权 专 有 侵 权 必 究

本书如有印装质量问题，我社营销中心负责退换

前 言

本书是编者在第一版的基础上，结合汇编语言程序设计课程的教学经验和软件开发经验进行修订的。本书修订主要考虑如下。

汇编语言是一种面向机器的语言，它能够利用计算机所有硬件特性并能直接控制硬件，所以汇编语言程序设计是计算机科学与技术及其相关专业重要的一门专业基础课程。作为汇编语言程序设计的教材，在讲明基本内容的基础上，应做到重点突出、难点明确，同时强调具体应用，注重理论教学和实践教学相结合。这是本书第一版时编写的思路，因此，在编写第二版时仍保持了第一版的总体思路，对部分内容进行了删除和补充，同时也调整了内容次序，确保内容层次分明，逻辑性更严密。

随着计算机软件技术和硬件技术的发展，汇编语言和高级语言相结合的开发技术已广泛应用于包含系统软件等的软件开发。因此，第二版增加了高级语言与汇编语言混合编程的内容，以便使读者了解高级语言与汇编语言混合编程的基本方法，提高编程能力和软件设计水平。

在修订本书的同时，也修订了与本书配套的《汇编语言程序设计习题解答及课程实验、设计辅导》一书。

本书由满正行编写第 1 章、第 5 章和第 8 章；詹仕华编写第 2 章、第 7 章；张旭玲编写第 3 章和第 4 章；余国伟编写第 6 章；刘志都编写附录部分；全书由詹仕华统稿。限于编者水平，书中疏漏与不足之处在所难免，殷切希望广大读者批评指正。

本书的再版，得到了中国电力出版社的大力支持和协助，谨此表示诚挚的谢意。

编 者

2014 年 12 月

前 言

编 者

2014年12月

第一版前言

为贯彻落实教育部《关于进一步加强高等学校本科教学工作的若干意见》和《教育部关于以就业为导向深化高等职业教育改革的若干意见》的精神，加强教材建设，确保教材质量，中国电力教育协会组织制订了普通高等教育“十一五”教材规划。该规划强调适应不同层次、不同类型院校，满足学科发展和人才培养的需求，坚持专业基础课教材与教学急需的专业教材并重、新编与修订相结合。本书为新编教材。

汇编语言是一种面向机器的语言，它能够利用计算机所有硬件特性并能直接控制硬件，所以汇编语言是很多相关课程（如微机原理与接口技术、操作系统等）的重要基础。如果想从事计算机科学方面的工作，汇编语言的基础是不可缺少的。因为工作平台、研究对象都是机器。

本书编写过程结合了根据作者自身的教学和实践经验，对教材的知识点、重点和难点有较好的把握，并将实际开发的应用程序编入教材中。注重理论教学和实践教学相结合，通过大量实例分析程序设计的方法，逻辑性强和层次分明，这些将有助于对本教材的理解和程序设计能力的提高。为了便于对教材的理解和加强实践环节，与本书配套编写了《汇编语言程序设计习题解答及课程实验、设计辅导》。

本教材由李应兴编写第 1 章、第 5 章和第 6 章；张旭玲编写第 3 章和第 4 章；刘志都编写附录部分；詹仕华编写第 2 章、第 7 章和第 8 章并统稿。限于编者水平，书中疏漏与不足之处在所难免，殷切希望广大读者批评指正。

本书的出版，得到了中国电力出版社的大力支持和协助，谨此表示诚挚的谢意。

编　者

2007 年 12 月

目　录

第1章 计算机基础知识

1.1 计算机系统概述

一个完整的计算机系统是由硬件系统和软件系统两大部分组成的。计算机硬件（Hardware）是构成计算机的各种物质实体的总和。计算机软件（Software）是计算机上全部可运行程序的总和。硬件是软件建立和依托的基础，软件是计算机系统的灵魂。没有软件的计算机称为裸机，不能供用户直接使用；而没有硬件对软件的物质支持，软件的功能则无从谈起。所以应该把计算机系统看作一个整体，它既包括硬件也包括软件，两者不可分割。

1.1.1 硬件

自1946年计算机诞生以来，虽然计算机制造技术已经发生了巨大的变化，但就其体系而言，都基于同一个原理：存储程序和程序控制的原理。其硬件部分都由五大功能部件组成，如图1.1所示。

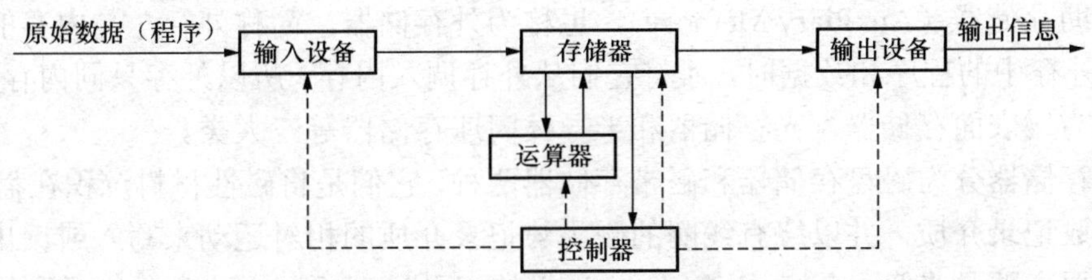

图1.1 计算机结构示意图

图1.1中实线带箭头“→”代表数据或指令，在机器内部表现为二进制数；虚线带箭头“--->”代表控制信号，在机器内部起控制作用。计算机的工作，正是通过这两种不同类型的信息流动完成的。由图1.1可见，计算机硬件是由输入设备、输出设备、运算器、控制器、存储器五大部件构成的。连接各部件的是总线（BUS），总线是连接计算机内部各部件的一簇公共信号线，是计算机中传送信息的公共通道。它包括地址总线（Address Bus）、数据总线（Data Bus）、控制总线（Control Bus）。

地址总线用来传送地址信息，数据总线用来传送数据信息，控制总线用来传送控制信号。也就是说总线上传送的是地址信息、数据信息、控制信息。

1. 输入设备

计算机要进行数据处理，必须将程序和数据送到内存，转换为计算机能够识别的电信号，这样的设备叫输入设备（Input Unit），如键盘、鼠标和扫描仪等。

2. 输出设备

将主机的信息输出时，就要产生与输出信息相对应的各种电信号，并在显示器上显示、在打印机上打印，或在外存储器上存放等，能将计算机内部的信息传递出来的设备就是输出设备（Output Unit）。

3. 运算器

运算器（Arithmetic Logical Unit，ALU）的功能是进行算术运算和逻辑运算。算术运算是指加、减、乘、除等；逻辑运算泛指非算术运算，如移位、与、或、非运算等。运算器在控制器的控制下，从内存中取出数据送到运算器中进行处理，处理的结果再送回存储器。

4. 控制器

控制器（Control Unit）的功能是从内存中依次取出指令，分析指令并产生相应的控制信号，送至各个部件，指挥并协调计算机的各个部件工作。它是统一协调各部件的中枢，也是"计算机中的计算机"，它的机理主要是采用内部存储控制信号来实现的。

5. 存储器

存储器（Memory Unit）是用来存放程序和数据的，分为主存储器和辅助存储器。

（1）主存储器（Main Memory，简称主存），又称为内存储器（简称内存）。在控制器的控制下，与运算器、输入/输出设备交换信息。目前，计算机的内存都是采用超大规模的半导体集成器件。它由随机读/写存储器 RAM（Random Access Memory）和只读存储器 ROM（Read Only Memory）组成。在 RAM 中的程序和数据，一旦关机就会全部丢失。主存的速度比运算器的速度慢，因此在中央处理器内部增加了高速缓冲存储器（Cache），以便在速度上和中央处理器相匹配。高速缓冲存储器是利用了程序和数据的局部性原理。

（2）辅助存储器（Auxiliary Memory），也称为外存储器，简称外存，是内存的补充和后援，当用到外存中的程序和数据时，才将它们从外存调入内存，所以外存只同内存交换信息。

外存分为磁表面存储器、光存储器和半导体闪速存储器等三大类。

磁表面存储器分为磁盘存储器和磁带存储器两种，它们是将磁性材料沉积在盘片（或带）的基体上形成记录介质，并以绕有线圈的磁头与记录介质的相对运动来写入或读出信息。

光存储器主要是光盘（Optical Disk）。光盘的记录原理不同于磁盘，它是利用激光束在具有感光特性的表面上存储信息。

闪速存储器（F1ash Memory），就是通常所说的优盘。自 2000 年闪速存储器被发明和应用以来，闪速存储器在我国发展很快，然而作为闪速存储技术中的存储主体——闪速存储器，其实早在 1980 年就被日本东芝公司申请了专利。多年的发展过程中，闪速存储器技术经过了多次变革和发展，但其变化的总体趋势一直都是存储容量越来越大、数据读/写速度越来越快、性能价格比越来越高。

现代计算机将运算器和控制器集成在一起，称为 CPU（Central Processing Unit，中央处理器）。而中央处理器和内存又组成了主机。I/O 设备（Input/Output Unit，输入/输出设备）统称为外部设备，简称外设。

主机通过接口与外设相互连接，接口是外设与主机进行信息交换的电路。

1.1.2 软件

具有相同硬件的计算机，配上不同的软件系统，它们的工作效率会有较大的差别。一台好的计算机不仅需要有高档的硬件系统，还需配有优秀的软件系统。计算机软件系统是指计算机上可运行的全部程序、文档及各种数据的集合。

可见，计算机软件是计算机系统的重要组成部分，它可以分成系统软件和应用软件两大类。

系统软件是一组程序，这些程序是用户使用计算机时，为产生、准备和执行用户程序所必需的。应用软件则是用户自行编制的各种程序、文档及各种数据的集合。

系统软件的核心称为操作系统（Operating System，OS），是系统程序、文档及各种数据的集合，主要管理计算机系统的全部硬件资源、软件资源及数据资源，控制程序运行，改善人机界面，为其他应用软件提供支持等，使计算机系统所有资源最大限度地发挥作用，为用户提供方便、有效、友善的服务界面。

操作系统通常是最靠近硬件的一层系统软件，它把硬件裸机改造成为功能完善的一台虚拟机，使得计算机系统的使用和管理更加方便、计算机资源的利用效率更高、上层的应用程序可以获得比硬件提供的功能更多的支持。

1.1.3 用户与计算机软件和硬件之间的关系

归纳起来，硬件是计算机系统中看得见的物理实体，而软件则是计算机系统中各种程序的集合。在软件的组成中，系统软件是人与计算机进行信息交换、通信对话、按人的思维对计算机进行控制和管理的工具。

当然，在计算机系统中并没有一条明确的硬件与软件的分界线，软、硬件之间的界限是经常变化的。

1.2 计算机中的数制

1.2.1 计算机中数的表示

计算机中各种信息都采用二进制数的形式来传送、存储和加工。

1. 二进制数的基本概念

二进制（Binary）是“逢二进一”的计数方法，有“0”和“1”两个数码。计算机的机内数据，不论是数值型的（Numeric）还是非数值型（Non-numeric），如数字、文字、图形、图像、声音等信息，都是用二进制数来表示的。在计算机中若干位二进制数表示一个数或者一条指令，前者称为数据字，后者称为指令字。

2. 位

位（bit），也称为比特，是英文 bit（binary digit 的缩写）的译音，常用“bit”或小写“b”表示，是计算机中最小的信息单位，是用 0 或 1 来表示的一个二进制数位。

3. 字节

8 位二进制数为一个字节（Byte），常以大写字母“B”表示。字节是最基本的数据单位。一个字节可放一个 ASCII 码，两个字节可放一个汉字国标码。

4. 字

字（Word）是计算机中信息交换、加工、存储的基本单元。用“W”表示，一个字由一个或者若干个字节构成。字的长度叫字长，是 CPU（中央处理器）内能直接参与运算的二进制位数。

双字（Double Word）是指两个连续字，四个字（Quad Word）是指四个连续字，十字节（Ten Bytes）是指十个连续字节，节（Paragraph）是指十六个连续字节。

1.2.2 计算机采用的数制

日常生活中最熟知的计数进制是十进制，特点是“逢十进一”。

1. 十进制数（D）

十进制数（Decimal）的特点是:

（1）数码有十个：0、1、2、3、4、5、6、7、8、9。

（2）逢 10 进 1，借 1 当 10。

十进制数按权展开方法是：设任意一个十进制数 D，具有 n 位整数，即 $D_{n-1}D_{n-2}\cdots D_1D_0$。十进制数可以表示为

$$D=D_{n-1}\times 10^{n-1}+D_{n-2}\times 10^{n-2}+\cdots+D_1\times 10^1+D_0\times 10^0 \tag{1.1}$$

权是以 10 为底的幂，将上式称为“按权展开式”。

例如：$(8765)_{10}$ 按权展开为

$$\begin{aligned}(8765)_{10}&=8\times 10^3+7\times 10^2+6\times 10^1+5\times 10^0\\&=8000+700+60+5\end{aligned} \tag{1.2}$$

2. 二进制数（B）

二进制数的特点是：

（1）数码有两个：0、1。

（2）逢 2 进 1，借 1 当 2。

二进制数按权展开方法是：设任意一个二进制数 B，具有 n 位整数，即 $B_{n-1}B_{n-2}\cdots B_1B_0$。十进制数可以表示为

$$D=B_{n-1}\times 2^{n-1}+B_{n-2}\times 2^{n-2}+\cdots+B_1\times 2^1+B_0\times 2^0 \tag{1.3}$$

权是以 2 为底的幂。

例如：$(111010)_2$ 按权展开为

$$\begin{aligned}(111010)_2&=1\times 2^5+1\times 2^4+1\times 2^3+0\times 2^2+1\times 2^1+0\times 2^0\\&=(58)_{10}\end{aligned} \tag{1.4}$$

3. 八进制数（O 或 Q）

八进制数（Octal）的特点是：

（1）数码有八个：0、1、2、3、4、5、6、7。

（2）逢 8 进 1，借 1 当 8。

八进制数按权展开方法是：设任意一个八进制数 Q，具有 n 位整数，即 $Q_{n-1}Q_{n-2}\cdots Q_1Q_0$。十进制数可以表示为

$$D=Q_{n-1}\times 8^{n-1}+Q_{n-2}\times 8^{n-2}+\cdots+Q_1\times 8^1+Q_0\times 8^0 \tag{1.5}$$

权是以 8 为底的幂。

例如：$(1765)_8$ 按权展开为

$$(1765)_8=1\times 8^3+7\times 8^2+6\times 8^1+5\times 8^0=(1013)_{10} \tag{1.6}$$

4. 十六进制数（H）

十六进制数（Hexadecimal）的特点是：

（1）数码有十六个：0、1、2、3、4、5、6、7、8、9、A、B、C、D、E、F。

（2）逢 16 进 1，借 1 当 16。

其中，数码 A、B、C、D、E、F 分别代表十进制数 10、11、12、13、14、15。

十六制数按权展开方法是：设任意一个十六进制数，具有 n 位整数，即 $H_{n-1}H_{n-2}\cdots H_1H_0$。十进制数可以表示为

$$D=H_{n-1}\times 16^{n-1}+H_{n-2}\times 16^{n-2}+\cdots+H_1\times 16^1+H_0\times 16^0 \tag{1.7}$$

权是以 16 为底的幂。

例如：$(2E0F)_{16}$ 按权展开为

$$(2E0F)_{16}=2\times16^3+14\times16^2+0\times16^1+15\times16^0=(11791)_{10} \tag{1.8}$$

二进制数、八进制数、十进制数和十六进制数的对照表，见表 1.1。

在程序设计中，为了区分不同进制的数，通常在数字后用一个英文字母作后缀以示区别。对十进制数，数字后加 D 或不加，如 100D 或 100；对二进制数，数字后加 B，如 101011B；对八进制数，数字后面应该加 O，但是字母 O 和数字 0 在书写时不易区分，为此常常在八进制数的后面加 Q，如 23456Q；对十六进制数，数字后面加 H，如 23ACDH。

表 1.1　各种进制数对照表

十进制	二进制	八进制	十六进制	十进制	二进制	八进制	十六进制
0	0	0	0	8	1000	10	8
1	1	1	1	9	1001	11	9
2	10	2	2	10	1010	12	A
3	11	3	3	11	1011	13	B
4	100	4	4	12	1100	14	C
5	101	5	5	13	1101	15	D
6	110	6	6	14	1110	16	E
7	111	7	7	15	1111	17	F

1.2.3　不同数制的相互转换

1. 十进制数转换为二进制数、八进制数、十六进制数

十进制整数转换为二进制数的方法是除 2 取余；十进制整数转换为八进制数的方法是除 8 取余；十进制整数转换为十六进制数的方法是除 16 取余。

【例 1.1】 将十进制数$(107)_{10}$转换为二进制数。

将已知的十进制数的整数部分反复除以 2，直到商是 0 为止，并将每次相除之后所得的余数记录下来。第一次相除之后所得的余数 K_0 为二进制数的最低位，最后一次相除之后所得的余数 K_{n-1} 为二进制数的最高位。$K_{n-1}K_{n-2}\cdots K_1K_0$ 即为转换所得的数。

转换过程如下：

```
2|107      ……余数1（K0）   （低位）
  2|53     ……余数1（K1）      ↑
   2|26    ……余数0（K2）      |
    2|13   ……余数1（K3）      |
     2|6   ……余数0（K4）      |          (1.9)
      2|3  ……余数1（K5）      |
       2|1 ……余数1（K6）   （高位）
          0
```

所以$(107)_{10}=(1101011)_2$

【例 1.2】 将十进制数$(117)_{10}$转换为八进制数。

将已知的十进制数的整数部分反复除以 8，直到商是 0 为止，并将每次相除之后所得的余数记录下来。第一次相除之后所得的余数 K_0 为八进制数的最低位，最后一次相除之后所得

的余数 K_{n-1} 为八进制数的最高位。$K_{n-1}K_{n-2}\cdots K_1K_0$ 即为转换所得的数。

转换过程如下：

$$\begin{array}{r|l} 8 & 117 \\ \hline 8 & 14 \\ \hline 8 & 1 \\ \hline & 0 \end{array} \quad \begin{array}{l} \cdots\cdots\text{余数}5\ (K_0) \quad (\text{低位}) \\ \cdots\cdots\text{余数}6\ (K_1) \quad \uparrow \\ \cdots\cdots\text{余数}1\ (K_2) \quad (\text{高位}) \end{array} \tag{1.10}$$

所以$(117)_{10}=(165)_8$

【例 1.3】 将十进制数$(687)_{10}$转换为十六进制数。

将已知的十进制数的整数部分反复除以 16，直到商是 0 为止，并将每次相除之后所得的余数记录下来。第一次相除之后所得的余数 K_0 为十六进制数的最低位，最后一次相除之后所得的余数 K_{n-1} 为十六进制数的最高位。$K_{n-1}K_{n-2}\cdots K_1K_0$ 即为转换所得的数。

转换过程如下：

$$\begin{array}{r|l} 16 & 687 \\ \hline 16 & 42 \\ \hline 16 & 2 \\ \hline & 0 \end{array} \quad \begin{array}{l} \cdots\cdots\text{余数}15\ (K_0) \quad (\text{低位}) \\ \cdots\cdots\text{余数}10\ (K_1) \quad \uparrow \\ \cdots\cdots\text{余数}2\ \ (K_2) \quad (\text{高位}) \end{array} \tag{1.11}$$

所以$(687)_{10}=(2AF)_{16}$

2. 二进制数、八进制数、十六进制数转换为十进制数

（1）二进制数转换为十进制数的方法是：将二进制数（基数为 2）按权展开相加，即可得到相应的十进制数。

【例 1.4】 将二进制数$(1101)_2$转换为十进制数。

$$\begin{aligned}(1101)_2&=1\times2^3+1\times2^2+0\times2^1+1\times2^0\\&=(13)_{10}\end{aligned} \tag{1.12}$$

（2）八进制数、十六进制数转换为十进制数方法是：将八进制数（基数为 8）、十六进制数（基数为 16）按权展开相加，即可得到相应的十进制数。

3. 二进制数和八进制数的相互转换

因为二进制的进位基数是 2，八进制的进位基数是 8，所以三位二进制数对应一位八进制数。所以，二进制数转换为八进制数的方法是：从右向左，三位一组，最高位不足三位时，左边添 0 补足三位，然后将每组的三位二进制数用相应的八进制数表示，即可得到对应的八进制数。

反之，将八进制数转换为二进制数时，每一位八进制数用对应的三位二进制数表示即可。

【例 1.5】 将二进制数$(1011101)_2$转换为八进制数。

$$\begin{array}{ccc} 001 & 011 & 101 \\ 1 & 3 & 5 \end{array} \tag{1.13}$$

所以$(1011101)_2=(135)_8$

4. 二进制数和十六进制数的相互转换

因为二进制的进位基数是 2，十六进制的进位基数是 16，所以四位二进制数对应一位十六进制数。

所以，二进制数转换为十六进制数的方法是：从右向左，四位一组，最高位不足四位时，左边添0补足四位，然后将每组的四位二进制数用相应的十六进制数表示，即可得到对应的十六进制数。

反之，将十六进制数转换为二进制数时，每一位十六进制数用对应的四位二进制数表示即可。

【例 1.6】 将二进制数$(11001011101)_2$转换为十六进制数。

转换过程如下：

$$\begin{array}{ccc} 0110 & 0101 & 1101 \\ 6 & 5 & D \end{array} \tag{1.14}$$

所以$(11001011101)_2=(65D)_{16}$

由以上讨论可知，二进制数与八进制数、十六进制数之间的转换比较容易、直观。所以在程序设计中，通常将书写起来很长且容易出错的二进制数用简捷的八进制数或十六进制数表示。

1.2.4 二进制数的算术运算

1. 加法运算

二进制加法运算规则是逢2进1，即

$$0+0=0 \qquad 0+1=1 \qquad 1+0=1 \qquad 1+1=10$$

【例 1.7】 $1101+1011=11000$ （1.15）

2. 减法运算

二进制减法运算规则是借1当2，即

$0-0=0$　　$1-0=1$　　$1-1=0$　　$0-1=1$（向高位借1）

【例 1.8】 $1101-1011=0010$ （1.16）

3. 乘法运算

二进制乘法运算规则是0乘以任何数得0，1乘以任何数得该数，即

$$0\times0=0 \qquad 0\times1=0 \qquad 1\times0=0 \qquad 1\times1=1$$

【例 1.9】 $1101\times1011=10001111$ （1.17）

4. 除法运算

二进制除法运算规则是0除以1得0，1除以1得1，0做除数无意义，即

$$0\div1=0 \qquad 1\div1=1$$

【例 1.10】 $10001111\div1011=1101$ （1.18）

1.2.5 计算机中的逻辑运算

如果给一个变量赋以逻辑属性，这个变量就为逻辑变量。逻辑变量的值只有两个，即“真”与“假”（“T”与“F”），或“是”与“否”（“Y”与“N”）。用二进制数的“1”和“0”来表示这种逻辑值就十分方便了，一般情况下，“1”代表“T”，“0”代表“F”。

逻辑运算包括逻辑非、逻辑或、逻辑与这三种基本运算，或由这三种基本运算复合而成的如与非、或非、异或等的逻辑组合。

在非数值运算领域中，经常使用逻辑运算，例如利用逻辑运算进行两数的比较，或者从某个数中选取某几位等操作。再比如当利用计算机进行过程控制时，可以利用逻辑运算对一组输入的开关量做出判断，以确定哪些开关是闭合的，哪些开关是断开的。总之，在非数值应

用的广大领域中，逻辑运算是非常有用的。

计算机中的逻辑运算，主要是指逻辑乘、逻辑加（或）、逻辑非、逻辑异或等四种基本运算。

1. 与运算（逻辑乘，Logic Multiplication）

当两个条件同时为真时，结果才为真；当两个条件中任意一个为假，结果必为假。这种逻辑关系称为“与”逻辑。通常用符号×、∧、•、∩或 AND 等来表示“与”。与运算的规则是

$$0\times0=0 \qquad 0\times1=0 \qquad 1\times0=0 \qquad 1\times1=1$$

若两个逻辑数 X、Y 分别为

$$X = X_nX_{n-1}\cdots X_1X_0\text{，}\quad Y=Y_nY_{n-1}\cdots Y_1Y_0$$

则

$$X\wedge Y=Z=Z_nZ_{n-1}\cdots Z_1Z_0 \tag{1.19}$$

其中，$Z_i=X_i\wedge Y_i \quad (i=0,1,2,\cdots, n)$

【例 1.11】 $X=100101$，$Y=101101$，求 $X\wedge Y$。

$$\begin{array}{lr} X & 1\,0\,0\,1\,0\,1 \\ \wedge \quad Y & 1\,0\,1\,1\,0\,1 \\ \hline & 1\,0\,0\,1\,0\,1 \end{array}$$

即 $X\wedge Y=100101$

2. 或运算（逻辑加，Logic Addition）

当两个条件中任意一个为真，结果就为真；当两个条件同时为假时，结果才为假。这种逻辑关系称为“或”逻辑。通常用符号＋、∨、∪或 OR 等来表示“或”。或运算的规则是

$$0+0=0 \qquad 0+1=1 \qquad 1+0=1 \qquad 1+1=1$$

设两个数 X、Y 分别为

$$X = X_nX_{n-1}\cdots X_1X_0\text{，}\quad Y=Y_nY_{n-1}\cdots Y_1Y_0$$

对 X、Y 求逻辑加，则

$$X\vee Y=Z=Z_nZ_{n-1}\cdots Z_1Z_0 \tag{1.20}$$

其中，$Z_i=X_i\vee Y_i \quad (i=0,1,2,\cdots, n)$

【例 1.12】 $X=100101$，$Y=101101$，求 $X\vee Y$。

$$\begin{array}{lr} X & 1\,0\,0\,1\,0\,1 \\ \vee \quad Y & 1\,0\,1\,1\,0\,1 \\ \hline & 1\,0\,1\,1\,0\,1 \end{array}$$

即 $X\vee Y=101101$

3. 非运算（Logic Negation）

非运算是进行“求反”运算，又称否运算。通常在逻辑变量上方加一横线，如 $\overline{B}$。也可用符号“¬”来表示，如 $\neg B$。非运算的规则是

如 $B=1$，则 $\neg B=0$；如 $B=0$，则 $\neg B=1$。

【例 1.13】 设 X＝10101010

则¬X＝01010101

4. 异或逻辑

对两个数进行异或操作就是按位求它们的模 2 和，故异或逻辑又有“按位加”之称，常用记号“⊕”来表示。

若两个数 X、Y 分别为

$$X = X_n X_{n-1} \cdots X_1 X_0 ,\quad Y = Y_n Y_{n-1} \cdots Y_1 Y_0$$

则

$$X \oplus Y = Z = Z_n Z_{n-1} \cdots Z_1 Z_0 \tag{1.21}$$

其中 $Z_i = X_i \oplus Y_i \qquad (i=0,1,2,\cdots, n)$

【例 1.14】 X＝100101，Y＝101101，求 $X \oplus Y$。

$$\begin{array}{ll} X & 1\,0\,0\,1\,0\,1 \\ Y & 1\,0\,1\,1\,0\,1 \\ & 0\,0\,1\,0\,0\,0 \end{array}$$

即 $X \oplus Y$＝001000

1.3 计算机中的数和字符的表示

字符是计算机中使用最多的信息之一，是人与计算机通信、交互作用的重要媒介。在计算机中，为每个字符指定一个确定的编码，作为识别与使用这些字符的依据。这些编码的值是用一定位数的二进制码表示的。

1.3.1 字符表示

目前，国际上使用的字母、数字和符号的信息编码系统是采用美国国家信息交换标准字符码（American Standard Code for Information Interchange），简称为 ASCII 码。它有 7 位码版本和 8 位码版本两种。国际上通用的 ASCII 码是 7 位码（即用 7 位二进制数表示一个字符），总共有 128 个字符（2^7＝128），其中包括 26 个大写英文字母，26 个小写英文字母，0～9 共 10 个数字，34 个通用控制字符（NUL～SP 和 DEL）和 32 个专用字符（标点符号和运算符）。具体编码表见附录 D。

用一个字节（8 位二进制数）表示 7 位 ASCII 码时，最高位为 0。它的范围为 00000000B～01111111B。8 位 ASCII 码称为扩充 ASCII 码，是 8 位二进制字符编码，它的范围为 00000000B～11111111B，其中 00000000B～01111111B 为基本部分，范围为 0～127，这 128 种最高位为 0；10000000B～11111111B 为扩充部分，范围为 128～255，也有 128 种，其最高位为 1。因此 8 位 ASCII 码可以表示 256 种不同的字符。尽管对扩充部分的 ASCII 码美国国家标准信息协会已给出定义，但在实际中多数国家将 ASCII 码扩充部分规定为自己国家语言的字符代码，如中国把扩充 ASCII 码作为汉字的机内码。在我国国家标准 GB 2312—1980《信息交换用汉字编码字符集　基本集》中还规定使用两个字节（每个字节的最高位置 0）对应一个汉字进行编码，称为国标码，而把每个字节的最高位都置 1，作为对应的汉字的机内码（也称汉字的 ASCII 码）。

1.3.2 BCD 码

虽然二进制运算规则简单、计算机处理容易实现，但二进制数不直观、书写容易出错，加之人们习惯用十进制数形式，因此计算机中的数字有时也用十进制形式表示。这里介绍常用的表示十进制数的 BCD 编码。

BCD（Binary Code Decimal）码叫做二进制编码的十进制数，也称二-十进制数。一位十进制数可以用 4 位二进制数表示，其表示方法有多种，通常用的是 8421BCD 码，即 4 位二进制数自左至右其权分别为 8、4、2、1。用二进制数的 0000～1001 分别表示 8421BCD 码的 0～9。

BCD 码有压缩 BCD 码和非压缩 BCD 码两种形式。

1. 压缩 BCD 码

每位压缩 BCD 码占用 4 个二进制位，一个字节（8 位）可以存放两位压缩 BCD 码。

例如要把十进制数 56 转换成压缩 BCD 码。则有

$$(56)_{10}=(01010110)_{\text{压缩BCD}} \tag{1.22}$$

2. 非压缩 BCD 码

每位非压缩 BCD 码占用一个字节，其中高 4 位为 0，低 4 位为 BCD 码。

1.3.3 无符号数和带符号数

1. 无符号数

所谓无符号数（Unsigned Number），就是整个机器字长的全部二进制位均表示数值位，也就是没有符号位。相当于数的绝对值，例如：

X_1＝01001　表示无符号数 9。

X_2＝11001　表示无符号数 25。

机器字长为 n 位的无符号数的表示范围是 0～(2^n－1)，此时二进制的最高位也是数值位，其权值等于 2^n。若字长为 8 位，则数的表示范围为 0～255。

一般计算机中都设置有一些无符号数的运算和处理指令。如 Intel 8086 中的 MUL 和 DIV 指令就是无符号数的乘法和除法指令，还有一些条件转移指令也是专门针对无符号数的。

2. 带符号数

然而，大量用到的数据还是带符号数（Signed Number），即正、负数。在日常生活中用“＋”“－”号加绝对值来表示数值的大小，用这种形式表示的数值在计算机技术中称为“真值”。

对于数的符号“＋”或“－”，计算机是无法识别的，因此需要把数的符号数码化。通常，约定二进制数的最高位为符号位，“0”表示正号，“1”表示负号。这种在计算机中使用的表示数的形式称为机器数，常见的机器数有原码、反码、补码等三种不同的表示形式。

带符号数的最高位被用来表示符号位，而不再表示数值位。前例中的 X_1 和 X_2 在这里的含义变为

X_1＝01001　表示有符号数＋9。

X_2＝11001　根据机器数的不同形式表示不同的值，如果是原码，则表示－9，补码则表示－7，反码则表示－6。

3. 数的补码表示

计算机中的数是用二进制来表示，数的符号也是用二进制数表示。在机器中，把一个数

连同其符号在内数值化表示的数，称为机器数。一般用最高有效位来表示数的符号，正数用 0 表示，负数用 1 表示。机器数可以用不同的码制来表示，常用的有原码、补码和反码表示法。由于多数机器的整数采用补码表示法，80x86 微机也是这样。这里只介绍补码表示法。

在补码表示中，当数 X 为正数时，则用$[X]_{补}=X$来表示 X 的补码。也就是说正数的最高有效位为 0 表示符号为正，其余部分则表示数的绝对值。

例如，假设机器字长为 8 位，则

$$[+1]_{补}=00000001$$
$$[+127]_{补}=01111111 \tag{1.23}$$
$$[+0]_{补}=00000000$$

显然，最高有效位为 0 表示该数的符号为正。

当要表示的数据 X 为负数时，则用$[X]_{补}=2^n-|X|$来表示，其中 n 为机器的字长，2^n 称为机器的模（Mod）。

例如，假设机器字长为 8 位，则

$$[-1]_{补}=2^8-1=11111111$$
$$[-127]_{补}=2^8-127=10000001 \tag{1.24}$$
$$[-0]_{补}=00000000$$

显然，最高有效位为 1 表示该数的符号为负。

可以看到，$[+0]_{补}=[-0]_{补}=00000000$，这说明，在补码表示法中 0 只有一种表示，即 00000000。对于 10000000 这个数，在补码表示法中被定义为－128。这样，8 位补码能表示数的范围为－128～＋127。

由以上叙述可以看到，当数 X 为正数时，只需在机器码的最高位放置“0”，其他位与数 X 相同；而当数 X 为负数时，将 X 按位求反，且最后在末位（最低位）加 1，就可以得到该负数的补码表示了。

【例 1.15】 设机器字长为 16 位，求－119D 在机器中补码表示。

＋119D 可表示为	0000	0000	0111	0111
按位求反后为	1111	1111	1000	1000
末位加 1 后为	1111	1111	1000	1001
用十六进制数表示为	F	F	8	9

即$[-119D]_{补}=0FF89H$

在这里，需要特别注意补码的符号扩展问题。所谓符号扩展是指一个数从位数较少扩展到位数较多(如从 8 位扩展到 16 位，或从 16 位扩展到 32 位)时应该注意的问题。对于用补码表示的数，正数的符号扩展应该在前面补 0，而负数的符号扩展则应该在前面补 1。

【例 1.16】 求 59D 和－108D 分别在 8 位机和 16 位机中的补码表示。

在 8 位机中：

＋59D 可表示为	0011	1011
用十六进制数表示为	3	B
而＋108D 可表示为	0110	1100
按位求反后为	1001	0011

末位加 1 后为　　1001　　0100

用十六进制数表示为　　9　　4

即$[59D]_{补}$＝3BH

$[－108D]_{补}$＝94H

在 16 位机中：

$[59D]_{补}$＝003BH

$[－108D]_{补}$＝FF94H

下面再来讨论补码表示数的范围问题。8 位二进制数可以表示 2^8＝256 个数，当它们是补码表示的带符号数时，它们的表示范围是$-128 \leqslant X \leqslant +127$。一般说来，$n$ 位补码表示的数的表数范围是

$$-2^{n-1} \leqslant X \leqslant 2^{n-1}-1 \quad (1.25)$$

所以，当 n＝16 时，可表示数的范围是$-32\,768 \leqslant X \leqslant +32\,767$

1.3.4　补码的加法和减法

对于 n 位字长的机器来说，补码的加法和减法公式可表示如下：

补码加法的公式：

$$[X]_{补}+[Y]_{补}=[X+Y]_{补} \quad (\mathrm{mod}\ 2^n) \quad (1.26)$$

补码减法运算的公式：

$$[X-Y]_{补}=[X]_{补}+[-Y]_{补} \quad (\mathrm{mod}\ 2^n) \quad (1.27)$$

补码加减法规则如下：

（1）参与运算的两个操作数均用补码表示。

（2）符号位要作为数的一部分一起参加运算。

（3）若做加法，则两数直接相加；若做减法，则将被减数与减数的负数相加。

（4）在模 2^n 的意义下相加，即大于 2^n 的进位要丢掉。

（5）运算结果仍是补码表示。

【例 1.17】 在 8 位机中，用补码计算 45＋24。

为了便于理解，同时也给出十进制计算：

十进制	补码
45	**0**010 1101
＋ 24	＋ **0**001 1000
69	**0**100 0101

【例 1.18】 在 8 位机中，用补码计算 45－38。

十进制	补码
45	**0**010 1101
＋（－38）	＋ **1**101 1010
7	1 **0**000 0111

$$100000111=100000000+111=2^8+111=111 \quad (\mathrm{mod}\ 2^8)$$

可见，从最高位向高位的进位由于机器的字长的限制而自动丢失，但这不会影响运算结果的正确性。

【例 1.19】 在 8 位机中，用补码计算 95＋38。

十进制	补码
95	0101 1111
＋ 38	＋ 0010 0110
133	1000 0101

两正数相加，结果位变为 1。即两正数相加结果为负数，那一定是错了，为什么？

由前面的讨论可知，在 8 位机中，补码能表示的范围是$-128 \leqslant X \leqslant +127$。而 95＋38＝133，显然超出了 8 位机所能表示的范围，这种情形称为“溢出”。

1.4 机器语言、汇编语言、高级语言

程序设计语言指的是用来编写程序的语言。人们在相互交谈时，使用的是自然语言，如汉语、英语、俄语等。人们在同计算机打交道的时候也要使用语言，以便让计算机工作。计算机也通过语言把结果告诉给使用计算机的人。这就是所谓的“人机对话”。但是这种对话所使用的语言并不是平常人与人之间交流所使用的语言。人们把同计算机打交道的语言叫做程序设计语言或计算机语言。程序设计语言也是计算机系统软件的重要组成部分。用来进行程序设计的语言有很多，可以按低级语言和高级语言分类。低级语言有机器语言和汇编语言，高级语言有 C/C++、JAVA 等。

1.4.1 机器语言

机器语言（Machine Language）是各种不同功能机器指令的集合。机器指令是一系列二进制代码，所以机器语言是计算机能直接理解并执行的语言，不用翻译，CPU 可直接执行，是各种计算机语言中运行最快的一种语言。

为了实现程序控制，一条机器指令必须由两部分组成：一部分代码指明计算机应该完成什么任务，如加、减、乘、除等，称为操作码；另一部分则要指出参与操作的数据来自何方，操作结果将去向何处，即指明操作数的地址，称为地址码。

由于机器语言是一系列二进制代码，所以这种语言不容易被人们记忆和掌握，编写困难，不同类型的计算机机器语言是不同的，而且不可移植。早期的计算机都是使用机器语言来工作的。

1.4.2 汇编语言

机器语言编写的程序既难记，又很难懂，同时极易出错。人们经过长期的实践，不断摸索，开始用十六进制数来表示各条指令。但是，仍然难以辨认和记忆。后来，人们提出用某些符号来代替这些难记的指令码，如用 SUB（SUBTRACT，减法）、ADD（ADDITION，加法）等有实际意义的符号来代表对应的指令操作码。采用助记符来代替操作码，用地址符号代替地址码。用一些简单的英语缩写词、字母和数字符号来代替机器指令，这样使每条指令都具有明显的特征，这比由“0”和“1”组成的机器码程序形象得多，便于使用和记忆，这种语言就是汇编语言（Assembler Language）。

汇编语言仍然是一种面向机器的语言。它的语句和机器指令一一对应，即每条指令由操作码和地址码所组成。汇编语言是计算机工程控制中常用的语言。

显然，相对于机器语言来说，汇编语言是易于为人们所理解的，但计算机却不能直接识

别汇编语言。汇编程序就是用来把由用户编制的汇编语言程序翻译成机器语言程序的一种系统程序。微机的汇编程序有多种版本，如 MASM、TASM 等。MASM 为 Microsoft 公司开发的汇编程序，TASM（Turbo Assembler）则为 Borland 公司开发的汇编程序，它们都具有较强的功能和宏汇编能力。

1.4.3　高级语言

既然机器语言和汇编语言都是面向机器的语言，使用它们编写程序时，用户对机器硬件及工作原理要比较熟悉，所以较难普及。在 20 世纪 50 年代，人们研制出了高级程序设计语言（High Level Programming Language），简称高级语言。高级语言比较接近于人类自然语言的语法习惯及数学表达形式，它与具体的计算机硬件无关，更容易被广大计算机工作者掌握和使用。利用高级语言，即使一般的计算机用户也可以编写软件，而不必懂得计算机的结构和工作原理。另一个层面上，高级语言是面向用户的过程语言，它是和自然语言更接近，并能为计算机所接受和执行的语言。正因为如此，这种语言易于被用户掌握，使得编程效率大大提高。当然，用高级语言编写的源程序不会被机器直接执行，需要通过编译或解释程序的翻译才可变为机器语言程序。

目前世界上已有数百种高级语言，其中使用比较广泛的有十多种。如 BASIC、C/C++、PASCAL、FORTRAN、LISP、COBOL、JAVA 等。BASIC 便于初学者使用，也可以用于中、小型事物处理；COBOL 适用于商业、银行、交通等行业；FORTRAN 语言适用于大型科学计算；PASCAL 适用于数据结构分析；LISP 是一种智能程序设计语言；C/C++语言特别适用于编写应用软件和系统软件；JAVA 为面向网络的程序设计语言。

1.4.4　汇编语言程序设计的意义

高级语言简单、易学，而汇编语言复杂、难懂，是否就没有必要再采用汇编语言了呢？先比较一下汇编语言和高级语言的特点。

首先，汇编语言与处理器关系密切。每种处理器都有自己的指令系统，相应的汇编语言也各自不同，因而汇编语言程序的通用性、可移植性较差。而高级语言与具体计算机无关，高级语言程序可以在多种计算机上编译后执行。

其次，汇编语言编程涉及寄存器、内存等硬件细节，程序烦琐，调试也比较困难。而高级语言采用类似自然语言的语法，容易被掌握和使用，也不必关心诸如标志、堆栈等问题。

但是，汇编语言本质上就是机器语言，它可以直接有效地控制计算机硬件，因而可以产生运行速度快、指令序列短的高效率目标程序。而高级语言不易直接控制计算机的各种操作，编译程序产生的目标程序庞大、程序难以优化、运行速度慢。

总的来说，汇编语言的主要优点就是可以直接控制计算机硬件，可以编写在时间和空间两方面更有效的程序。这些优点使得汇编语言在程序设计中占有重要的地位，是不可取代的。但是汇编语言的缺点也是明显的，它与处理器密切相关，要求程序员熟悉计算机硬件系统，考虑许多细节问题，所以程序烦琐，调试、维护、交流和移植困难。因此，有时可以采用高级语言和汇编语言混合编程的方法，互相取长补短，更好地解决实际问题。汇编语言主要应用场合如下。

（1）程序要具有较短的运行时间，或者只能占用较小的存储容量。例如操作系统的核心程序段、实时控制系统的软件等。

（2）程序与计算机硬件密切相关，程序要直接控制硬件。例如 I/O 接口电路的初始化程序段、外部设备的底层驱动程序等。

（3）大型软件需要提高性能、优化处理的部分。例如计算机系统频繁调用的子程序、动态链接库等。

（4）没有适合的高级语言的时候。例如开发最新的处理器程序时，暂时没有支持新指令的编译程序。

（5）汇编语言还有许多实际应用，例如分析具体系统尤其是该系统的底层软件、加密解密软件、分析和防治计算机病毒等。

习 题

1.1 简述计算机系统的构成。

1.2 试述汇编语言的特点。

1.3 将下列十进制数转换为二进制数和十六进制数：

（1）369　（2）10000　（3）255　（4）128

1.4 将下列二进制数转换为十六进制数和十进制数：

（1）101101　（2）10001001　（3）11111001　（4）11001111

1.5 将下列十六进制数转换为二进制数和十进制数：

（1）FA　（2）5B　（3）8F　（4）1234

1.6 试分别判断下列各组数据中哪个最大？哪个最小？

（1）A＝0.101B　B＝0.101D　C＝0.101H

（2）A＝1011B　B＝1011D　C＝1011H

1.7 将下列十进制数转换为 BCD 码：

（1）12　（2）68　（3）127　（4）255　（5）1234

1.8 下列各数是用十六进制表示的 8 位二进制数，它们所表示的十进制数及被看作字符的 ASCII 码时对应的字符是什么？

（1）4F　（2）2B　（3）73　（4）59

1.9 下列各数为十六进制表示的 8 位二进制数，说明当它们分别被看作是无符号数或用补码表示的带符号数时，所表示的十进制数是什么？

（1）D8　（2）FF

1.10 现有一个二进制数 10110110，若将该数分别看作是无符号数、原码表示的带符号数、补码表示的带符号数，它对应的十进制数的真值分别是多少？

1.11 计算机中有一个“01100001”编码，如果把它认为是无符号数，它是十进制的什么数？如果认为它是 BCD 码，则表示什么数？又如果它是某个 ASCII 码，则代表哪个字符？

1.12 下列各数均为十进制数，请用 8 位二进制补码计算下列各题，并用十六进制数表示其结果。

（1）（－85）＋76　（2）85＋（－76）　（3）85－76　（4）85－（－76）

1.13 完成下列二进制数的运算。

（1）10111000/1001　（2）1011∧1001

（3）1011∨1001　（4）1011⊕1001

第 2 章　80x86 微处理器及系统结构

2.1　80x86 微处理器

2.1.1　微处理器的产生和发展

将传统计算机的运算器和控制器集成在一块大规模集成电路芯片上作为中央处理部件，其简称为微处理器（Microprocessor），也称微处理机或中央处理单元。微型计算机是由以微处理器为核心，再配上存储器、接口电路等芯片构成的。

按照计算机 CPU、字长和功能划分，微处理器经历了 6 代的演变，80x86 微处理器概况如表 2.1 所示。

（1）第 1 代（1971—1973 年）：4 位和 8 位低档微处理器。

（2）第 2 代（1974—1977 年）：8 位中高档微处理器。

（3）第 3 代（1978—1984 年）：16 位微处理器。

（4）第 4 代（1985—1992 年）：32 位微处理器。

（5）第 5 代（1993—2005 年）：全新高性能奔腾（Pentium）系列微处理器。

（6）第 6 代（2005 年以后）：全新高性能酷睿（Core）系列微处理器。

表 2.1　80x86 微处理器概况

型号	发布年份	字长（位）	晶体管数（万）	主频	数据总线宽度（位）	外部总线宽度（位）	地址总线宽度（位）	寻址空间	高速缓存
4004	1971	4	0.23	0.108MHz	4	4	12	几百字节	无
8008	1972	8	0.35	0.5～0.8MHz	8	8	14	几百字节	无
8080	1974	8	0.68	2MHz	8	8	16	64KB	无
8086	1978	16	2.9	4.77MHz	16	16	20	1MB	无
8088	1979	16	2.9	4.77MHz	16	8	20	1MB	无
80286	1982	16	13.4	6～20MHz	16	16	24	16MB	无
80386	1986	32	27.5	12.5～40MHz	32	32	32	4GB	有（外置）
80486	1989	32	120～160	25～100MHz	32	32	32	4GB	8KB
Pentium（586）	1993	32	310～330	60～166MHz	64	64	32	4GB	数据和指令各 8KB
Pentium（P6）	1995	32	550	150～200MHz	64	64	36	64GB	数据和指令各 8KB
Pentium II	1997	32	750	233～333MHz	64	64	36	64GB	32KB、512KB 二级高速缓存
Itanium	2000	64	22000	1GHz 以上	64	64	36	64GB	6MB 集成三级
Core2	2006	64	29100	3.60GHz	64	64	36	64GB	6MB 集成三级

2.1.2　8086 微处理器的结构

Intel 8086（简称 8086）是在 Intel 公司的 8 位微处理器 8080 与 8085 的基础上发展起来的一种 16 位微处理器。它的内部结构是 16 位，内外部数据总线均为是 16 条；它能处理 16 位数据（具有 16 位运算指令，包括乘法和除法指令），同时也能处理 8 位数据；它能执行整套 8080/8085 的指令，在汇编语言上与 8080/8085 是兼容的；其地址总线是 20 根，故其寻址范围可以达到 1MB。

8086 微处理器的结构可简化为如图 2.1 所示。该处理器分为两大组成部分：指令执行单元 EU（Execution Unit）和总线接口单元 BIU（Bus Interface Unit）。

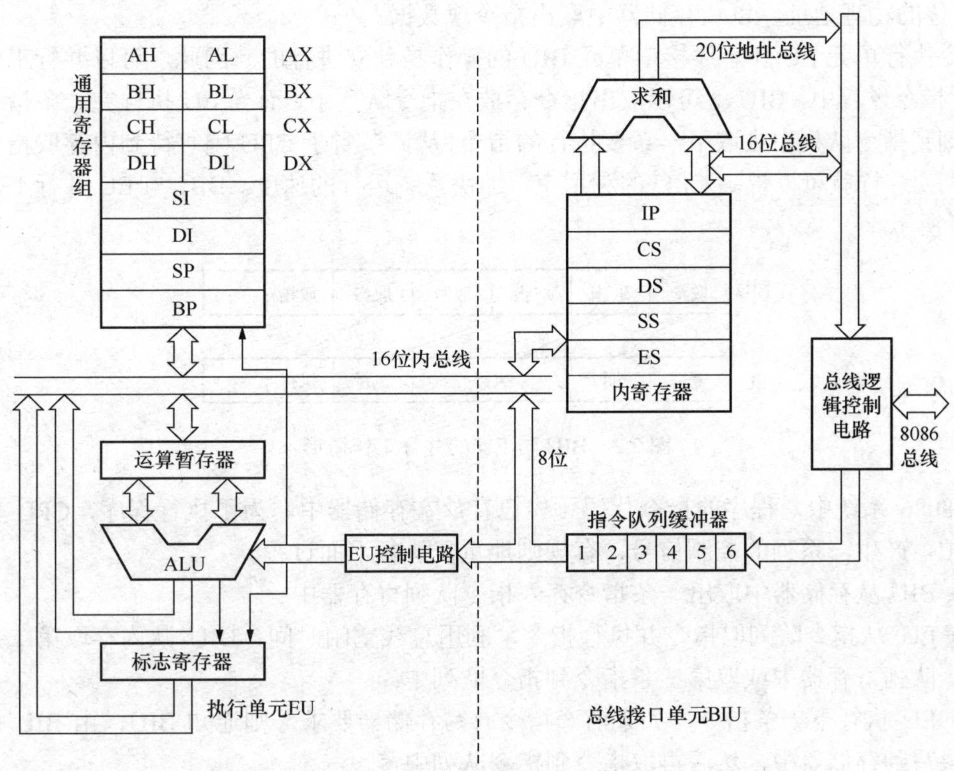

图 2.1　8086 微处理器的功能结构

1. 指令执行单元 EU

EU 部分负责指令的执行。EU 由 ALU、标志寄存器、通用寄存器、数据寄存器和 EU 控制单元组成，不与系统总线（外部总线）相连。取指部分与执行指令部分是分开的，于是在一条指令的执行过程中，就可以取出下一条（或多条）指令，在指令流队列中排队。在一条指令执行完以后就可以立即执行下一条指令，减少了 CPU 为取指令而等待的时间，提高了 CPU 的利用率和执行速度，降低了与之相配的存储器对存取速度的要求。EU 主要实现两种操作，一是根据指令进行算术/逻辑运算；二是由 EU 计算出指令要求寻址单元地址的偏移量，送 BIU，以形成一个 20 位的物理地址，到存储器存取所要求的操作数。

2. 总线接口单元 BIU

BIU 负责与存储器接口，即 8086 CPU 与存储器之间的信息传送。BIU 由地址加法器、段寄存器（CS、DS、ES、SS）、指令指针 IP、指令队列和总线控制逻辑组成。BIU 完成从内存的指定单元取出指令，送至指令流队列中排队，在执行指令时所需的操作数，也由 BIU 从内存的指定区域取出，传送给 EU 部分去执行。

指令队列是一个 6 个字节寄存器，队列中同时最多可存 6 个字节指令。指令队列是一个先进先出的栈。EU 执行并不总占用系统总线。当指令队列空的时候，BIU 自动执行总线操作，取指令存入指令队列。当程序发生转移时，则 BIU 要重新取指令。因为原指令队列中的指令已不能使用。这时 BIU 取出的指令将直接送 EU 执行，然后 BIU 将不断取指令填入指令队列中。

地址加法器是将指令指针 IP 和段寄存器 CS 或将 EU 送来的偏移量与段寄存器 DS 形成一个 20 位的物理地址，以从存储器中取出指令或数据。

指令执行单元 EU 和总线接口单元 BIU 的操作是独立进行的。因此，可以并行工作。在 EU 执行指令过程中，BIU 就可以取出指令存放在指令队列中，而当 EU 执行完一条指令后就可以立刻到指令队列中去取下一条要执行的指令，从而节省了 CPU 因等待到内存取指令所需要的时间，这样就可以提高 CPU 的利用率，加快系统运行的速度。BIU 与 EU 并行工作情形如图 2.2 所示。

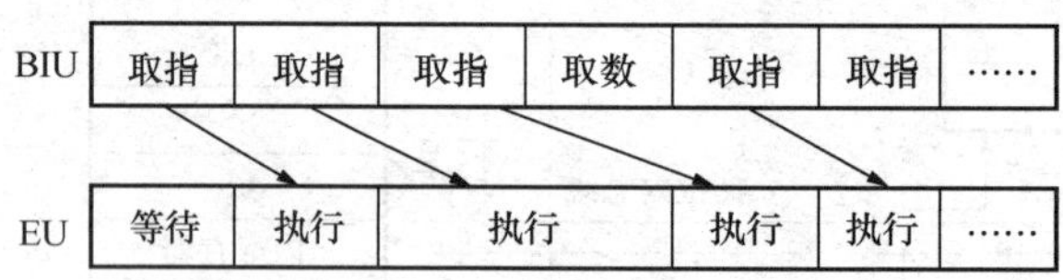

图 2.2 BIU 与 EU 的并行工作情形

在 8086 系统中，程序的指令代码预先已存放在存储器中。为了执行程序，CPU 依据时钟的节拍，产生一系列的控制信号，有规则地重复执行下面过程。

（1）BIU 从存储器中取出一条指令存入指令队列寄存器中；

（2）EU 从指令队列取指令并执行指令，利用总线空闲时间，BIU 从内存取第二条指令存入指令队列寄存器中或取第三条指令到指令队列中；

（3）EU 执行下一条指令，如果前一指令有写存储器要求，则通知 BIU，由 BIU 把前条指令结果写到存储器中，然后再取指令到指令队列中；

（4）如指令执行，要求读取操作数，由 BIU 取操作数完成指令读功能；

（5）EU 执行再下一条指令，返回（1）处继续执行上述操作过程。

在 8080 等 8 位微处理器中，程序的执行则是由取指和执行指令的循环来完成的，执行的顺序为取第一条指令，执行第一条指令；取第二条指令，执行第二条指令；……直至取最后一条指令，执行最后一条指令。这样，在每一条指令执行完以后，CPU 必须等待，直到下一条指令取出来以后才能执行。

从上面可以看出，8086 系统的结构减少了等待取指令所需的时间，提高了 CPU 的利用率，不仅提高了指令执行的速度，同时又可以降低对存储器的存取速度的要求。

2.2 80x86 微处理器的寄存器

80x86 共有 14 个 16 位寄存器供系统使用，它们可以分成四种类型，分别是数据寄存器、指针及变址寄存器、段寄存器和控制寄存器。80x86 寄存器组如图 2.3 所示，其中对于 8086/8088/80286，只能用低 16 位，也就是 16 位名称的寄存器，且 FS 和 GS 也不能用。

1. 数据寄存器

数据寄存器包括 AX、BX、CX 和 DX 四个通用寄存器，它们用来暂时存放运算过程中所用到的操作数、结果数据或其他信息。它们既可以以 16 位字长的形式使用，也可以以 8 位字节的形式使用。

32 位名称	高 16 位	低 16 位	16 位名称
EAX		AH　AX　AL	累加器
EBX		BH　BX　BL	基址寄存器
ECX		CH　CX　CL	计数寄存器
EDX		DH　DX　DL	数据寄存器
ESP		SP	堆栈指针寄存器
EBP		BP	基址指针寄存器
EDI		DI	目的变址寄存器
ESI		SI	源变址寄存器
EIP		IP	指令指针寄存器
EFLAGS		PSW	标志寄存器
		CS	代码段寄存器
		DS	数据段寄存器
		ES	附加段寄存器
		SS	堆栈段寄存器
		FS	附加段寄存器
		GS	附加段寄存器

图 2.3　80x86 寄存器组

从图 2.3 可知，以 16 位字长形式使用时，四个通用寄存器分别称为 AX、BX、CX 和 DX；以 8 位字节形式使用时，高 8 位数据寄存器分别称为 AH、BH、CH、DH，低 8 位数据寄存器分别称为 AL、BL、CL、DL。这四个寄存器都是通用寄存器，但它们又可以用于专用的目的。

AX（Accumulator）用作累加器；字乘时提供一个操作数并存放积的低位；字除时提供被除数的低位并存放商。另外，所有的输入/输出指令都使用这一寄存器与外部设备传送信息。

BX（Base）可以用作通用寄存器；在计算存储器地址时，它经常用作基址寄存器；在 XLAT 指令中提供被查表格中源操作数的间接地址。

CX（Count）可以用作通用寄存器；在串操作时用作串长计数器；在循环操作中用作循环次数计数器。

DX（Data）可以用作通用寄存器；在间接寻址的 I/O 指令中提供端口地址；在字乘时存放积的高字节；在字除时提供被除数高位，并存放余数。

2. 指针及变址寄存器

指针及变址寄存器包括 SP、BP、SI、DI 四个 16 位寄存器。它们可以与数据寄存器一样在运算过程中存放操作数，但它们只能以 16 位字长为单位使用。另外指针及变址寄存器常用于在段内寻址时提供偏移地址。

（1）SP（Stack Pointer）堆栈指针寄存器。堆栈是指内存中开辟一个专用的数据存储区，它具有“先进后出”的存储特性，主要用来保护程序的现场或断点，在子程序调用和中断操作中使用。SP 用来指出当前堆栈的栈顶的位置，在堆栈指令操作时，由它给出入栈或出栈的数据在栈中的偏移地址，与 SS 堆栈段寄存器一起形成栈顶存储单元的物理地址。在 8086 系统中，堆栈是由高地址向低地址端扩展，即入栈时 SP 进行减 2 操作。随着入栈数据的增多，堆栈扩展，SP 值减少。

（2）BP（Base Pointer）基址指针寄存器。用来指示堆栈中某个数据区的偏移地址——基地址，与 SS 堆栈段寄存器一起形成堆栈中某个存储单元的物理地址。BP 可以对堆栈中任意位置的数据进行操作，但不具备 SP 始终指向堆栈栈顶的含义。

（3）SI（Source Index）源变址寄存器与 DI（Destination Index）目的变址寄存器。这两个寄存器与 DS 数据段寄存器一起用来确定数据段中某一存储单元的物理地址。这两个寄存器都有自动增量和自动减量功能，用于变址是很方便的。在串处理指令中，SI 与 DI 作为隐含的源变址寄存器和目的变址寄存器。此时，SI 和 DS 联用，DI 和 ES 附加数据段寄存器联用，分别达到在数据段中和在附加段中寻址的目的。

3. 段寄存器

段寄存器中主要有 CS（Code Segment Register，代码段寄存器）、SS（Stack Segment Register，堆栈段寄存器）、DS（Data Segment Register，数据段寄存器）、ES（Extra Segment Register，附加段寄存器）四个 16 位的段寄存器。

80x86 采用存储空间的分段技术来解决寻址 1MB 的存储空间。这些段寄存器的内容和有效的地址偏移量（称为偏移地址）一起即可确定内存的存储单元的物理地址。通常 CS 划定并控制程序区，DS 和 ES 划定并控制数据区，SS 划定并控制堆栈区，至于如何确定内存单元的物理地址详见 2.3 节。

4. 控制寄存器

控制寄存器分为两个 16 位的寄存器 IP 和 PSW。

IP（Instruction Pointer）为指令指针寄存器，它用来存放代码段中的偏移地址。在程序运行的过程中，它始终指向下一条指令的首地址，它与段寄存器 CS 联合使用确定下一条指令的物理地址。当这一地址送到存储器后，控制器可以取得下一条要执行的指令，而控制器一旦取得这条指令就马上修改 IP 的内容，使它指向下一条指令的首地址。可见，计算机就是用 IP 寄存器来控制指令序列的执行流程，因此 IP 寄存器是计算机中很重要的一个控制寄存器。

PSW（Program Status Word）程序状态字寄存器，或称为标志寄存器（FLAGS）。这是一个存放状态（或称条件码）标志、控制标志的寄存器，如图 2.4 所示。

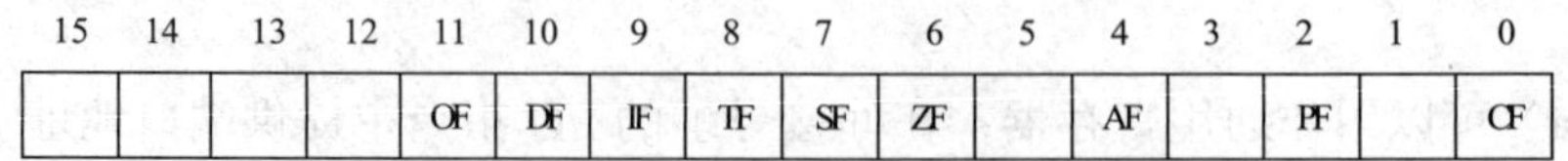

图 2.4 8086/8088 标志寄存器

（1）条件码标志。条件码标志用来记录程序中运行结果的状态信息，它们是根据有关指令的运行结果由 CPU 自动设置的。由于这些状态信息往往作为后续条件转移指令的转移控制条件，所以称为条件码。它包括以下 6 位。

1）OF（Overflow Flag，溢出标志）：在运算过程中，如操作数超出了机器能表示的数据范围（指有符号数，8 位大于＋127 或小于－128，16 位大于＋32 767 或小于－32 768），称为溢出。此时 OF 位置 1，否则置 0。溢出时，表明运算的结果不对，一般通过溢出中断处理加以解决。

2）SF（Sign Flag，符号标志）：记录运算结果的符号，结果为负时 SF 位置 1，否则置 0。本标志主要用于表示有符号数运算结果的正负。

3）ZF（Zero Flag，零标志）：运算结果为 0 时 ZF 位置 1，否则置 0。本标志常用于分支程序或循环程序的转移控制中。

4）CF（Carry Flag，进位标志）：记录运算时从最高有效位产生的进位/借位值。例如，执行加法指令时，最高有效位有进位时 CF 位置 1，否则置 0。程序常会根据 CF 标志位状态决定程序是否转移。请注意进位与溢出是含义不同的标志。

5）AF（Auxiliary Carry Flag，辅助进位标志）：记录运算时第 3 位（0.5 个字节）产生的进位值。例如，执行加法指令第 3 位有进位时 AF 位置 1，否则置 0。

6）PF（Parity Flag，奇偶标志）：用来为机器中传送信息时可能产生的代码出错情况提供检验条件。当结果操作数中 1 的个数为偶数时 PF 位置 1，否则置 0。常用于逻辑运算中，在数据传输中可通过检查本标志判定是否产生数据传输错误。

（2）控制标志位。

1）DF（Direction Flag，方向标志）：用于在串处理指令中控制处理信息的方向。当 DF 位为 1 时，每次操作后使变址寄存器 SI 和 DI 减小，这样就使串处理从高地址向低地址方向处理；当 DF 位为 0 时，则使 SI 和 DI 增大，使串处理从低地址向高地址方向处理。

2）TF（Trap Flag，陷阱标志）：又称单步跟踪标志，用于调试时的单步方式操作。当 TF 位为 1 时，每条指令执行完后产生陷阱，由系统控制计算机；当 TF 位为 0 时，CPU 正常工作，不产生陷阱。

3）IF（Interrupt Flag，中断标志）：当 IF 位为 1 时，允许 CPU 响应外部可屏蔽中断请求；否则关闭中断禁止外部中断请求。本标志对外部中断进行管理。

在调试程序 DEBUG 中提供了测试标志位的手段，它用符号表示某些标志位的值。表 2.2 说明这些标志位的符号表示。

表 2.2　标志位的符号表示

类　　型	标志为 1	标志为 0
OF 溢出（是/否）	OV	NV
DF 方向（减量/增量）	DN	UP
IF 中断（允许/关闭）	EI	DI
SF 符号（负/正）	NG	PL
ZF 零（是/否）	ZR	NZ
AF 辅助进位（是/否）	AC	NA
PF 奇偶（偶/奇）	PE	PO
CF 进位（是/否）	CY	NC

80286 之后的标志寄存器 EFLGS 中的系统标志和 IOPL 字段用于控制 I/O 访问、可屏蔽

硬件中断、调试、任务切换及虚拟 8086 模式。通常只允许操作系统代码有权修改这些标志。EFLAGS 中的其他标志是一些通用标志，与 8086 系统相似。现仅对 EFLAGS 中的系统标志进行说明。

（1）IOPL：位 13、12 是 I/O 特权级（I/O Privilege Level）字段。该字段指明当前运行程序或任务的 I/O 特权级 IOPL。当前运行程序或任务的 CPL 必须小于或等于这个 IOPL 才能访问 I/O 地址空间。只有当 CPL 为特权级 0 时，程序才可以使用 POPF 或 IRET 指令修改这个字段。IOPL 也是控制对 IF 标志修改的机制之一。

（2）NT：位 14 是嵌套任务标志（Nested Task）。它控制着被中断任务和调用任务之间的连接关系。在使用 CALL 指令、中断或异常执行任务调用时，处理器会设置该标志。在通过使用 IRET 指令从一个任务返回时，处理器会检查并修改这个 NT 标志。使用 POPF/POPFD 指令也可以修改这个标志，但是在应用程序中改变这个标志的状态会产生不可预料的异常。

（3）RF：位 16 是恢复标志（Resume Flag）。该标志用于控制处理器对断点指令的响应。当设置该标志时，这个标志会临时禁止断点指令产生的调试异常；当该标志复位时，则断点指令将会产生异常。RF 标志的主要功能是允许在调试异常之后重新执行一条指令。当调试软件使用 IRETD 指令返回被中断程序之前，需要设置堆栈上 EFLAGS 内容中的 RF 标志，以防止指令断点造成另一个异常。处理器会在指令返回之后自动消除该标志，从而再次允许指令断点异常。

（4）VM：位 17 是虚拟 8086 方式（Virtual 8086 Mode）标志。当设置该标志时，就开启虚拟 8086 方式；当复位该标志时，则回到保护模式。

Pentium 及以上的标志寄存器又新增标志位如下。

（1）AC：位 18 是对准检查方式位（Alignment Check Mode）。设置该位和在控制寄存器 CR0 中的 AM 标志将检查内存引用是否对齐。清除该位或是控制寄存器 CR0 中的 AM 标志将关闭对齐检查。如果打开了对齐检查，当访问一个没有对齐的操作数时，会引发 Alignment-Check 异常。该异常可以用来检查数据是否对齐，这在和其他要求所有数据都对齐的处理器交换数据时非常有用。

（2）VIF：位 19 是虚拟中断标志（Virtual Interrupt Flag）。包含了 IF 标志的虚拟镜像。该标志和 VIP 标志配对使用。处理器仅仅在控制寄存器 CR4 的 VME 或是 PVI 标志被设定，并且 IOPL 小于 3 时，才识别 VIF。VME 标志允许 Virtual 8086 扩展模式；PVI 标志允许保护模式虚拟中断。

（3）VIP：位 20 是虚拟中断未决标志（Virtual Interrupt Pending Flag）。由软件来设定，指示一个中断是未决的。消除该位指示没有未决的中断。处理器会读取该位，但是不会修改它。处理器仅仅在控制寄存器 CR4 的 VME 或是 PVI 标志被设定，并且 IOPL 小于 3 时，才识别 VIF。

（4）ID：位 21 是标识标志（Identification Flag）。程序或函数可以设置或清除该位来说明是否支持 CPUID 指令。

5. 其他寄存器

80x86 CPU 还包括下列寄存器（8086 除外）。

（1）4 个内存管理寄存器：全面描述符表寄存器（Global Descriptor Table Register，GDTR）、局部描述符表寄存器（Local Descriptor Table Register，LDTR）、中断描述符表寄存器（Interrupt

Descriptor Table Register，IDTR）和任务状态寄存器（Task Register，TR），用来管理保护模式下使用的系统表，由操作系统使用，以支持虚拟存储管理和多任务。

（2）5 个控制寄存器：CR0、CR1、CR2、CR3 和 CR4，用来控制分页内存管理与保护模式操作等，主要由操作系统使用。其中，CR0 是由 80286 的机器状态字寄存器扩展而来的。

（3）8 个调试寄存器：DR0～DR7，用于断点调试。

（4）测试寄存器：用于系统测试。

2.3　80x86 存储器的组织

2.3.1　存储单元的地址和内容

计算机存储信息的基本单位是二进制位，一位可存储一个二进制数 0 或 1。每 8 位组成一个字节，位编号如图 2.5（a）所示。8086、80286 的字长为 16 位，由两个字节组成，位编号如图 2.5（b）所示。80386 到 Pentium 4 的字长为 32 位，由 4 个字节组成，位编号如图 2.5（c）所示。Itanium 是由 8 个字节即字长为 64 位组成的，位编号如图 2.5（d）所示。

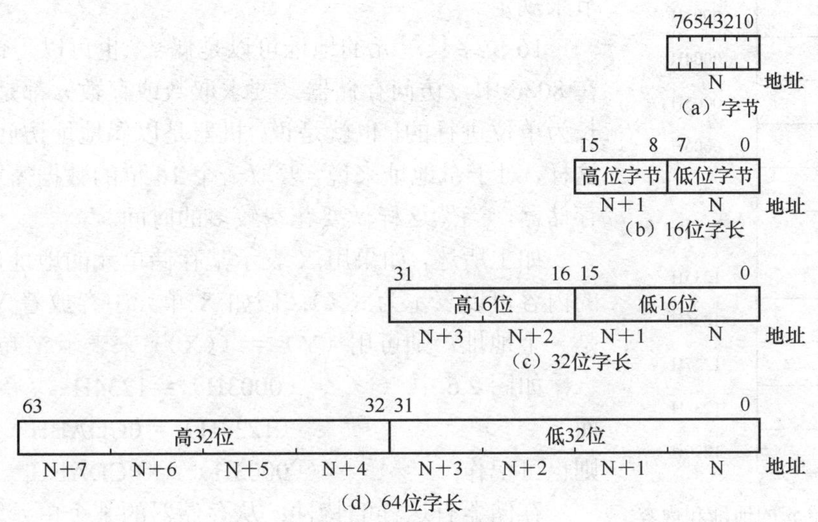

图 2.5　数据类型

在存储器里以字节为单位存储信息。为了正确地存放或获得信息，每一个字节单元给一个唯一的存储器地址，称为物理地址。地址从 0 开始编号，顺序地每隔一个单元加上 1，因此存储器的物理地址空间是呈线性增长的。在计算机中，地址也是用二进制数来表示，但需要注意，它是一个无符号整数，书写格式使用十六进制数形式。

由于 8086 存放存储器地址的寄存器字长为 16 位，因此每个存储单元若用 16 位二进制数表示地址，那么 16 位二进制数可以表示多少字节单元的地址呢？显然答案应该是有 2^{16}＝65 536 个，所以它可以表示的地址范围应该是 0～65 535，即 64 KB（1 K＝2^{10}＝1024），其地址编号的范围用十六进制数表示为 0000H～FFFFH。

同样的道理，8086 的地址总线为 20 位，那么其可以访问的字节单元地址范围为 00000H～

FFFFFH；80286 的地址总线宽度为 24 位，可访问的地址范围为 000000H～FFFFFFH；80386、80486 和 Pentium 的地址总线宽度为 32 位，相应的地址范围为 00000000H～FFFFFFFFH。

一个存储单元中存放的信息称为该存储单元的内容，图 2.6 表示了存储器里存放信息的情况。可以看出，地址为 0003H 单元中存放的信息为 34H。也就是说，该单元的内容为 34H，可表示为（0003H）＝34H。

当机器字长是 16 位时，大部分数据都是以字长为单位表示的。那么一个 16 位字长的数据是怎样存入存储器中呢？一个字长数据存入存储器要占用连续的两个字节，存放时低位字节存入低地址，高位字节存入高地址（参见图 2.6）。这样两个字节单元就构成了一个字单元，字单元的地址采用它的低地址来表示。图 2.6 中 0003H 字单元的内容为 1234H，表示为（0003H）＝1234H。由此可以推断 32 位字长的数据要存放在连续的 4 个字节单元中，64 位字长的数据要存放在连续的 8 个字节单元中。

字节内容	地址
	0000H
	0001H
	0002H
34H	0003H
12H	0004H
56H	0005H
78H	0006H
……	……
0ABH	1234H
0CDH	1235H
0EFH	1236H
	1237H
	1238H
	1239H

图 2.6　存储单元的地址和内容

从上面的分析可以看出，同一个地址既可看作字节单元的地址，又可看作 16 位字长单元的地址，那么这个地址究竟是字长单元还是字节单元？如何区别呢？这在以后的章节中会详细说明，可以通过指令中定义操作数是 16 位字长还是字节来规定。

16 位字长单元的地址可以是偶数，也可以是奇数。但是，在 8086 中，访问存储器（要求取数或存数）都是以 16 位字长为单位进行的，也就是说，机器是以偶地址访问存储器的。这样，对于奇地址来说，要取一个 16 位的数据需要访问两次存储器，当然这样做要花费较多的时间。

如上所述，如果用 X 表示某存储单元的地址，则 X 单元的内容可以表示为（X）；假如 X 单元中存放着 Y，而 Y 又是一个地址，则可用（Y）＝（（X））来表示 Y 单元的内容。

如图 2.6 中　　（0003H）＝1234H

而　　（1234H）＝0CDABH

则也可记作　　（（0003H））＝0CDABH

存储器有这样的特性：从存储器的某个单元取出其内容后，该单元仍然保存着原来的内容不变，可以重复取出该单元的内容，只有当存入新的信息后，原来保存的内容才会被新的内容所取代。

2.3.2　存储器地址的分段

8086 微处理器的地址总线宽度为 20 位，可访问的存储器的最大容量为 1MB，其寻址范围为 00000H～0FFFFFH，这是因为：

$$2^{20}＝1\ 048\ 576＝1024KB＝1MB$$

那么在 16 位字长的计算机里，用什么办法来提供 20 位地址呢？解决的办法就是采用存储器地址分段的方法。

程序员在编制程序时要把存储器划分成段，在每个段内地址空间是线性增长的。每个段的大小可在 64KB 范围内选取任意字节，它可以是 1B、100B、1000B 或 64KB，段内地址可以用 16 位表示（64K 范围内）。对段的起始地址有所限制，段不能起始于任意地址，而必须从任一小段（Paragraph）的首地址开始。机器规定：从 0 地址开始，每 16 个字节为一小段。下面列出了存储器最低地址区的三个小段的地址空间，每一行写为一小段中的 16 个地址。

00000，00001，00002，……，0000E，0000F；

00010，00011，00012，……，0001E，0001F；

00020，00021，00022，……，0002E，0002F；

其中，第一列就是每个小段的首地址，00000H 为第一小段首地址，00010H 为第二小段首地址，00020H 为第三小段首地址。其特征是在十六进制表示的地址中，最低位为 0（即 20 位地址的低 4 位为 0000）。在 1MB 的地址空间里，共有 64K 个小段首地址，可表示为 00000H、00010H、…、41230H、41240H、…、FFFE0H、FFFF0H 等。

在 1MB 的存储器里，每一个存储单元都有一个唯一的 20 位地址，称为该存储单元的物理地址。CPU 访问存储器时，必须先确定所要访问的存储单元的物理地址才能取得（或存入）该单元中的内容。20 位物理地址由 16 位段地址和 16 位偏移地址组成，段地址是指每一段的起始地址（又称段基地址），由于它必须是小段的首地址，所以其低 4 位一定是 0000，因此就可以规定段地址只取段起始地址的高 16 位值。偏移地址则是指在段内相对于段起始地址的偏移值，偏移地址也是 16 位。所以物理地址的形成过程和计算方法，如图 2.7 所示。

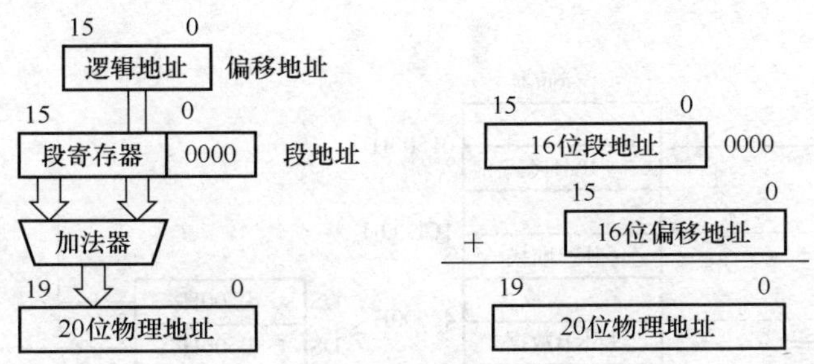

图 2.7　物理地址的形成与计算过程

也就是说，把段地址左移 4 位再加上偏移地址值就形成物理地址。或写成

$$物理地址=段地址\times 16D+偏移地址 \tag{2.1}$$

图 2.8 是这种寻址方式的图示。显然，每个存储单元只有唯一的物理地址，但它却可由不同的段地址和不同的偏移地址组成。例如，某个数据存放在 DS＝1234H 和 DI＝5678H 的数据段的存储单元中，此存储单元的物理地址为 12340H＋5678H＝179B8H，该存储单元的物理地址为 179B8H。

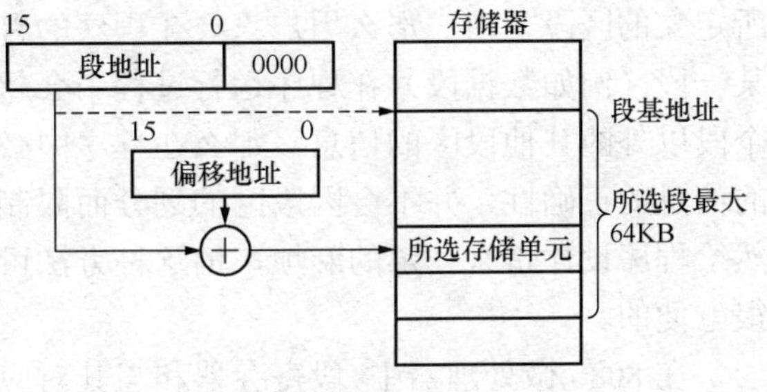

图 2.8　存储器寻址

显然每个存储单元只有唯一的一个物理地址，但它却可由不同的段地址和不同的偏移地址组成。例如，数据若存放在 ES＝1230H 和 SI＝56B8H 的附加数据段的存储单

元中，因此存储单元的物理地址是 179B8H，所以还是那个存储单元。

8086 微处理器中，有四个专门存放段地址的寄存器，称为段寄存器。它们是代码段 CS、数据段 DS、堆栈段 SS 和附加数据段 ES 寄存器。每个段寄存器可以确定一个段的起始地址，而这些段都有各自的用途。代码段存放当前正在运行的程序。数据段存放当前运行程序所用的数据。堆栈段定义了堆栈的所在区域，堆栈是一种数据结构，它开辟了一个比较特殊的存储区，并以后进先出的方式来访问这一区域。附加数据段是附加的数据段，它是一个辅助的数据区，也是串处理指令的目的操作数存放区。用户在编制程序时，应该按照上述规定把程序的各部分放在规定的段区之内。

除非专门指定，一般情况下，各段在存储器中的分配是由操作系统负责的。每个段可以独立地占用 64KB 存储区，如图 2.9 所示。

各段也可以允许重叠。下面的例子就可以说明这种情况。例如，如果代码段中的程序占有 16KB（4000H）存储区，数据段占有 2KB（800H）存储区，堆栈段只占有 512 个字节的存储区。此时分段情况如图 2.10 所示。从图中可以看出，代码段的区域本可以是 02000H～11FFFH，但由于程序区只需要 16KB（02000H～05FFFH），所以程序区结束后的第一个小段的首地址（06000H）就作为数据段的起始地址。也就是说，在这里代码段和数据段可以重叠在一起。当然每个存储单元的内容是不允许发生冲突的。所谓的重叠只是指每个段区的大小允许根据实际需要来分配，而不一定要占够 64KB 的最大段空间。实际上，段区的分配工作是由操作系统完成的。但是，系统允许程序员在必要时可指定所需占用的内存区。

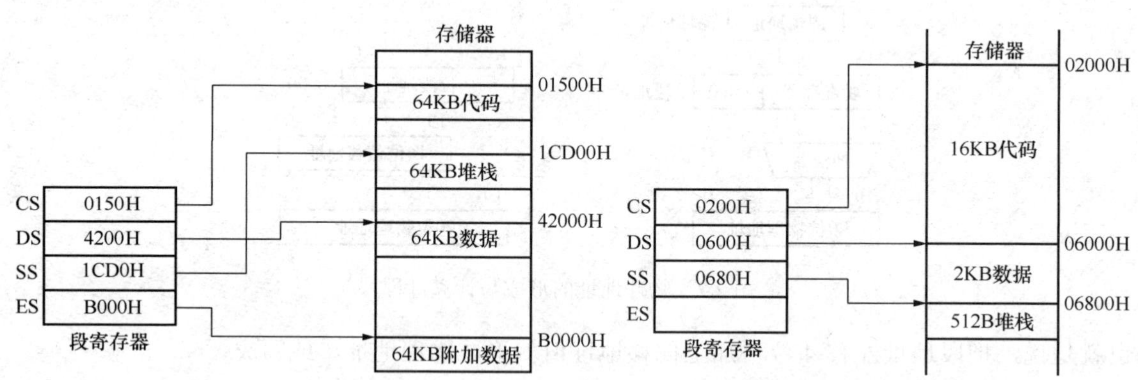

图 2.9 段分配方式之一　　　　图 2.10 段分配方式之二

如果程序中的 4 个段都在 64KB 的范围之内，而且程序运行时所需要的信息都在本程序所定义的区段之内，那么用户只要在程序的首部设定各段寄存器的值就可以了。如果程序的某一段（例如数据段）在程序运行过程中会超过 64KB 空间，或者程序中可能访问除本身 4 个段以外的其他段区的信息，那么在程序中必须动态地修改段寄存器的内容，以保证所获得的信息的正确性，并不会因段区的划分而限制了程序空间的使用。这种存储器分段的方法虽然给程序设计带来一定的麻烦，但这种方法可以扩大存储空间，而且对于程序的再定位也是很方便的。

在 8086 微处理器中，段寄存器和与其对应存放偏移地址的寄存器之间有一种默认组合关系，如表 2.3 所示。

表 2.3　**8086 16 位段地址和寄存器偏移地址寻址默认组合**

段	偏　移	主要用途
CS	IP	指令寻址
SS	SP 或 BP	堆栈寻址
DS	BX、DI、SI 或一个 16 位数	数据寻址
ES	DI（用于串指令）	串寻址

在这种默认组合下，程序中不必专门指定其组合关系，但程序如用到非默认的组合关系，则必须用段跨越前缀加以说明。具体改变方法见第 3 章。

2.3.3　特殊内存区域

8086/8088 系统中，有些内存区域的作用是固定的，不能随便使用，具体如下。

中断向量区：00000H～003FFH 共 1KB，用来存放 256 种类型的中断向量，每个中断向量占用 4 个字节单元。

显示缓冲区：B0000H～B0F9FH 约 4000B，是单色显示器的显示缓冲区，存放文本方式下所显示字符的 ASCII 码及属性值；B8000～BBF3FH 约 16KB，是彩色显示器的显示缓冲区，存放图形方式下屏幕显示像素的代码。

启动区：FFFF0～FFFFFH 共 16 个字节单元，用来存放一条无条件转移指令的代码，转移到系统的初始化部分。

2.4　80x86 微处理器的工作模式

从 80386 到 Pentium 4 处理器都是 32 位的 CPU，其汇编语言编程结构和 8086/8088 等 16 位 CPU 的计算机的汇编语言编程结构没有本质的区别，但在工作模式、可编程寄存器的字长及数量、内存管理等方面有很大的改进。80386 等 32 位的 CPU 有三种工作模式：实模式（Real Model）、保护模式（Protected Model）和虚拟 8086 模式（Virtual-8086 Model）。实模式和虚拟 8086 模式是为了和 8086 等处理器兼容而设置的。在实模式下，32 位的处理器就相当于一个快速的 8086 处理器。保护模式是 32 位的处理器的主要工作模式。在此方式下，32 位的处理器可以寻址 4GB 的地址空间，同时，保护模式提供了 32 位的处理器先进的多任务、内存分页管理和优先级保护等机制。为了在保护模式下继续提供和 8086 等处理器的兼容，32 位的处理器又设计了一种虚拟 8086 模式，以便在保护模式的多任务条件下，有的任务运行 32 位程序，有的任务运行 MS-DOS 程序。在虚拟 8086 模式下，同样支持任务切换、内存分页管理和优先级，但内存的寻址方式和 8086 等相同，也是可以寻址 1 MB 的空间。

由此可见，32 位的处理器处理器的三种工作模式各有特点且相互联系。实模式是 32 位的处理器工作的基础，这时 32 位的处理器当做一个快速的 8086 处理器工作。在实模式下可以通过指令切换到保护模式，也可以从保护模式退回到实模式。虚拟 86 模式则以保护模式为基础，在保护模式和虚拟 8086 模式之间可以互相切换，但不能从实模式直接进入虚拟 8086 模式或从虚拟 8086 模式直接退到实模式。下面以 80386 为例对三种模式进一步说明。

1．实模式

80386 处理器被复位或加电的时候以实模式启动。这时候处理器中的各寄存器以实模式的初始化值工作。80386 处理器在实模式下的存储器寻址方式和 8086 是一样的，由段寄存器的内容乘以 16 当作基地址，加上段内的偏移地址形成最终的物理地址，这时候它的 32 位地址线只使用了低 20 位。在实模式下，80386 处理器不能对内存进行分页管理，所以指令寻址的地址就是内存中实际的物理地址。在实模式下，所有的段都是可以读、写和执行的。

实模式下 80386 不支持优先级，所有的指令相当于工作在特权级（优先级 0），所以它可以执行所有特权指令，包括读/写控制寄存器 CR0 等。实际上，80386 就是通过在实模式下初始化控制寄存器，GDTR、LDTR、IDTR 与 TR 等管理寄存器及页表，然后再通过加载 CR0 使其中的保护模式使能位置位而进入保护模式的。实模式下不支持硬件上的多任务切换。

实模式下的中断处理方式和 8086 处理器相同，也用中断向量表来定位中断服务程序地址。中断向量表的结构也和 8086 处理器一样，每 4 字节组成一个中断向量，其中包括两个字节的段地址和两个字节的偏移地址。

从编程的角度看，除了可以访问 80386 新增的一些寄存器外，实模式的 80386 处理器和 8086 有什么进步呢？其实最大的好处是首先可以使用 80386 的 32 位寄存器，用 32 位的寄存器进行编程可以使计算程序更加简捷，加快了执行速度；其次，80386 中增加的两个辅助段寄存器 FS 和 GS 在实模式下也可以使用，这样，同时可以访问的段达到了 6 个而不必考虑重新装入的问题；最后，很多 80386 的新增指令也使一些原来不很方便的操作得以简化，如 80386 中可以使用下述指令进行数组访问：

```
MOV CX,[EAX + EBX * 2 + 数组基地址]
```

这相当于把数组中下标为 EAX 和 EBX 的项目放 CX 中；EBX * 2 中的 2 可以是 1，2，4 或 8，这样就可以支持 8 位到 64 位的数组。而在 8086 处理器中，实现相同的功能要进行一次乘法和两次加法。另外，PUSHAD 和 POPAD 指令可以一次把所有 8 个通用寄存器的值压入或从堆栈中弹出，比起用下面的指令分别将 8 个寄存器入栈要快很多：

```
PUSH    EAX
PUSH    EBX
...
POP EBX
POP EAX
```

当然，使用了这些新指令的程序是无法回到 8086 处理器上去执行的，因为这些指令的编码在 8086 处理器上是未定义的。

2. 保护模式

当 80386 工作在保护模式下的时候，它的所有功能都是可用的。这时 80386 所有的 32 根地址线都可供寻址，物理寻址空间高达 4GB。在保护模式下，支持内存分页机制，提供了对虚拟内存的良好支持。虽然与 8086 可寻址的 1 MB 物理地址空间相比，80386 可寻址的物理地址空间可谓很大，但实际的此类微机系统不可能安装如此大的物理内存。所以，为了运行大型程序和真正实现多任务，虚拟内存是一种必需的技术。

保护模式下 80386 支持多任务，可以依靠硬件仅在一条指令中实现任务切换。任务环境的保护工作是由处理器自动完成的。在保护模式下，80386 处理器还支持优先级机制，不同的程序可以运行在不同的优先级上。优先级一共分 0～34 个级别，操作系统运行在最高的优先级 0 上，应用程序则运行在比较低的级别上；配合良好的检查机制后，既可以在任务间实现数据的安全共享也可以很好地隔离各个任务。从实模式切换到保护模式是通过修改控制寄存器 CR0 的控制位 PE（位 0）来实现的。在这之前还需要建立保护模式必需的一些数据表，如全局描述符表 GDT 和中断描述符表 IDT 等。

DOS 操作系统运行于实模式下，而 Windows 操作系统运行于保护模式下。

3. 虚拟 8086 模式

虚拟 8086 模式是为了在保护模式下执行 8086 程序而设置的。虽然 80386 处理器已经提供了实模式来兼容 8086 程序，但这时 8086 程序实际上只是运行得快了一点，对 CPU 的资源还是独占的。在保护模式的多任务环境下运行这些程序时，它们中的很多指令和保护模式环境格格不入，如段寻址方式、对中断的处理和 I/O 操作的特权问题等。为了在保护模式下工作而丢弃这些程序的代价是巨大的。所以，80386 处理器又设计了一个虚拟 8086 模式。

虚拟 8086 模式是以任务形式在保护模式上执行的，在 80386 上可以同时支持由多个真正的 80386 任务和虚拟 8086 模式构成的任务。在虚拟 8086 模式下，80386 支持任务切换和内存分页。在 Windows 操作系统中，有一部分程序专门用来管理虚拟 8086 模式的任务，称为虚拟 8086 管理程序。

既然虚拟 8086 模式以保护模式为基础，它的工作方式实际上是实模式和保护模式的混合。为了和 8086 程序的寻址方式兼容，虚拟 8086 模式采用和 8086 一样的寻址方式，即用段寄存器乘以 16 当作基址再配合偏移地址形成线性地址，寻址空间为 1MB。但显然多个虚拟 8086 任务不能同时使用同一位置的 1MB 地址空间，否则会引起冲突。操作系统利用分页机制将不同虚拟 8086 任务的地址空间映射到不同的物理地址上去，这样每个虚拟 8086 任务看起来都认为自己在使用 0～1MB 的地址空间。

8086 代码中有相当一部分指令在保护模式下属于特权指令，如屏蔽中断的 CLI 和中断返回指令 IRET 等。这些指令在 8086 程序中是合法的。如果不让这些指令执行，8086 代码就无法工作。为了解决这个问题，虚拟 8086 管理程序采用模拟的方法来完成这些指令。这些特权指令执行的时候引起了保护异常。虚拟 8086 管理程序在异常处理程序中检查产生异常的指令，如果是中断指令，则从虚拟 8086 任务的中断向量表中取出中断处理程序的入口地址，并将控制转移过去；如果是危及操作系统的指令，如 CLI 等，则简单地忽略这些指令，在异常处理程序返回的时候直接返回到下一条指令。通过这些措施，8086 程序既可以正常地运行下去，在执行这些指令的时候又觉察不到已经被虚拟 8086 管理程序做了手脚。MS-DOS 应用程序在 Windows 操作系统中就是这样工作的。

习　题

2.1　8086 微处理器由哪几部分组成？各部分的功能是什么？

2.2　简述 8086 CPU 的寄存器组成。

2.3　试述 8086 CPU 标志寄存器各位的含义。

2.4　8086 中，存储器为什么采用分段管理？

2.5　下列操作可使用哪些寄存器？

（1）存放各种运算操作的数据。

（2）存放数据串操作时的计数值。

（3）查看程序已执行到哪条指令的地址。

（4）查看堆栈中当前正要进行入出栈的存储单元的地址。

（5）查看运算结果是否等于零。

（6）查看程序中的数据存放的段区是从哪个地址开始的。

（7）查看程序中的指令存放的段区是从哪个地址开始的。

2.6 段地址和偏移地址为 1000:117A 的存储单元的物理地址是什么？而 1109:00EA 或 1025:0F2A 的存储单元的物理地址又是什么？这说明了什么问题？

2.7 在存储器中存放的数据如图 2.11 所示。试读出 55422H 和 55424H 字节单元的内容是什么，读出 55422H 和 55424H 字单元的内容是什么。

图 2.11 存储器中存放的数据

2.8 什么叫堆栈？堆栈在程序设计中的作用是什么？8086 系统的堆栈结构如何？

2.9 8086 微机系统加电复位时，会自动转到哪个单元执行？

2.10 80386 微机有哪三种工作模式？

第 3 章　80x86 指令系统

计算机是通过执行机器指令序列来实现各种功能，不同类型的计算机具有各自的指令集，这些指令集就是计算机的指令系统。每种计算机都有自己固有的指令系统，互不兼容，但同一系列的计算机其指令系统是向上兼容的。16 位的 8086 指令系统是整个 Intel　80x86 系列微处理器指令系统的基础。

计算机的指令由操作码字段和操作数字段两个部分构成。操作码指明计算机所执行的操作，操作数是指令处理的对象，即指令执行过程中所需要的数据。操作数字段可以是操作数本身、操作数所在的地址或与操作数有关的信息。

8086 指令系统中操作数字段可以是零个操作数、一个操作数或两个操作数，称为零地址指令、一地址指令和二地址指令。

零地址指令主要是程序控制类指令，没有具体的操作数。

一地址指令指有一个操作数，或隐含操作数，即另一个操作数隐含在默认位置。

二地址指令指有两个操作数，源操作数和目的操作数。指令执行的结果存放目的操作数的地址中。

3.1　寻　址　方　式

3.1.1　操作数类型

指令操作数可以存放在指令中、寄存器中、内存中和端口中。端口是接口中的寄存器，将在 3.2.8 中介绍。

操作数依其所在的不同位置可分为三种类型：立即数、寄存器操作数、存储器操作数。

1. 立即数

操作数由指令直接给出。立即数可以是数据，包括十进制数、二进制数和十六进制数等，也可以是有确定值的表达式。

2. 寄存器操作数

操作数在寄存器中。指令中需指明寄存器的名称。寄存器操作数可以是源操作数，也可以是目的操作数。

3. 存储器操作数

操作数在内存中，操作数的地址就是它在内存中的物理地址。在第 2 章中已知道物理地址＝段起始地址＋段内偏移地址，汇编语言程序中段起始地址由其他方式确定，见 4.3.4 节，所以，指令中只要给出操作数的偏移地址，即有效地址 EA。

3.1.2　操作数的寻址方式

操作数的寻址方式就是寻找操作数所在地址的方式。在指令中以不同的地址形式来确定操作数所在的位置。掌握操作数寻址方式是学习汇编语言的基础。

操作数的寻址首先要确定操作数的类型和操作数的位数。根据 3.1.1 节中三种不同的操作数类型介绍 7 种操作数寻址方式。例子均以 MOV　OPD，OPS 为例。MOV 为传送指令，是二地址指令，第一个操作数 OPD 是目的操作数，第二个操作数 OPS 是源操作数。指令的功能是将 OPS 送到 OPD。

注意

8086 指令系统中操作数的位数有两种——8 位和 16 位。在二地址指令中两个操作数的位数必须一致，就是说源操作数和目的操作数位数应同是 8 位或者同是 16 位。

1. 立即寻址方式（immediate addressing）

操作数类型为立即数，存放在指令中。计算机寻找操作数时，只要读取指令的操作数字段。立即数的位数可以是 8 位也可以是 16 位。立即数可以是数值也可以是带单引号的字符。

【例 3.1】 `MOV AX,9670H`

指令执行后，（AX）＝9670H

【例 3.2】 `MOV CL,0A5H`

指令执行后，（CL）＝0A5H

【例 3.3】 `MOV BH,'A'`

指令执行后，（BH）＝41H（41H 是字符 A 的 ASCII 码）

立即数通常用于给寄存器或内存单元赋初值。在二地址操作数的指令中，立即数只能是源操作数。

2. 寄存器寻址方式（register addressing）

操作数在寄存器中，在指令中指明寄存器的名称。这种寻址方式由于不需要访问内存，所以指令的执行速度较快。寄存器可以是 8 位寄存器或 16 位寄存器。

【例 3.4】 `MOV AX,BX`

如果指令执行前（AX）＝3434H，（BX）＝1100H；则指令执行后，（AX）＝1100H，（BX）保持不变。

寄存器寻址方式通常用于寄存器之间传送数据。

操作数的类型有立即数、寄存器操作数、存储器操作数三种，除了上述两种寻址方式外，下面的寻址方式操作数均为存储器操作数，即操作数在内存中。在下述的五种寻址方式中将学习以不同地址形式指定操作数所在段的有效地址 EA（即偏移地址）。

3. 直接寻址方式（direct addressing）

直接寻址方式中操作数地址是 16 位偏移量（有效地址 EA）直接包含在指令中，而操作数则默认在数据段中。操作数的物理地址是数据段寄存器 DS 中的内容左移 4 位后，加上指令给定的 16 位地址偏移量。

$$\text{物理地址 PA}=(\text{DS})\times 16+\text{EA} \tag{3.1}$$

【例 3.5】 `MOV AX,[1000H]`

操作数默认在数据段中，所以操作数的物理地址＝（DS）×16＋1000H。

设（DS）＝4000H，物理地址 PA＝41000H，指令执行后（AX）＝5566H，如图 3.1 所示。

在直接寻址方式中，计算机先计算出操作数的物理地址，再访问内存。16 位寄存器中低位字节对应低地址，高位字节对应高地址。

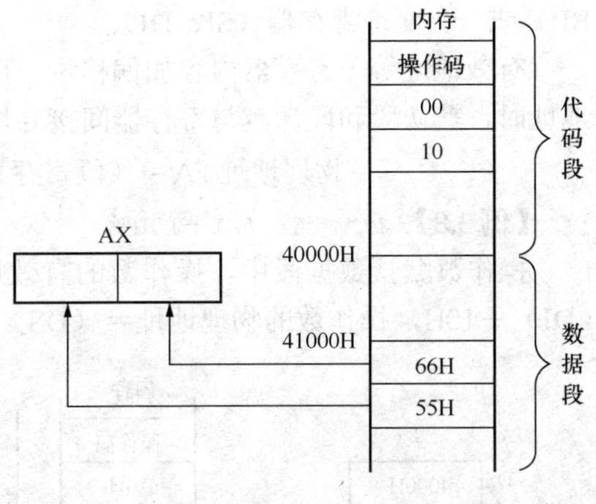

图 3.1　[例 3.5] 指令执行情况

【例 3.6】 `MOV DX,ES:[1000H]`

ES：[1000H] 为段超越，说明操作数在附加段中，所以操作数的物理地址=（ES）×16+1000H。与上述同样的方法可得到 DX 寄存器的值。

下列指令也是直接寻址方式，其中 ARRAY 为符号地址，指令执行过程与数值地址相同。

```
MOV    DX,ARRAY
```

或写成

```
MOV      DX,[ARRAY]
```

符号地址的用法将在第 4 章中详述。

4. 寄存器间接寻址方式（register indirect addressing）

在寄存器间接寻址方式中，操作数在内存中。操作数的有效地址在变址寄存器 SI、DI 或基址寄存器 BX、BP 中。注意：只有 SI、DI、BX、BP 这四个寄存器可以用来存放地址。

如果指令中指定的寄存器是 BX、SI、DI，则 DS 为默认段，即没有特别指明时操作数在数据段中，用 DS 寄存器的内容作为段地址。

如指令中用 BP 寄存器，则 SS 为默认段，操作数在堆栈段中。

物理地址 PA=（段寄存器）×16+（BX/SI/DI/BP）　　(3.2)

【例 3.7】 `MOV    AX,[DI]`

操作数在默认在数据段中，操作数的有效地址在 DI 寄存器中。

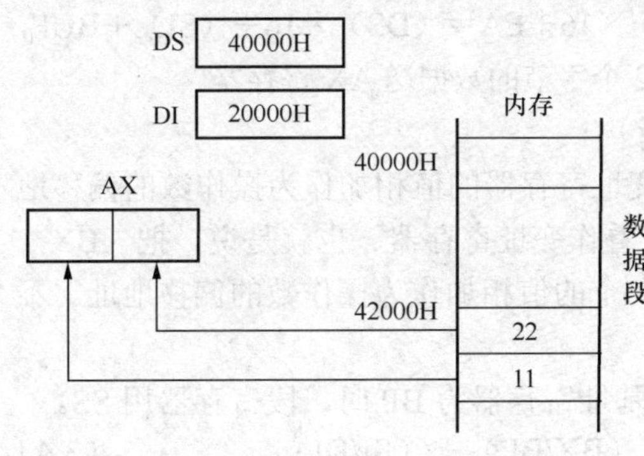

图 3.2　[例 3.7] 指令执行情况

操作数的物理地址=（DS）×16+（DI）

设（DS）=4000H，（DI）=2000H，则物理地址 PA=40000+2000=42000H

（AX）=1122H，如图 3.2 所示。

下列指令是寄存器间接寻址方式的其他指令形式：

```
MOV  AL,[BX]
```

操作数的物理地址=（DS）×16+（BX），从该地址中读取一个字节的数送给 AL。

```
MOV  AX,[BP]
```

操作数的物理地址=（SS）×16+（BP），BP 寄存器中的偏移量默认在堆栈段。

```
MOV  AX,DS:[BP]
```

操作数的物理地址=（DS）×16+（BP），段超越，BP 寄存器的偏移量在数据段。

5. 寄存器相对寻址方式（register relative addressing）

寄存器相对寻址方式是以指定的寄存器内容，加上指令中给出的位移量 D(8 位或 16 位)，并以一个段寄存器为基准，给出操作数的地址。指定的寄存器一般是一个基址寄存器（BX、

BP）或一个变址寄存器（SI、DI）。

有效地址等于寄存器内容加偏移量。可用的寄存器仍然是 BX、BP、SI、DI。计算物理地址时，默认段和段超越与寄存器间接寻址方式相同。

物理地址 PA=（段寄存器）×16+（BX/SI/DI/BP）+D (3.3)

【例 3.8】 `MOV AX,[DI+10H]`

操作数默认数据段中，操作数的有效地址为 DI 寄存器中值加上位移量 10H，即 EA=（DI）+10H，操作数的物理地址=（DS）×16+EA=（DS）×16+（DI）+10H

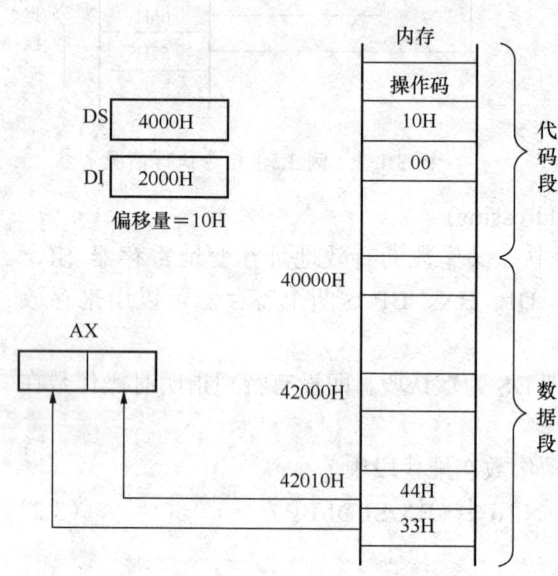

图 3.3 ［例 3.8］指令执行情况

设（DS）=4000H，（DI）=2000H，则物理地址 PA=40000H+2000H+10H=42010H，（AX）=3344H，如图 3.3 所示。

［例 3.8］中的指令也可以写成 MOV AX, 10H[DI]

下列指令是寄存器相对寻址方式的其他指令形式。

```
MOV CL,[BP+0205H]
```

操作数的物理地址=（SS）×16+（BP）+0205H，BP 寄存器中的偏移量默认在堆栈段，只读取一个字节数据送 CL 寄存器。

```
MOV AX,BUF[SI]
MOV AX,[BUF+SI]
```

这是两条等效的指令，操作数的物理地址=（DS）×16+EA=（DS）×16+（SI）+BUF，其中 BUF 为具有确定值的 8 位或 16 位偏移量，读取 2 个字节的数据送 AX 寄存器。

6. 基址变址寻址方式（based indexed addressing）

基址变址寻址方式是用一个基址寄存器与一个变址寄存器的值相加作为操作数的偏移地址。通常把 BX 和 BP 看作基址寄存器，把 SI 和 DI 看作变址寄存器。也就是说，把（BX，BP）寄存器其中一个的值与（SI，DI）寄存器其中一个的值相加作为操作数的偏移地址。不允许的搭配为[BX+BP]，[SI+DI]。

当基址寄存器为 BX 时，段寄存器使用 DS，当基址寄存器为 BP 时，段寄存器用 SS。

物理地址 PA=（段寄存器）×16+（BX/BP）+（SI/DI） (3.4)

【例 3.9】 `MOV AX,[BX+SI]`

操作数默认在数据段中，操作数的有效地址为 BX 寄存器中的值加上 SI 寄存器中的值，即

EA=（BX）+（SI），操作数的物理地址=（DS）×16+（BX）+（SI）

设（DS）=4000H，（BX）=2000H，（SI）=0010H

则物理地址 PA=40000H+2000H+10H=42010H，（AX）=7788H，如图 3.4 所示。

［例 3.9］中的指令也可以写成

```
MOV AX,[BX][SI]
```

指令 MOV　AX, [BP＋SI]中操作数的物理地址＝（SS）×16＋（BP）＋（SI），因为 BP 的默认段为堆栈段。

7. 相对基址变址寻址方式（relative based indexed addressing）

相对基址变址寻址方式中操作数的偏移地址由三个部分构成：基址寄存器的值＋变址寄存器的值＋位移量 D（8 位或 16 位）。基址寄存器、变址寄存器及对应的默认段与基址变址寻址相同。

物理地址 PA＝（段寄存器）×16＋（BX/BP）＋（SI/DI）＋D　　(3.5)

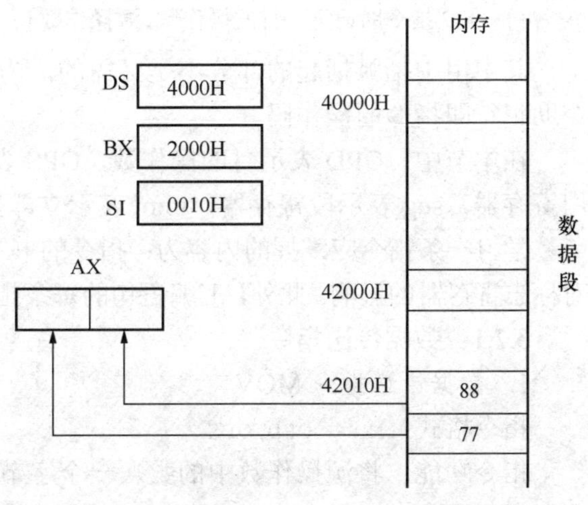

图 3.4　［例 3.9］指令执行情况

【例 3.10】 `MOV　AX,[BP＋SI＋06H]`

操作数默认在数据段中，操作数的有效地址为 BP 寄存器中的值加上 SI 寄存器中的值再加上偏移量，即 EA＝（BP）＋（SI）＋06H，操作数的物理地址＝（SS）×16＋（BP）＋（SI）＋06H。因为 BP 的默认段为堆栈段。

设（SS）＝1000H，（BP）＝2000H，（SI）＝0010H

则物理地址＝10000H＋2000H＋10H＋06H＝12016H，（AX）＝8899H，如图 3.5 所示。

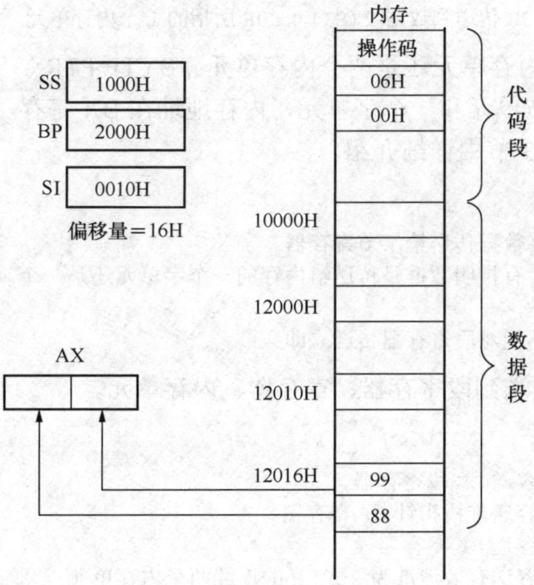

图 3.5　［例 3.10］指令执行情况

指令 MOV　AX, 1050H[BX＋DI]中操作数的物理地址＝（DS）×16＋（BX）＋（DI）＋1050H。

以上是 7 种操作数的寻址方式，初学者首先应掌握立即寻址、寄存器寻址和直接寻址三种寻址方式，清楚每种寻址方式的操作数为哪种类型的操作数，是在指令中、寄存器中，还是在内存中。

在此基础上应了解哪些寄存器可以用来存放地址，哪两个寄存器是基址寄存器，哪两个寄存器是变址寄存器，各寄存器默认段是什么和段超越的使用。

寄存器间接寻址、寄存器相对寻址、基址变址寻址、相对基址变址寻址这四种寻址方式的操作数都在内存中。掌握每种寻址方式偏移地址的求法便可领会用这些寻址方式编写的指令的意思，在后继章节的编写程序中再慢慢掌握各种寻址方式的用法。

3.2　8086 指令系统

在汇编语言中，指令的一般格式为

[标号:]指令助记符　目的操作数,源操作数[;注释]

其中用中括弧括起的部分不是必需的，为可选项；“标号”将在 4.2.2 节中详细介绍；指令助记符即指令的操作码。

在本节中：OPD 表示目的操作数，OPS 表示源操作数；mem 表示内存单元，reg 表示通用寄存器，seg 表示段寄存器，imm 表示立即数。

学习一条指令应掌握的内容为：指令的书写格式，指令的功能，操作数的寻址方式，指令对标志寄存器的影响。此外，汇编语句的每条指令都有一些特殊的规定，在学习中要注意掌握。

3.2.1　数据传送指令

1. 数据传送指令 MOV

指令格式：MOV　OPD,OPS

指令功能：将源操作数中的数（一个字节或字）传送到目的操作数中。该指令对标志寄存器无影响。

MOV 指令依操作数类型可分为以下四种情况。

（1）MOV　reg/mem, imm；立即数送寄存器或内存单元。

【例 3.11】

```
MOV  AX,1010H                ;将字数据 1010H 传送到 AX 寄存器
MOV  BL,58H                  ;将字节数据 58H 传送到 BL 寄存器
MOV  BYTE PTR [BX],10H       ;将字节数据 10H 传送到 BX 寄存器内容所指的一个内存单元
MOV  WORD PTR [BX],2255H     ;将字数据 2255H 传送到 BX 寄存器内容所指的连续 2 个内存单元
MOV  BYTE PTR [SI+20H],10H   ;将字节数据 10H 传送到数据段(SI)+20H 所指的 1 个内存单元
```

立即数传送给内存单元时要说明是送到一个内存单元还是两个内存单元。BYTE PTR [BX]和 WORD PTR [BX]分别表示内存的一个字节单元和一个字单元，内存地址在 BX 寄存器中。BYTE PTR 和 WORD PTR 的用法将在 4.2.3 节中详细介绍。

错误的指令：

```
MOV  DH,300H                 ;错误原因：字数据传送给字节寄存器
MOV  [BX],0                  ;错误原因：没有指明数据是传送给内存的一个字单元还是一个
                              字节单元。
MOV  DS,1000H                ;错误原因：不能对段寄存器传送立即数
```

（2）MOV seg/reg/mem, reg；寄存器的内容传送到段寄存器、寄存器、内存单元。

【例 3.12】

```
MOV  DS,AX                   ;AX 寄存器内容送 DS 段寄存器
MOV  SP,AX                   ;AX 寄存器内容送堆栈指针 SP 寄存器
MOV  DH,CL                   ;CL 寄存器内容送 DH 寄存器
MOV  [2000H],AX              ;AX 寄存器内容送有效地址为 2000H 的连续两个内存单元
MOV  SI,BX                   ;BX 寄存器内容送 SI 寄存器
MOV  [SI],BX                 ;BX 寄存器内容送 SI 寄存器所指的连续两个内容单元
```

说明：

①寄存器之间传送数据是寄存器的位数要一致。错误指令：MOV BX，CL

②寄存器与内存单元之间传送数据不必指明是一个或两个内存单元，机器根据寄存器的位数自动确定。

③寄存器的数据不能传送给代码段寄存器 CS。错误指令：MOV CS，AX

（3）MOV seg/reg, mem；内存单元内容送寄存器或段寄存器。

【例 3.13】 指令序列如下：

```
MOV  DS,[BX]         ;BX 寄存器所指的内存单元的内容送 DS
MOV  AX,[2050H]      ;有效地址为 2050H 的连续两个内存单元的内容送 AX
MOV  AL,[2050H]      ;有效地址为 2050H 的内存单元的内容送 AL
```

（4）MOV reg/mem, seg；段寄存器内容送寄存器或内存单元。

【例 3.14】指令序列如下：

```
MOV  AX,DS           ;数据段寄存器内容送 AX 寄存器
MOV  AX,CS           ;代码段寄存器内容送 AX 寄存器
MOV  [SI],DS         ;数据段寄存器内容送 SI 寄存器所指的内存单元
```

（5）MOV 指令小结。

①两个存储单元之间不可以直接传送数据。两个内存单元之间不能进行操作，适用于所有指令。

②目的操作数不能是 CS 及立即数，CS 寄存器的内容是由操作系统给出的。

③OPD，OPS 的位数必须一致（字节类型或者字类型），同样适用于所有指令。

④计算机根据寄存器默认其省略的段寄存器，所以指令中只要给出偏移地址。

⑤在内存和寄存器之间传送字类型数据是高地址和高 8 位寄存器对应，低地址和低 8 位寄存器对应。

2. XCHG 指令

指令格式：XCHG OPD,OPS

指令功能：将源操作数和目的操作数的内容互换。

书写时 OPS 和 OPD 的位置可以对换。该指令对标志寄存器无影响。不允许两个内存单元之间互换内容，指令可以有三种格式：

```
XCHG    reg,mem
XCHG    reg,reg
XCHG    mem,reg
```

【例 3.15】 指令序列如下：

```
XCHG    AX,DX
XCHG    DH,BH
XCHG    DX,[1000H]
XCHG    [SI],CL
```

3. 查表指令 XLAT

指令格式：XLAT TABLE

或 XLAT

指令功能：把待查表格的一个字节内容送到 AL 累加器中。待查表格存于内存单元中，TABLE 为待查表格的首地址。

执行前，应将待查表格的首地址 TABLE 先送至 BX 寄存器中，然后将待查字节与其距表首地址的位移量送 AL。

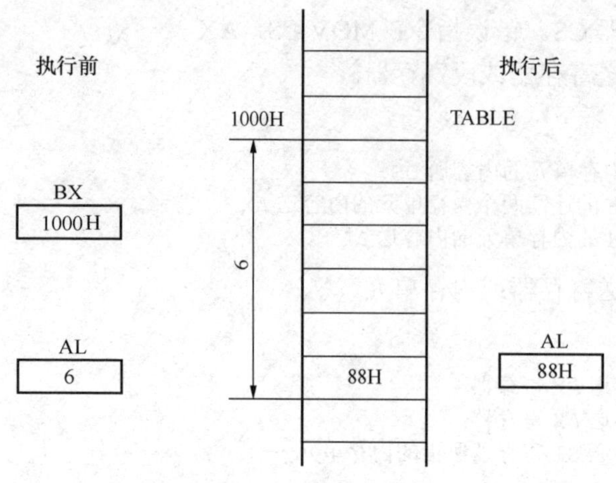

图 3.6 XLAT 指令执行前后情况

执行后，将有效地址为（BX）+（AL）的内存单元的内容传送给 AL。即（AL）←（(BX）+（AL)）。

设待查表的首地址为 1000H，待查字节与表首地址的位移量为 6，则执行前要将首地址送到 BX 寄存器，位移量送 AL 寄存器，执行后 AL＝88H。XLAT 执行前后的情况如图 3.6 所示。

指令中没有出现 AL 和 BX 寄存器，在指令中没有出现的寄存器称为隐含寄存器。这是汇编语言的一个特点，也是初学者必须注意的一个问题。

该指令不影响标志位。

4. 堆栈指令 PUSH 和 POP

堆栈以先进后出的方式工作，先进后出即最后进栈的元素将被最先弹出来。堆栈位于在堆栈段中，堆栈段的段地址存于 SS 段寄存器中。数据进入堆栈的操作称为进栈（PUSH），数据退出堆栈的操作称为出栈（POP），进栈出栈操作是针对栈顶元素进行的两种基本的堆栈操作。

堆栈只有一个出口——栈顶，栈顶指针寄存器为 SP，SP 指示的单元称为“栈顶”。当数据进栈时，SP 做减量调整，即栈顶向低地址调整；数据出栈时，SP 做增量调整，即栈顶向高地址调整。

在 8086 汇编语言中堆栈的进栈、出栈操作均以字为单位，也就是说，每次进栈或出栈 2 个字节。

指令格式：
```
PUSH    OPD
POP     OPD
```

指令功能：PUSH 指令将 OPD 压入堆栈，栈顶指针 SP 自动减 2，（SP）←(SP)－2；POP 指令将栈顶的一个字数据送到 OPD，栈顶指针 SP 自动加 2，（SP）←(SP)＋2。

OPD 必须是 16 位寄存器、16 位内存单元。

堆栈操作指令不改变标志寄存器内容。堆栈指令多用于保存中间结果，也用于保存子程序或中断现场。

【例 3.16】 指令序列如下：

```
PUSH    BX
POP     AX
```

设指令执行前 AX＝11FFH，BX＝22EEH，则指令执行后 AX＝22EEH，BX＝22EEH，如图 3.7 所示。

【例 3.17】 指令序列如下：

```
PUSH    AX
PUSH    BX
POP     AX
POP     BX
```

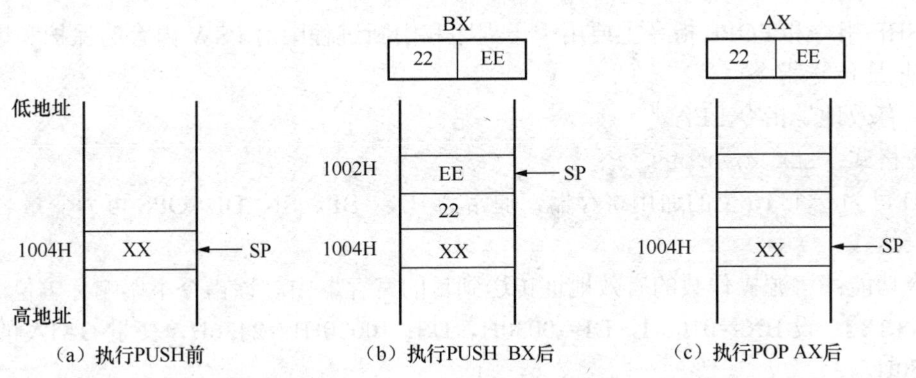

图 3.7　[例 3.16] 指令执行情况

设执行前 AX＝4444H，BX＝5555H，执行后 AX＝5555H，BX＝4444H

注意

POP 指令是将栈顶的内容送到 OPD 中，与 OPD 原来的内容无关。若希望 AX，BX 寄存器保持原来的内容不变，[例 3.17] 中的后 2 条指令该如何修改？

正确的指令：

```
PUSH     BP
PUSH     CS
PUSH     DATA     ;(DATA 为 16 位变量)
POP      DS
POP      [BX]     ;将栈顶的字数据传送到 BX 寄存器所指向的连续 2 个内存单元。
```

错误的指令：

```
POP      CS       ;不能对 CS 传送数据
PUSH     BL       ;必须是 16 位寄存器
```

5. 标志传送指令

(1) 标志位送 AH 指令 LAHF。

指令格式：LAHF

指令功能：取标志寄存器 PSW 的低 8 位传送到 AH。该指令不影响标志寄存器内容。

(2) AH 送标志寄存器指令 SAHF。

指令格式：SAHF

指令功能：将 AH 寄存器的内容传送到标志寄存器 FLAG 的低 8 位。该条指令影响 PSW 中的 SF、ZF、AF、PF、CF 标志。

(3) 标志进栈指令 PUSHF。

指令格式：PUSHF

指令功能：标志寄存器入栈，(SP) ← (SP) －2。该指令不影响标志寄存器内容。

(4) 标志出栈指令 POPF。

指令格式：POPF

指令功能：与 PUSHF 指令的功能相反，将栈顶内容送标志寄存器，(SP) ← (SP) ＋2。该指令影响标志寄存器内容。

PUSHF 指令和 POPF 指令主要用于子程序和中断过程中对 PSW 内容的保护和恢复。

6. 地址传送指令

（1）有效地址指令 LEA。

指令格式：`LEA OPD,OPS`

OPD 可为一个 16 位的通用寄存器，通常为 BX、BP、SI、DI。OPS 可为变量名、标号或地址表达式。

指令功能：将源操作数的有效地址传送到目的寄存器中。该指令不影响标志位。

【例 3.18】 设 BX＝0100H，DI＝0030H，DS：[0030H]＝2436H，变量 DATA 的有效地址为 0050H。

```
LEA     BP,[3000H]  ;执行后 BP=3000H
LEA     BX,[BX+DI]  ;执行后 BX=0130H
LEA     SI,DATA     ;执行后 SI=0050H
LEA     SI,[DI]     ;执行后 SI=0030H
MOV     SI,[DI]     ;执行后 SI=2436H
```

从最后 2 条指令可以看出，MOV 指令是将 DI 寄存器所指向的内存单元中的数据传送给 SI，而 LEA 指令是将 DI 寄存器所指向的内存单元的地址传送给 SI。

（2）取地址指令 LDS 及 LES。

指令格式：
```
LDS   OPD,OPS
LES   OPD,OPS
```

其中 OPD 为任意一个 16 位的寄存器，OPS 为存储器地址。

指令功能：是将 OPS 所指向的存储单元的连续 4 个字节（32 位）的内容分别传送到 OPD 和 DS 寄存器或 ES 寄存器中。

【例 3.19】 `LDS SI,[20H]`

设（DS）＝4000H，（40020H）＝7765H，（40022H）＝2347H

[20H]的物理地址为 40020H。指令执行后将[40020H]、[40021H]单元的内容送 SI 寄存器，[40022H]、[40023H]单元的内容送 DS 寄存器。所以（SI）＝7765H，（DS）＝2347H。

LES 指令的功能与 LDS 指令的功能类似，不同的是把传送到 DS 寄存器的地址换到 ES 寄存器。

3.2.2 算术运算指令

算术运算指令用于实现算术运算的功能，有单操作数指令，也有双操作数指令，还有隐含操作数指令。操作数可为 8 位或 16 位二进制数。双操作数指令不允许两个操作数都是存储器操作数，目的操作数不能是立即数。两个操作数的位数要一致。单操作数指令操作数不允许是立即数。这些规定在下面的指令中不再重述。

1. 加法指令

ADD 加法；

ADC 带进位加法；

INC 加 1。

（1）ADD 加法指令。

指令格式：`ADD OPD,OPS`

指令功能：OPD←OPD＋OPS，源操作数加上目的操作数，结果存于目的操作数中。目的操作数原来的内容被替代，若后面的程序还需要用到目的操作数，应在指令执行前先保存到其他地方。

（2）ADC 带进位加法指令。

指令格式：`ADC  OPD,OPS`

指令功能：OPD←OPD＋OPS＋CF，源操作数加上目的操作数再加上标志寄存器中 CF 的值，结果存于目的操作数中。

（3）INC 指令。

指令格式：`INC  OPD`

指令功能：OPD 的内容加 1，OPD 可以是 reg 或 mem，若是内存单元应指定是字节或字单元。

正确的指令格式：

```
ADD     CL,11H
ADD     BYTE PTR[BX],89H
ADD     WORD PTR[BX],05
ADD     AX,2000H
ADD     CH,DL
ADD     BX,[SI+6]
ADD     [SI],CX
INC     AL
INC     CX
INC     BYTE PTR [BX+SI]
```

错误的指令格式：

```
ADD     BH,CX              ;2个寄存器位数不一致
INC     105H               ;INC指令的操作数不可以是立即数
ADD     AL,100H            ;立即数超出寄存器的位数
ADD     [BX],20H           2个操作数是mem和imm,与MOV指令一样,mem要指
                           ;明是字节数据还是字数据
INC     [BX+SI]            ;错误理由同前一条
```

【例 3.20】 设 AX＝0D439H，执行 ADD　AX，456AH 指令后

```
     1101 0100 0011 1001
   + 0100 0101 0110 1010
  -----------------------
    10001 1001 1010 0011
```

执行后：AX＝19A3H，OF＝0，SF＝0，ZF＝0，AF＝1，PF＝0，CF＝1

加法指令对标志位的影响：

ADD，ADC 指令对 CF、ZF、SF、PF、AF、OF 标志位均有影响，INC 指令不影响 CF 标志位，影响其他标志。

有符号数相加，两个操作数符号相同时，如果结果的符号与操作数的符号相反，则结果溢出 OF＝1。

OF＝1：只对有符号数运算有意义。表示有符号数相加结果溢出。

CF＝1：只对无符号数运算有意义。表示无符号相加结果有进位。

2. 减法指令

SUB 减法；

SBB 带借位减法；

DEC 减 1；

NEG 求补；

CMP 比较。

（1）减法指令 SUB。

指令格式：`SUB OPD,OPS`

指令功能：目的操作数减源操作数，结果存于目的操作数，即 OPD←OPD－OPS。

（2）带借位减法指令 SBB。

指令格式：`SBB OPD,OPS`

指令功能：目的操作数减源操作数再减 CF，结果存于目的操作数，即 OPD←OPD－OPS－CF。

（3）减 1 指令 DEC。

指令格式：DEC　OPD，其中 OPD 的含义与 INC 指令相同。

指令功能：OPD 减 1，即 OPD←OPD－1。

前面三条减法指令的书写格式及用法与加法指令类似。

SUB 和 SBB 影响所有 6 个状态标志 CF、ZF、SF、PF、AF、OF 标志位。AF 为半借位；CF 为借位；其余 4 个标志的含义同加法指令。DEC 不影响 CF 标志，影响其他 5 个标志。

有符号数相减，负数减正数结果为正，或正数减负数结果为负，则结果溢出 OF＝1。

OF＝1：只对有符号数运算有意义。表示有符号数相减结果溢出。

CF＝1：只对无符号数运算有意义。表示无符号相减，不够减有借位。

（4）求补指令 NEG。

指令格式：`NEG OPD`(OPD 可以是 `reg` 或 `mem`)

指令功能：对操作数 OPD 进行求补运算，即对操作数 OPD 连同符号位求反后加 1，并将结果送回 OPD。

对 0 求补时，CF＝0，其他情况 CF＝1。

（5）比较指令 CMP。

指令格式：`CMP OPD,OPS`

指令功能：CMP 指令与 SUB 指令类似，将两个操作数相减，但结果不回送 OPD。该指令仅用于改变标志位。

该指令常用来比较两数大小。执行 CMP OPD，OPS，无符号数比较时，CF＝0 表示 OPD 大于 OPS，CF＝1 时表示 OPS 大于 OPD；有符号数比较时，后面往往跟着一条件转移指令，根据比较指令执行后标志寄存器的状态产生不同的分支。此内容将在转移指令中讨论。

【例 3.21】 `SUB AX,[SI＋10H]`

设 AX＝2945H，（DS）＝2000H，（SI）＝1000H，（21010H）＝7631H

[SI＋10H]＝[21010H]＝7631H

执行减法指令后：（AX）＝0B314H，SF＝1，ZF＝0，CF＝1，OF＝0，AF=0，PF=0。

【例 3.22】 设 AL＝1110 1110B　执行 NEG AL 后：

AL＝00010001B＋1＝00010010B

3. 乘法指令

MUL 无符号乘法数指令；

IMUL 有符号乘法数指令。

乘法指令分为无符号乘法指令和有符号乘法指令，而对于一个二进制数，机器不知道它是有符号数还是无符号数，在编写程序的时候应通过选用不同的乘法指令来告诉机器操作数是有符号或无符号数。

（1）无符号数乘法指令 MUL。

指令格式：MUL　OPD，操作数可以是 reg 或 mem，不能是立即数。

指令功能：实现两个无符号数的乘法运算。当 OPD 为 8 位字节数据时为字节相乘，将 AL 寄存器与 OPD 相乘，结果存于 AX 寄存器，即：AX←(AL)×OPD，AL 是隐含操作数，在指令中没有出现。

当 OPD 是 16 位字数据时为字相乘，将 AX 寄存器与 OPD 相乘，结果存于 DX 和 AX 寄存器。即：（DX）（AX）←（AX）×OPD，AX 是隐含操作数。例如：

```
MUL  DI                ;DI 与 AX 相乘
MUL  BYTE PTR ALFA     ;ALFA 所指向的内存单元中的字节数据与 AL 相乘
```

对标志位的影响：影响 CF、OF 标志，如果乘积的高一半为零，则 CF＝OF＝0；否则，CF＝OF＝1。

错误的指令：

```
MUL      11H      ;立即数不能做乘数
MUL      AX,BX    ;AX 为隐含寄存器,不能在指令中出现
MUL      [BX]     ;操作数为内存单元时应指明是字节还是字数据
MUL      AL,8
```

【例 3.23】 无符号数 78H 与 0F1H 相乘。

```
MOV      AL,78H  ;8 位被乘数 78H 送 AL 寄存器
MOV      CL,0F1H ;乘数 0F1H 送 CL 寄存器
MUL      CL      ;乘积存于 AX 寄存器中
```

（2）有符号数乘法指令 IMUL。

指令格式：IMUL　OPD

指令功能和用法与无符号数乘法类似。只是专用于有符号数的相乘。

乘法指令对标志位的影响：如果乘积的高一半为低一半的符号扩展则 CF＝0；OF＝0；否则，CF＝1，OF＝1。

4. 除法指令

DIV 无符号除法；

IDIV 有符号除法。

（1）无符号除法指令 DIV。

指令格式：DIV　OPD，操作数可以是 reg 或 mem，不能是立即数。

指令功能：实现两个无符号数的除法运算。当 OPD 为 8 位字节数据时为字节相除，被除数在 AX 中，除数在 OPD 中。(AX)/OPD，AL←商，AH←余数，AX 是隐含操作数。

当 OPD 是 16 位字数据时字相除，被除数在 DX 和 AX 中，除数在 OPD 中。(DX)(AX)/OPD，AX←商，DX←余数，DX，AX 是隐含操作数。

（2）有符号数除法法指令 IDIV。

指令格式：`IDIV  OPD`

指令功能和用法与无符号数除法类似，只是专用于有符号数的相除。

除法指令对标志位的影响：除法指令对标志没有定义。除法指令会产生结果溢出，当被除数远大于除数时，便产生溢出，8086 CPU 中就产生编号为 0 的内部中断，运行相应中断服务程序。程序设计时，应避免产生除法溢出。

对 DIV 指令，当除数为 0、在字节除时商＞8 位或者在字除时商＞16 位时，会发生除法溢出。

对 IDIV 指令，当除数为 0、在字节除时商不在－128～127 或者在字除时商不在－32 768～32 767 时，会发生除法溢出。

正确除法指令：

```
DIV     CX
DIV     BYTE PTR[SI]
IDIV    CL
IDIV    WORD PTR[SI]
```

错误的除法指令：

```
DIV     2050H
IDIV    [BX]
```

【例 3.24】 除法运算指令。

```
MOV     AX,0400H      ;AX＝1024
MOV     CL,81H        ;CL＝129
DIV     CL            ;商 AL＝7;余数 AH＝79H＝121
MOV     AX,0400H      ;AX＝400H
MOV     CL,81H        ;CL＝－127
IDIV    CL            ;商 AL＝0F8H＝－8;余数 AH＝08H＝8
```

5. 符号扩展指令

符号扩展是指用一个操作数的符号位（即最高位）形成另一个操作数，形成的操作数是各位全 0（最高位为 0）或各位全 1 的数（最高位为 1）。符号扩展不改变数据大小。

（1）字节扩展为字 CBW。

指令格式：`CBW`

指令功能：将 AL 的符号位扩展到 AH，如 AL 的最高有效位是 0，则 AH＝00，AL 的最高有效位为 1，则 AH＝0FFH。AL 保持不变。

（2）字扩展为双字 CWD。

指令格式 `CWD`

指令功能：将 AX 的符号位扩展到 DX，如 AX 的最高有效位是 0，则 DX＝0000H，AX 的最高有效位为 1，则 DX＝0FFFFH。AX 保持不变。

符号扩展的隐含操作数是 AL 和 AH 以及 AX 和 DX，与其他寄存器无关。

因为除法指令要求被除数的位数是除数的倍长。符号扩展指令主要用于在有符号数除法中扩展被除数的位数。对无符号数除法可直接使高 8 位或高 16 位清 0，以获得倍长的被除数。

【例 3.25】 符号扩展指令举例

```
MOV     AL,0F7H ;AL＝F7H
CBW             ;AX＝FFF7H
MOV     AL,47H  ;AL＝47H
CBW             ;AX＝0047H
```

符号扩展指令也用于不同位数的数据相加减时调整数据的位数，请看［例 3.26］。

【例 3.26】 设 B1，B2，B3 为有符号字节类型变量，写出完成（B1×B2＋B3）/B2 功能的指令序列。

```
MOV     AL,B1
MUL     B2      ;乘积存于 AX 中
MOV     CX,AX   ;为什么要写这一句?
MOV     AL,B3   ;B1×B2 为 16 位数据,B3 为 8 位数据,不能相加,需要扩展
CBW
ADD     AX,CX
IDIV    B2      ;结果的余数在 AH 中,商在 AL 中
```

若把题目中的式子改为：（B1＋B2＋B3）/B2，指令序列该如何写？

6. 十进制数调整指令

十进制数调整指令是对二进制运算的结果进行十进制调整，以得到十进制的运算结果。

为什么需要调整指令？因为计算机用二进制数运算规律进行十进制数运算，用 4 位二进制数表示 1 位十进制数。而 1 位十进制数逢 10 进 1，4 位二进制数逢 16 进 1，当结果大于 9 时或 AF 或 CF 等于 1 时需要调整。

十进制数调整指令分成压缩 BCD 码和非压缩 BCD 码调整。

压缩 BCD 码是用 4 个二进制位表示一个十进制位。非压缩 BCD 码用 8 个二进制位表示一个十进制位，低 4 位二进制位表示一个十进制位，高 4 位通常默认为 0。

BCD 码加法、减法、乘法和除法调整指令的调整对象均为隐含寄存器 AL，BCD 码运算只能使用以 AL 寄存器为目的操作数的 8 位数运算指令。

（1）压缩 BCD 码加法调整指令 DAA。

指令格式：DAA

指令功能：对两个压缩十进制相加运算存于 AL 中的结果进行调整，产生一个压缩组合的十进制数在 AL 中，其进位在 CF 中。

调整操作：

若 AL＆0FH＞9 或 AF＝1；

则 AL←AL＋6，AF←1。

若 AL＆F0H＞90H 或 CF＝1；

则 AL←AL＋60H，CF←1。

本指令紧跟在加法指令之后使用，影响标志位 AF、CF、PF、SF、ZF。

【例 3.27】 压缩 BCD 码加法调整举例。

```
MOV BL,06H
```

```
MOV AL,18H
ADD AL,BL      ;AL 中为 1EH
DAA            ;AL 中为 24H
```

（2）压缩 BCD 码减法调整指令 DAS。

指令格式：DAS

指令功能：对两个压缩十进制相减存于 AL 中的结果进行调整，产生一个压缩组合的十进制数在 AL 中。

调整操作：

若 AL＆0FH＞9 或 AF＝1；

则 AL←AL－6，AF←1。

若 AL＆F0H＞90H 或 CF＝1；

则 AL←AL－60H，CF←1。

本指令紧跟在减法指令之后使用，影响标志位 AF、CF、PF、SF、ZF。

（3）非压缩 BCD 码加法调整指令 AAA。

指令格式：AAA

指令功能：对两个未压缩十进制相加运算存于 AL 中的结果进行调整，产生一个未压缩的十进制数在 AX 中。

调整操作：

若 AL＆0FH＞9 或 AF＝1；

则 AL←AL＋6，AH←AH＋1，AF←1，CF←AF，AL←AL＆0FH；否则 AL←AL＆0FH。

本指令紧跟在加法指令之后使用，影响标志位 AF、CF。

【例 3.28】 非压缩 BCD 码加法调整举例。

```
MOV     AX,0609H      ;AX＝0609H,非压缩 BCD 码表示真值 69
MOV     DL,09H        ;DL＝09H,非压缩 BCD 码表示真值 9
ADD     AL,DL         ;二进制加法：AL＝09H＋09H＝12H
AAA                   ;十进制调整：AL 加上 6,AH←AH＋1,则 AX＝0708H,
                      ;实现非压缩 BCD 码加法：69＋9＝78
```

（4）非压缩 BCD 码减法调整指令 AAS。

指令格式：AAS

指令功能：对两个未压缩十进制相减运算存于 AL 中的结果进行调整，产生一个未压缩的十进制数在 AX 中。

调整操作：

若 AL＆0FH＞9 或 AF＝1；

则 AL←AL－6，AH←AH－1，AF←1，CF←AF，AL←AL＆0FH；

否则 AL←AL＆0FH。

本指令紧跟在减法指令之后使用，影响标志位 AF、CF。

（5）非压缩 BCD 码乘法调整指令 AAM。

指令格式：AAM

指令功能：对两个未压缩十进制数相乘存于 AX 中的结果进行调整，产生一个未压缩的十进制数存在 AX 中，即 AH←将 AL 除以 0AH 的商，AL←将 AL 除以 0AH 的余数。

本指令应跟在 MUL 指令后使用，影响标志位 PF、SF、ZF。

【例 3.29】 非压缩 BCD 码乘法调整举例。

```
MOV BL,06H
MOV AL,07H
MUL BL        ;AX 中为 002AH
AAM           ;AX 中为 0402H
```

（6）非压缩 BCD 码除法调整指令 AAD。

指令格式：AAD

指令功能：把 AX 中的两个未压缩十进制数进行调整，然后可按 DIV 指令实现两个未压缩十进制数的除法算，其结果为未压缩十进制商（在 AL 中）和余数（在 AH 中），即 AL←AH×10＋AL，AH←0

本指令应在除法运算之前使用，对 AX 中的压缩十进制数进行调整，调整后再进行二进制除法运算，这与前述的加、减、乘法的调整过程是不同的。本指令影响标志位 PF、SF、ZF。

【例 3.30】 非压缩 BCD 码除法调整举例。

```
MOV BL,05H
MOV AL,0308H
AAD                 ;先进行十进制除法调整操作,AX＝0026H
DIV     BL          ;AL＝07H,AH＝03H
```

3.2.3 逻辑运算指令

```
AND     逻辑与运算指令;
OR      逻辑或运算指令;
NOT     逻辑非运算指令;
XOR     逻辑异或运算指令;
TEST    测试指令。
```

逻辑运算指令用于实现逻辑运算的功能，有单操作数指令，也有双操作数指令。操作数可为 8 位或 16 位二进制数。双操作数指令不允许两个操作数都是存储器操作数，目的操作数不能是立即数。两个操作数的位数要一致。

1. 逻辑与运算指令 AND

指令格式：AND　OPD,OPS

指令功能：对两个操作数执行逻辑与运算，结果送到目的操作数，即 OPD∧OPS→OPD

对标志位的影响：设置 CF＝OF＝0，根据结果确定 SF、ZF 和 PF 状态，而对 AF 未定义。

2. 逻辑或运算指令 OR

指令格式：OR　OPD, OPS

指令功能：对两个操作数执行逻辑或运算，结果送到目的操作数，即 OPD∨OPS→OPD

对标志位的影响同 AND 指令。

3. 逻辑非指令 NOT

指令格式：NOT　OPD

指令功能：对一个操作数执行逻辑非运算。不影响标志位。

4. 逻辑异或运算 XOR

指令格式：XOR　OPD, OPS

指令功能：对两个操作数执行逻辑异或运算，结果送到目的操作数。对标志位的影响同 AND 指令。

5. 测试指令 TEST

指令格式：`TEST  OPD, OPS`

指令功能：对两个操作数执行逻辑与运算，结果不回送到目的操作数。OPD∧OPS，结果不回送 OPD，仅建立结果状态标志。

TEST 指令可用于检测一些条件是否满足，但又不会改变原操作数的内容。

6. 逻辑运算指令的运用

（1）AND 指令可用于屏蔽某些位。

```
AND BL,11110110B      ;将 BL 中的 D3 和 D0 位清 0,其他位不变
AND AL,0FH            ;屏蔽 AL 高 4 位,保留低 4 位(常用)
```

（2）OR 指令可用于置某些位为 1。

```
OR  BL,00001001B      ;将 BL 中的 D3 和 D0 位置 1
OR  AX,AX             ;置标志位,这一条指令没有改变 AX 的值,但改变了标志
                      ;寄存器的值,可反映出 AX 的标志状态,在程序中经常使用
```

（3）TEST 测试某位是否为 0。

```
MOV     AL,0EFH
TEST    AL,40H
```

测试 AL 寄存器中的 D_6 位是否为 0。40H 的 D_6 位为 1，其余各位为 0。指令 TEST 做相与运算，如果 AL 的 D_6 位为 0，结果一定为 0。

指令 TEST 执行后可根据状态位 ZF 的状态来判断 AL 寄存器的 D_6 是否为 0，但没有改变 AL 寄存器的内容。

（4）对指定位求反。

```
XOR     BL,0FH        ;BL 高 4 位不变,低 4 位求反
XOR     AL,55H        ;AL 偶数位不变,奇数位求反
```

（5）清除寄存器及 CF（常用指令）。

```
XOR     AX,AX         ;AX=0,CF=0
```

3.2.4 移位指令

移位指令都有两个操作数，OPD 是指定的被移位的操作数，可以是寄存器或存储单元。OPS 数表示移位位数，该操作数为 1，表示移动 1 位；当移位位数大于 1 时，则 OPS 为 CL 寄存器值。

1. 一般移位指令

一般移位指令是将操作数向左或向右移动一位或多位，分成逻辑移位和算术移位。如图 3.8 所示。

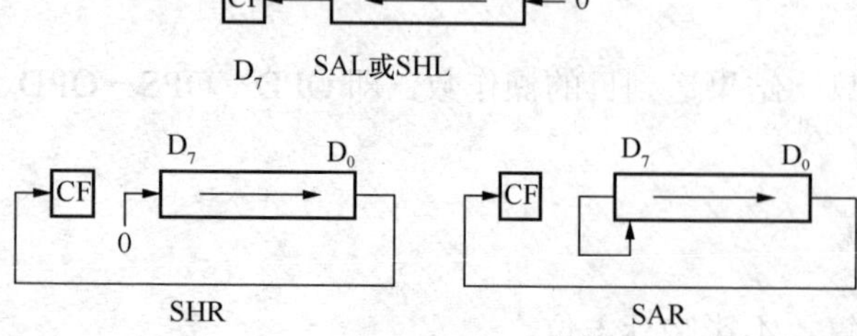

图 3.8　移位指令操作示意图

指令格式：

（1）SAL/SHL　OPD, OPS　　;算术/逻辑左移，操作数左移，最低位补 0，最高位进 CF

（2）SAR　OPD, OPS　　;算术右移，操作数右移，最高位不变，最低位进 CF

（3）SHR　OPD, OPS　　;逻辑右移，操作数右移，最高位补 0，最低位进 CF

对标志位的影响：对 AF 无定义。CF 为移后的值确定，并根据移位后的结果设置 SF、ZF、PF；当移动 1 位时，移位后如果符号位发生变化，则 OF＝1，符号位不发生变化，则 OF＝0，移位次数大于 1 时，OF 不确定。左移做倍增运算，右移做倍减运算。

错误的指令：SHR AL,4

应写成　MOV CL,4

　　　　SHR　AL,CL

【例 3.31】 移位指令举例。

```
MOV     CL,4
MOV     AL,0C5H           ;AL=C5H
SHL     AL,1              ;AL=8AH
SHR     AL,1              ;AL=45H
SAR     AL,1              ;AL=22H
SAL     AL,CL             ;AL=20H
```

【例 3.32】 X，Y 为字类型数，求 Z＝((X＋Y)×8－X)/2。

```
MOV     AX,X
ADD     AX,Y
MOV     CL,3
SAL     AX,CL             ;左移 3 位就是×8
SUB     AX,X
SAR     AX,1              ;除 2
MOV     Z,AX
```

【例 3.33】 将 AL 中组合的 2 个 BCD 码分解为未组合的 BCD 码，存于 BH，BL 中，并转换成对应的 ASCII 码。

```
MOV     AH,AL             ;将 AL 保存到 AH 中,备用
MOV     CL,4
SHR     AL,CL             ;AL 右移 4 位,将高 4 位移到低 4 位,高 4 位补 0
MOV     BH,AL             ;AL 中的高位 BCD 码送 BH
AND     AH,0FH            ;AH 的高 4 位置 0
MOV     BL,AH             ;AL 中低位的 BCD 码送 BL
ADD     BH,30H            ;转换为 ASCII 码
ADD     BL,30H
```

2. 循环移位指令

循环移位指令是将操作数从一端移出的位返回到另一端形成循环，分成不带进位或带进位，以及左移或右移操作，如图 3.9 所示。

指令格式：

（1）ROL　OPD,OPS　　;不带进位循环左移

（2）ROR　OPD,OPS　　;不带进位循环右移

（3）RCL　OPD,OPS　　;带进位循环左移

（4）RCR　OPD,OPS　　;带进位循环右移

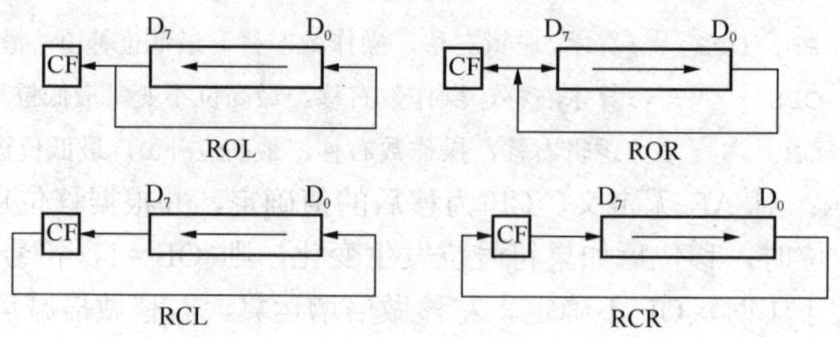

图 3.9 循环移位指令操作示意图

对标志位的影响同一般移位指令。

【例 3.34】 循环移位举例。

```
MOV     AX,458FH     ;AX＝458FH
MOV     CL,4
ROR     AX,CL        ;AX＝0F458H
ROR     AX,CL        ;AX＝8F45H
```

3.2.5 控制转移指令

一般情况下，程序是按顺序执行的，但程序在执行的过程中常常需要改变程序执行的流程。下面介绍的控制转移语句是通过改变 IP（及 CS）值，实现程序执行顺序的改变。

控制转移类指令用于实现分支、循环、过程等程序结构，是汇编中的常用指令。

1. 无条件转移指令 JMP

指令格式：`JMP  LABLE`

指令功能：使得程序无条件转移到指定的地址，从指定地址处开始执行指令。因此无条件转移指令必须指明所要转移的地址。

LABLE 是将要转移到的目标地址，按 LABLE 是否与当前指令在一个代码段，无条件转移可分为段内转移和段间转移；而按 LABLE 的不同寻址方式又可分为直接寻址和间接寻址。

直接寻址：转移地址在指令代码中。

间接寻址：转移地址在寄存器或内存单元中。

(1)段内转移：在当前代码段范围 64KB 内转移（±32KB 范围）称为近转移（NEAR PTR）。转移范围在段内－128～＋127 称为短转移（SHORT）。段内转移 CS 段地址不变，只要改变 IP 偏移地址。

【例 3.35】 段内转移指令举例（LABLE 为具有确定值的符号地址）。

```
JMP     SHORT  LABLE          ;短转移,直接寻址,目标地址为 LABLE
JMP     NEAR  PTR   LABLE1    ;近转移,直接寻址,目标地址为 LABLE1
JMP     SI                    ;间接寻址,目标地址在 SI 寄存器中
JMP     WORD  PTR [BX]        ;间接寻址,目标地址在内存单元中
```

(2) 段间转移：远转移（FAR PTR）从当前代码段转移到另一个代码段（设为代码段 2），转移范围 1MB。需要改变 CS 段地址和 IP 偏移地址。因此目标地址必须用一个 32 位数表达。

指令 JMP FAR PTR LABLE 的功能是远转移到代码段 2 的 LABLE，IP←[LABLE]，CS←[代码段 2 的段地址]。

指令 JMP FAR PTR MEM，其中 MEM 是内存单元的地址，从 MEM 开始的 4 个连续单

元中存放着 2 个 16 位的地址，一个是目标地址的偏移地址，一个是目标地址的段地址，即 IP←[MEN]，CS←[MEM＋2]。

设（MEN）＝0020H，（MEN＋2）＝1070H，则指令执行后，程序转移到段地址为 1070H，偏移地址为 0020H 的位置去执行。

在实际编程中，汇编程序会根据目标地址的距离，自动处理成短转移、近转移或远转移。程序员可用操作符 SHORT、NEAR PTR 或 FAR PTR 强制。

2. 条件转移语句 JCC

条件转移语句都是段内短转移。

条件转移指令的一般格式为：`JCC    LABLE`

指令功能：如条件满足，则发生转移：IP←IP＋8 位偏移量；如条件不满足，则不转移，顺序执行下条指令。转移范围与 JMP　SHORT 指令相同。

指令中的条件即为状态标志的状态，8086 CPU 共有 16 种可用的条件，使用这些条件的条件转移指令可分成三类：判断单个标志位状态、比较无符号数高低、比较有符号数大小。

（1）判断单个标志位状态。

表 3.1 中的指令可分为 5 组。

①JZ/JE 和 JNZ/JNE：利用零标志 ZF，判断结果是否为零（或相等）；

②JS 和 JNS：利用符号标志 SF，判断结果是正是负；

③JO 和 JNO：利用溢出标志 OF，判断结果是否产生溢出；

④JP/JPE 和 JNP/JPO：利用奇偶标志 PF，判断结果中“1”的个数是偶是奇；

⑤JC/JB/JNAE 和 JNC/JNB/JAE：利用进位标志 CF，判断结果是否进位或借位。

表 3.1　单个标志状态转移指令

助记符	标　志	说　明
JZ/JE	ZF＝1	结果为 0；两数相等
JNZ/JNE	ZF＝0	不为 0；不相等
JS	SF＝1	结果为负
JNS	SF＝0	结果为正
JO	OF＝1	运算结果溢出
JNO	OF＝0	运算结果不溢出
JP/JPE	PF＝1	结果的低 8 位含偶数个“1”
JNP/JPO	PF＝0	结果的低 8 位含奇数个“1”
JC/JB/JNAE	CF＝1	加有进位；减有借位；其他
JNC/JNB/JAE	CF＝0	无进位；无借位；其他

计算机是按指令的要求根据标志寄存器的状态来确定程序的执行流程，标志寄存器的状态可以通过上述指令表示。指令中的 Z、S、O、C、P 分别表示标志寄存器中的 ZF、SF、OF、CF、PF 标志位，指令中的 N 表示不等（Not），E 表示相等（Equal）。

（2）比较无符号数高低（条件为一个标志或标志组合）。

表 3.2 中无符号数的大小用高低表示。指令中的 A 表示高（Above），B 表示低（Below），

利用 CF 确定高低、利用 ZF 标志确定相等。

表 3.2 无符号数比较状态转移指令

助记符	标志	说明
JB/JNAE/JC	CF=1	低于/不高于不等于（<）
JNB/JAE/JNC	CF=0	不低于/高于或等于（≥）
JBE/JNA	CF=1 或 ZF=1	低于或等于/不高于（≤）
JNBE/JA	CF=0 且 ZF=0	不低于不等于/高于（>）

（3）比较有符号数大小（条件为标志组合）。

表 3.3 中有符号数的大小判断需要组合 OF、SF 标志，并利用 ZF 标志确定相等。指令中的 G 表示大（Greater），L 表示小（Less）。

表 3.3 有符号数比较状态转移指令

助记符	标志	说明
JL/JNGE	SF≠OF	小于/不大于且不等于(<)
JNL/JGE	SF=OF	不小于/大于或等于(≥)
JLE/JNG	SF≠OF 或 ZF=1	小于或等于/不大于(≤)
JNLE/JG	SF=OF 且 ZF=0	不小于且不等于/大于(>)

【例 3.36】 计算 $X-Y$ 的绝对值，X，Y 为字类型有符号数，结果存入 RESULT。

```
        MOV     AX,X
        SUB     AX,Y
        JGE     M          ;如果 SUB 指令执行的结果为正,则转去执行标
                           ;号为 M 的指令。否则顺序执行下一条指令
        NEG     AX
  M :   MOV     RESULT,AX
```

思考：

①程序中 JGE　M 可以写成 JNS　M 吗？

②程序中 JGE　M 可以用 JL　M 吗？程序该怎么写？

③程序中 JGE　M 可以写成 JAE　M 吗？

【例 3.37】 AL，BL，CL 中有三个符号数，将最大数存于 AL 中。

```
        CMP     AL,BL     ;比较 AL,BL 的大小
        JG      LL        ;AL>BL 时程序转到 LL
        XCHG    AL,BL     ;AL≤BL 交换 AL,BL 的内容
LL:     CMP     AL,CL     ;比较 AL,CL 的大小
        JG      EXIT      ;AL>CL 时程序转到 EXIT
        XCHG    AL,CL     ;AL≤BL 交换 AL,CL 的内容
EXIT:
```

【例 3.38】 AL 寄存器中存放一个字符，如果是数字字符，则改为*。

```
        CMP     AL,'0'    ;为什么要加引号？
        JB      EXIT      ;比'0'小转到 EXIT。这里可不可以用 JL？程序该
                          ;怎么写
```

```
        CMP     AL,'9'
        JA      EXIT         ;比'9'大转到EXIT
        MOV     AL,'*'       ;AL中为数字字符,则改为 '*'
EXIT:
```

【例 3.39】 记录BX中1的个数保存在AL寄存器。

```
        XOR     AL,AL        ;置AL=0,CF=0
AGN:    CMP     BX,0         ;也可以写成TEST  BX,0FFFFH
        JE      NEXT         ;判断BX是否为0,为0转到NEXT
        SHL     BX,1         ;逻辑左移1位,将最高位移到CF寄存器
        JNC     AGN          ;CF为0转到AGN
        INC     AL           ;CF为1则AL加1
        JMP     AGN
NEXT:      …                 ;AL保存1的个数
```

（4）测试CX的值为0，则转移的指令。

指令格式：`JCXZ  LABLE`

指令功能：若CX寄存器的内容为零，则转移到指定地址标号处。

3. 循环控制指令

循环结构是程序设计中使用最多的一种结构，8086提供了三条专用的循环。循环指令默认利用CX计数器，属于段内短转移。

LOOP的功能是将CX←CX－1，然后判断CX≠0？来控制程序的执行顺序。

指令格式：

```
(1) LOOP  LABLE            ;CX←CX－1，如果CX≠0，转到LABLE，循环，否
                           ;则退出，顺序执行下一句
(2) LOOPZ/LOOPE  LABLE     ;CX←CX－1，如果CX≠0且ZF=1，转到LABLE，
                           ;循环，否则退出，顺序执行下一句
(3) LOOPNZ/LOOPNE  LABLE;CX←CX－1，如果CX≠0且ZF=0，转到LABLE，
                           ;循环，否则退出，顺序执行下一句
```

ZF＝1或ZF＝0的意思是，执行LOOP前的ZF的状态。

【例 3.40】 求1＋3＋5＋7＋…＋19，结果存于AX寄存器中。

```
        MOV     AX,0
        MOV     CX,10
        MOV     BX,1
AGAIN:  ADD     AX,BX
        ADD     BX,2
        LOOP    AGAIN    ;CX←CX－1,如果CX≠0则转到AGAIN
         …
```

4. 子程序调用及返回指令

子程序是完成特定功能的一段程序。子程序结构是常用的程序结构。采用子程序可以提高编程效率，使程序结构更为清楚，便于维护。

（1）子程序调用指令CALL。当主程序需要执行这个功能时，采用CALL调用指令转移到子程序的起始处执行。在执行CALL时将CALL的下一条指令的地址（段地址、偏移地址）

压入堆栈中，以便子程序执行结束后正确返回。

CALL 指令位于主程序，CALL 调用的子程序与 CALL 指令可以处于同一代码段内，也可以在不同的代码段，因而分段内调用和段间调用。调用时可以采用直接寻址或间接寻址，故调用指令有四种格式：段内直接调用、段内间接调用、段间直接调用、段间间接调用。

指令格式：

```
(1)CALL  NEAR PTR  LABLE     ;段内直接调用,SP←SP−2,SS: [SP]←IP,IP←LABLE
                             ;的偏移地址
(2)CALL  R16/ M16            ;段内间接调用,SP←SP−2,SS: [SP]←IP,IP←R16/M16
(3)CALL  FAR PTR  LABLE      ;段间直接调用,SP←SP−2,SS: [SP]←CS,SP←SP-2,
                              SS:[SP]←IP,IP←LABLE 的偏移地址,CS←LABLE
                             ;的段地址
(4)CALL  MEM                 ;段间间接调用,SP←SP−2,SS: [SP]←CS,SP←SP-2,
                             ;SS:[SP]←IP,IP←[MEM],CS←[MEM+2]
```

指令中“NEAR PTR”表示段内调用，“FAR PTR”表示段间调用。由于汇编程序可自动识别“段内”，可省略。

（2）返回指令 RET 为子程序最后执行的指令，作用为断点出栈，将堆栈中存放的 CALL 指令的下一条指令的段地址、偏移地址送 CS，IP。

根据子程序与主程序是否同处于一个代码段内，返回指令也分为段内返回和段间返回，但两种指令的助记符相同，由汇编程序自动加以区分，产生不同的机器代码。

RET 指令根据段内和段间、有无参数，分成四种类型，需要弹出 CALL 指令压入堆栈的返回地址。

指令格式：

```
（1）RET                     ;无参数段内返回
（2）RET  n                  ;有参数段内返回
（3）RET                     ;无参数段间返回
（4）RET  n                  ;有参数段间返回
```

段内返回的功能：偏移地址 IP 出栈，IP←SS: [SP]，SP←SP＋2。

段间返回的功能：偏移地址 IP 和段地址 CS 出栈，IP←SS: [SP]，SP←SP＋2，CS←SS: [SP]，SP←SP＋2。

RET n 为有参数返回，n 为 1 个 16 位立即数，则堆栈指针 SP 将增加，即 SP←SP＋n。主要用于程序可以方便地从堆栈中去除若干执行 CALL 指令以前入栈的参数，因为这些参数在子程序返回后就不再需要了。

【例 3.41】 将 AL 中的数转换成 2 位十进制数的 ASCII 码，存于 BX 寄存器中。设 AL＝20H＝32D，则 BH＝33H，BL＝32H。

```
主程序: MOV     AL, 20H
        CALL    PROCA
        …
PROCA:  MOV     AH, 0
        MOV     CL,10
        DIV     CL
        OR      AL,30H        ;商就是十位数的值,存于 AL 中,转换成 ASCII 码
        MOV     BH,AL
```

```
    OR      AH,30H        ;余数就是个位数的值,存于AH中,转换成ASCII码
    MOV     BL,AH
    RET
```

3.2.6　字符串操作指令

存储器中连续存放的一组数据，称为数据串，对数据串进行操作的指令称为串操作指令。串操作指令的操作数是以字（W）为单位的字串，或是以字节（B）为单位的字节串。

串操作数存放在内存中，串的首地址存放在指定的寄存器中，每执行1次串操作指令，串操作数地址会自动调整，这样便可以完成对一个数据串的操作。

1. 串操作数的寻址

源操作数用寄存器SI寻址，默认在数据段DS中，但允许段超越：ES: [SI]。

目的操作数用寄存器DI寻址，默认在附加段ES中，不允许段超越：DS: [DI]。

每执行一次串操作指令，SI和DI都会自动修改：±1（字节串）或±2（字串）。

如何确定＋或－呢？通过两条指令CLD和STD来确定：执行指令CLD指令后，DF＝0，地址指针增1或2；执行指令STD指令后，DF＝1，地址指针减1或2。

在串操作指令执行前都应明确给出：源操作数地址、目的操作数地址、数据串长度（存于CX寄存器）、地址变化的方向（自动增加或减少）。

2. 串传送指令

串传送指令就是将一串连续存放的数据移到内存的另一个地方，分为字串传送和字节串传送。本指令不影响标志。

指令格式：

（1）MOVSB：字节传送指令，将源字节串传送到目的地址，地址自动增减1，即ES: [DI]←DS: [SI]；SI←SI±1，DI←DI±1。

（2）MOVSW：字传送指令，将源字串传送到目的地址，地址自动增减2，即ES: [DI]←DS: [SI]；SI←SI±2，DI←DI±2。

串传送的方向可以是正向也可以是反向，有时只能是正向或只能是反向，要根据源串和目标串是否有重叠来判断，将在5.3.5节中介绍。

【例3.42】 将数据段DATA1指示的50个字节传送到本数据段指示的DATA2区域。

```
        MOV   SI,OFFSET DATA1     ;SI←DATA1的偏移地址
        MOV   DI,OFFSET DATA2     ;DI←DATA2的偏移地址
        MOV   CX,50               ;CX←串长度即传送次数
        CLD                       ;置DF=0,地址自增
AGN:    MOVSB                     ;一次传送一个字节
        DEC   CX                  ;次数减1
        JNZ   AGN                 ;判断传送次数CX是否为0,不为0,则到转
                                  ;到AGN继续执行传送指令;否则,传送结束
```

3. 串存储指令

将把AL或AX数据传送至目的地址，串为目的操作数，地址为ES: [DI]。本指令不影响标志。分字串存储指令和字节串存储指令。

指令格式：

（1）STOSB：字节串存储指令，将AL寄存器的内容传送到ES: [DI]地址中，地址自动

增减 1，即 ES: [DI]←AL，DI←DI±1。

（2）STOSW：字串存储指令，将 AX 寄存器的内容传送到 ES: [DI] 地址中，地址自动增减 2，即 ES: [DI]←AX，DI←DI±2。

【例 3.43】 将附加段偏移地址为 300H 开始的 100 个存储单元全部清为 0。

```
        MOV   AX,0
        MOV   DI,300H               ;目的地址
        MOV   CX,50                 ;传送次数
        CLD                         ;地址自增
LOP:    STOSW                       ;每次传送一个字数据,2 个字节
        DEC   CX                    ;次数减 1
        JNZ   LOP                   ;判断传送次数 CX 是否为 0,不为 0,则转
                                    ;到 LOP 继续执行传送指令;否则,传送结束
```

思考：可将 CLD 改为 STD 吗？改用 STOSB 怎么写？

4. 串读取指令

把指定主存单元的数据传送给 AL 或 AX，数据串为源操作数，地址为[SI]，本指令不影响标志。分字串读取指令和字符串读取指令。

指令格式：

（1）LODSB：字符串读取指令，将[SI]中的内容传送到 AL 寄存器，地址自动增减 1，即 AL←DS: [SI]，SI←SI±1。

（2）LODSW：字串读取指令，将[SI]中的内容传送到 AX 寄存器，地址自动增减 2，即 AX←DS: [SI]，SI←SI±2。

因为每执行一次 AX/AL 的内容都会被改变，所以，这条指令不带重复前缀。

5. 串比较指令

串比较指令用于比较两个数据串是否相等。将主存中的源操作数减去目的操作数，通过标志位状态比较两操作数之间的关系。本指令按减法指令设置标志。

指令格式：

（1）CMPSB：将源字符串的操作数减去目的字符串的操作数，地址自动增减 1，即 DS: [SI]－ES: [DI]，SI←SI±1，DI←DI±1。

（2）CMPSW：将源字串的操作数减去目的字串的操作数，地址自动增减 2，即 DS: [SI]－ES: [DI]，SI←SI±2，DI←DI±2。

【例 3.44】 比较字符串 STR1 和 STR2，字符串长度为 20，如果相等 AL 置 0，不相等 AL 置 0FFH。

```
        MOV   SI,OFFSET STR1
        MOV   DI,OFFSET STR2
        MOV   CX,20
        CLD
AGN:    CMPSB                       ;比较两个字符
        JNZ   NLT                   ;字符不等,转移到 NLT
        DEC   CX                    ;字符相等 CX－1
        JNZ   AGN                   ;进行下一个字符比较
        MOV   AL,0                  ;全部字符相等,字符串相等,设置 00H
        JMP   EXIT                  ;转到 EXIT。没有这一句可以吗
```

```
NLT:        MOV    AL,0FFH             ;设置 AL=FFH
EXIT:       …
```

6. 串扫描指令

从数据串中搜索一个数据，被搜索的数据称为关键字，放入 AL 或 AX 寄存器。数据串为目的串。将 AL/AX 减去目的操作数，根据标志状态比较 AL/AX 与操作数之间的关系。本指令按减法规则设置标志。

指令格式：

（1）SCASB：字符串扫描指令，将 AL 寄存器的内容减去目的串中 ES: [DI]的内容，地址自动增减 1，即 AL－ES: [DI]，DI←DI±1。

（2）SCASW：字串扫描指令，将 AX 寄存器的内容减去目的串中 ES: [DI]的内容，地址自动增减 2，即 AX－ES: [DI]，DI←DI±2。

【例 3.45】 搜索 STR 字符串，查找是否有空格，如果有则转去 FIN。

```
            MOV    DI,OFFSET STR
            MOV    AL,20H
            MOV    CX,COUNT
            CLD
AGN:        SCASB                      ;搜索空格
            JZ     FIN                 ;为 0(ZF=1),发现空格,转去 FIN
            DEC    CX                  ;不是空格
            JNZ    AGN                 ;搜索下一个字符
            …                          ;不含空格,则继续执行
FIN:        …
```

7. 重复前缀指令

串操作指令执行一次，仅对数据串中的一个字节或字进行操作。串操作指令前都可以加一个重复前缀，实现串操作的重复执行，重复次数隐含在 CX 寄存器中。重复前缀指令不能单独使用，应写在串操作指令之前。

重复前缀分 2 类，3 条指令：与 MOVS、STOS（和 LODS）指令配合的前缀 REP，不影响标志；与 CMPS 和 SCAS 指令配合的前缀 REPZ 和 REPNZ，影响标志。

指令格式：

（1）REP。与 MOVS、STOS、LODS 配合使用。

指令格式：`REP MOVS/REP STOS/REP LODS`

指令功能：如 CX=0，退出串操作，CX≠0，CX←CX－1 重复执行 REP 后跟的串操作指令，重复次数由 CX 控制。

（2）REPZ。与 CMPS、SCAS 配合使用。

指令格式：`REPZ CMPS/REPZ SCAS`

指令功能：如 CX=0 或 ZF=0，退出串操作，也就是说当 CX≠0 且 ZF=1 时，CX←CX－1 重复执行 REPZ 后跟的串操作指令，重复次数由 CX 控制。

（3）REPNZ。与 CMPS、SCAS 配合使用。

指令格式：`REPNZ CMPS/REPNZ SCAS`

指令功能：如 CX=0 或 ZF=1，退出串操作，也就是说当 CX≠0 且 ZF=0 时，CX←CX－1 重复执行 REPNZ 后跟的串操作指令，重复次数由 CX 控制。

注意

（1）REP 指令使串操作重复 CX 规定的次数，REPZ、REPNZ 使串操作的重复可能提前结束，根据 ZF 值的变化。

（2）重复前缀和循环控制指令的差别：LOOP 先做 CX 减 1，后判断；REP 先判断，后做 CX 减 1。

【例 3.46】 将［例 3.42］用重复前缀来编写程序。

```
        MOV    SI,OFFSET DATA1       ;DI←DATA2 的偏移地址
        MOV    DI,OFFSET DATA2       ;DI←DATA2 的偏移地址
        MOV    CX,50                 ;CX←串长度即传送次数
        CLD                          ;置 DF=0,地址自增
        REP    MOVSB
```

也就是说可以用 REP MOVSB 指令替代以下三句，读者可以看出 REP 指令的含义了。

```
AGN:     MOVSB
        DEC    CX
        JNZ    AGN
```

【例 3.47】 将［例 3.44］用重复前缀来编写程序。

```
        MOV    SI,OFFSET STR1
        MOV    DI,OFFSET STR2
        MOV    CX,20
        CLD
AGN:    REPZ   CMPSB
        JNZ    NLT                   ;若 ZF=0,说明数据不同,转到 NLT,否则继
                                     ;续比较下一字符
        MOV    AL,0                  ;比较结束,ZF=1,说明没有不相等的数据,
                                     ;AL 置 00H
        JMP    EXIT                  ;转到 EXIT。没有这一句可以吗?
NLT:    MOV    AL,0FFH               ;设 AL=FFH
EXIT:    …
```

重复前缀串比较指令用于比较两个数据串是否相等有几种情况。

（1）CX=0，ZF=1：全比完，相同；

（2）CX=0，ZF=0：全比完，最后一个数据不同；

（3）CX≠0，ZF=0：未比完，遇到不同字符，比较结束；

（4）CX≠0，ZF=1：未比完，没有不同字符，继续比较。

思考：这道题目可以用 REPNZ　CMPSB 指令吗？

使用带重复前缀的串比较和串搜索指令时，REPZ 和 REPNZ 的选择：

对字符串比较，比较两个字符串是否相等用 REPZ，如要求找出两串相等的位置，应使用 REPNZ（两数据不等，继续比较）；

对串扫描指令 SCAS，一般使用 REPNZ，但有时也可能用到 REPZ；

对串存储指令 LODS 一般不与重复前缀连用。

3.2.7 处理器控制指令

处理器控制指令用于控制 CPU 的操作，实现对 CPU 的管理，主要有修改标志寄存器，

使CPU通过暂停、等待与外部设备同步，使CPU空操作等。

1. 空操作指令NOP

指令格式：NOP

指令功能：不执行任何操作，但占用一个字节存储单元，空耗一个指令执行周期。

NOP常用于程序调试，在需要预留指令空间时用NOP填充，代码空间多余时也可以用NOP填充，也可以用NOP实现软件延时。

NOP和XCHG　AX，AX的指令代码一样。

2. 指令封锁前缀指令LOCK

指令格式：LOCK　XXX；XXX代表指令

指令功能：这是一个指令前缀，可放在任何指令前。这个前缀使得在这个指令执行时间内，8086处理器的封锁输出引脚（$\overline{\text{LOCK}}$）有效，使别的控制器不能控制总线，直到该指令执行完后，总线封锁解除。

3. 暂停指令HLT

指令格式：HLT

指令功能：使CPU处于暂停状态。指令执行时CPU反复执行NOP，等待复位、中断或DMA操作信号。实际应用时，该指令往往用在程序等待硬中断的位置，一旦中断返回，就可以使CPU脱离暂停状态，继续执行HLT的下一条指令，实现软件与外部中断的同步。需要注意的是如果在汇编语言上机操作时，则不要用此指令作为结束，不然会使计算机出现死锁现象，但在DEBUG调试程序中可用HLT，不会产生死锁现象。

4. 交权指令ESC

指令格式：ESC　存储器寻址方式

指令功能：将浮点指令交给浮点处理器。

浮点协处理器8087指令是与8086的指令组合在一起的，当8086发现是一条浮点指令时，就利用ESC指令将浮点指令交给8087执行。

5. 等待指令WAIT

指令格式：WAIT

指令功能：测试8086相应引脚信号$\overline{\text{TEST}}$。等待指令用于与8087同步，由于8087执行浮点指令较慢，所以8086必须与8087保持同步。

TEST＝1（高电平）保持WAIT状态；TEST＝0（低电平）退出WAIT状态。

6. 标志操作指令

指令格式：
```
CLC;进位标志位置0(clear carry)
STC;进位标志位置1(set carry)
CMC;进位标志位求反(complement carry)
CLD;方向标志位0(clear direction)
STD;方向标志位1(set direction)
CLI;中断允许标志位置0(clear interrupt)
STI;中断允许标志位置1(set interrupt)
```

以上指令是对标志寄存器中的CF、DF、IF位进行操作。

3.2.8 输入/输出指令

输入/输出指令是控制CPU与外设交换数据的指令。

1. 端口

PC 通过总线与 CPU 相连的芯片除了存储器外，还有其他的一些芯片可存放信息。这些芯片都有一组可以由 CPU 读/写的寄存器，这些寄存器叫做端口。

这些寄存器在物理上处于不同的芯片中，但它们都是与 CPU 的总线相连，每个端口在地址空间中都有一个地址。CPU 通过对 I/O 接口中端口的读/写实现与外部设备的数据交换。

2. 输入/输出指令 IN 和 OUT

IN：数据由端口→CPU；

OUT：数据由 CPU→端口。

在 IN 和 OUT 指令中，只能用 AX 或 AL 寄存器来存放从端口读入的数据或者要发到端口中的数据。

输入指令格式：

```
IN      AL,n
IN      AX,n
IN      AL,DX
IN      AX,DX
```

其中 n 为 8 位的端口地址，当输入字节数据时，将端口地址为 n 的内容送 AL 中。当输入字数据时，将端口地址为 n+1 的内容送到 AH 中，端口地址为 n 的内容送 AL 中。

端口地址为 16 位时应将 16 位端口地址送入 DX 寄存器中。当输入字节数据时，将 DX 作为端口地址中的内容送 AL。当输入字数据时，将 DX 作为端口地址中的内容送 AL，[(DX)+1]的端口地址内容送 AH。

输出指令格式：

```
OUT     n,AL
OUT     n,AX
OUT     DX,AL
OUT     DX,AX
```

输入/输出指令不影响标志位。

3. 输入/输出指令应用

（1）对 8 位端口（0～255）进行读/写。

```
IN      AL,20H              ;从 20H 端口读入一个字节
OUT     20H,AL              ;往 20H 端口写入一个字节
```

（2）对 16 位端口（256～65 535）进行读/写时，端口号放在 DX 中。

```
MOV     DX,2080H            ;将端口号 2080H 送入 DX
IN      AL,DX               ;从 2080H 端口读入一个字节
OUT     DX,AL               ;向 2080H 端口写入一个字节
```

3.2.9 中断指令和中断返回指令

中断也是一种改变程序执行顺序的方法。

什么是中断？CPU 暂停现行的程序，转去处理 I/O 设备的请求，或某些紧急事件，处理结束后 CPU 返回原来的程序运行，这个处理过程被称为中断。

引起中断的事件或设备称为“中断源”，原程序被中断的地方称为“断点”。CPU 被中断

后转去执行的程序称为“中断处理程序”或“中断子程序”。

1. 中断类型

（1）外部非屏蔽中断NMI：中断源来自CPU之外，不受IF控制的中断，通常情况下CPU必须响应这类中断。

（2）外部可屏蔽中断INTR：中断源来自CPU之外，是否响应中断受IF标志控制，IF=1时CPU才响应中断。涉及指令有关中断CLI，开中断STI。

（3）内部中断：中断源为程序执行过程中程序自身引发的中断事件。内部中断有四种：

①除法错中断：被0除或除法溢出。（0号中断）

②单步中断：当单步标志TF=1时，每执行一条指令后产生单步中断。（1号中断）

③溢出中断：执行中断指令INTO时，如OF=1，则产生溢出中断。（4号中断）

④INT指令中断：执行中断调用指令INT　n，产生指令中断，其中n=0～255。

2. 中断处理程序

中断处理程序就是对中断信息进行处理的一段指令，在开机时存于内存的固定位置，它的第一条指令的地址为中断处理程序的入口地址。

CPU要执行某个中断处理程序必须获得该程序的入口地址，因此在中断信息（中断类型号）与中断处理程序入口地址间建立某种联系。

3. 中断向量表

为了便于CPU管理中断处理程序，将所有的中断处理程序的入口地址都集中在一起，放在绝对地址为00000～003FFH的存储空间里，叫做中断向量表。每个中断源都有一个类型号，每个中断处理程序的入口地址占4个字节（IP，CS各2个字节）。

中断处理程序的入口地址=中断类型号×4，如4号中断的中断处理程序的入口地址（CS，IP）存放在0010H开始的连续4个字节中。

CPU根据中断类型号通过中断向量表就可以找到中断处理程序的入口地址，其中，中断类型号0～1FH为BIOS中断；20H～3FH为DOS中断；60H～67H为用户中断。

4. 中断指令和中断返回指令

（1）中断指令 INT。

指令格式：INT n　　；中断调用指令，产生n号中断，n为8位立即数

执行功能：
```
(SP)←(SP)-2;
[SP]←(PSW);
IF=0,TF=0;
(SP)←(SP)-2;
[SP]←(CS);
(SP)←(SP)-2;
[SP]←(IP);
(IP)←(n×4);
(CS)←(n×4+2)。
```

（2）溢出中断指令 INTO。

指令格式：INTO　;溢出中断指令，若溢出标志OF=1，说明发生溢出，则产生4号

;中断，否则顺序执行。OF=0时本指令不起作用中断调用指令

执行功能：若OF=1，则

```
(SP)←(SP)-2;
[SP] ←(PSW);
IF=0,TF=0;
(SP)←(SP)-2;
[SP] ←(CS);
(SP)←(SP)-2;
[SP] ←(IP);
(IP)←(0010H);
(CS) ←(0012H)。
```

（3）中断返回指令 IRET。

指令格式：IRET;

执行功能：
```
(IP)←[SP];
IF=0,TF=0;
(SP)←(SP)+2;
(CS) ← [SP]
(SP)←(SP)+2;
(PSW) ← [SP]
(SP)←(SP)+2。
```

5. 中断与子程序的关系

（1）相同点。暂停当前程序的执行，转而执行另一段程序；当该程序执行结束时，CPU都自动恢复原程序的执行。

（2）不同点。子程序调用一定是程序员在编程时事先安排好的，是可知的，而中断是由中断源根据自身的需要产生的，是不可预见的（用指令 INT 引起的中断除外）；子程序调用是用 CALL 指令来实现的，而中断只有发出中断请求的事件，没有调用中断的指令；子程序的返回指令是 RET，而中断服务程序的返回指令是 IRET；以一般的情况下，子程序是由应用系统的开发人员编写的，而中断服务程序是由系统软件设计者编写的。

3.2.10 系统功能调用

DOS（Disk Operating System）和 ROM-BIOS（Basic Input/Output System）都以中断服务程序的形式向用户提供大量子程序，供用户编程时调用。BIOS 例行程序提供系统的加电自检、引导装入、主要 I/O 设备的处理程序及接口控制等功能模块来处理所有系统中断。DOS 中的 IBMBIO.COM 和 IBMDOS.COM 两个模块，也提供了一些设备和接口的控制中断子程序，也同样可以调用 DOS 中断来控制设备。

这样不必了解硬件接口的特性就可以直接调用 DOS 或 BIOS 中的中断处理程序来控制外设。“系统功能调用”一般是指调用 DOS 的 INT 21H 提供的子程序。调用 BIOS 提供的中断子程序一般称为“BIOS 调用”。下面只对 DOS 功能调用中几个常见的进行简要介绍，更多的介绍详见 5.4，BIOS 调用将在 7.5 节中详细介绍。

1. MS-DOS 的调用过程

（1）将系统调用号送 AH 寄存器。

（2）在指定的寄存器中设置有关入口参数。

（3）INT 21H；这是 DOS 的中断处理程序，对于不同的系统调用号，能够完成对不同设备的控制。

注意

INT 21H 是一段中断子程序，调用后会改变 AH，AL 的内容。在用 DEBUG 调试程序时遇到 INT 21H 指令一定要用 P 命令，不能用 T 命令。

2. 返回 DOS 的系统调用 4CH

```
MOV AH,4CH
INT 21H
```

3. 单个字符的输出

AH＝02，要显示的字符存于 DL 中，即入口参数 DL＝字符的 ASCII 码。

```
MOV     AH,2
MOV     DL,'a'
INT     21H           ;输出 a 字符
```

4. 字符串输出

AH＝09，要输出的字符串的首地址存于 DX 寄存器中，即入口参数 DS：DX＝字符串首地址，字符串必须以＄（24H）结尾。

```
MOV     AH,09
LEA     DX,BUF       ;BUF 为字符串首地址
INT     21H
```

5. 字符输入

AH＝01，从键盘输入一个字符。机器会等待键盘输入，输入字符的 ASCII 码存于 AL 中。

```
MOV     AH,01
INT     21H
```

6. 字符串输入

AH＝0AH，从键盘输入一个字符串。入口参数 DS：DX＝缓冲区首地址。用“回车”键表示输入结束；按 Ctrl＋Break 或 Ctrl＋C 键则中止。

从键盘输入字符串到 DX 所指的内存缓冲区，缓冲区的第一个单元为用户设定的最多输入字符数（含“回车”键）；第二个单元为实际输入的字符数（不含“回车”键），由机器自动给出；第三个单元开始存放从键盘输入的字符串。

如果实际输入的字符数多于定义数时，多出的字符丢掉。

系统调用功能将在 5.4 节中详细介绍。

3.2.11　指令执行时间

8086CPU 的指令执行的速率是由晶振控制产生的时钟决定的，每一条指令的执行都需要若干个时钟周期。如果已知 CPU 工作时的时钟频率，就可以求出每个时钟周期的时间是多少，从而计算出每条指令或一系列指令执行所需要的时间。

假设，已知 8086CPU 的工作时钟频率为 5MHz，则一个时钟周期为

$$T=1\text{s}/(5\times10^6)=0.2\mu\text{s}$$

如果某一条指令执行时需要 2 个时钟周期，则执行该指令所需的时间为

$$t=0.2\mu\text{s}\times2\ T=0.4\mu\text{s}$$

另外，如果指令执行时需要计算有效地址，则还应考虑计算有效地址所需要的时间，寻

址方式不同，计算有效地址所需要的时间也不同。如直接寻址需要 6 个时钟周期，寄存器寻址需要 5 个时间周期，寄存器相对寻址需要 9 个时钟周期，基址变址寻址需要 7 至 8 个时钟周期。

3.3 80x86 与 Pentium 扩充和增加的指令

80286、80386、80486 和 Pentium 的指令系统是逐级向上兼容的，它们分别保留了低一级指令系统的所有指令。

3.3.1 80286 扩充和增加的指令

80286 的指令系统不但把 8086 有些指令的功能扩充了，而且还增加了一些新的指令。

1. 80286 扩充功能的指令

（1）堆栈操作指令。

```
格式：PUSH      OPS                 ;OPS 可以是一个 16 位立即数
```

（2）有符号数乘法运算。

```
格式：IMUL      OPD,OPS             ;其中 OPD 是 16 位通用寄存器,OPS 为 16 位
                                    ;立即数
      IMUL      OPD,OPS1,OPS2       ;其中 OPD 是 16 位通用寄存器,OPS1 是 16 位
                                    ;存储器,OPS2 是 16 位有符号立即数
```

【例 3.48】 有符号数乘法。

```
        IMUL    CX,205              ;(CX)←(CX)×205
        IMUL    DX,[BP],60H         ;(DX)←(BP)×60H
```

（3）移位指令。

对 8086 的 8 种移位指令的功能增强，使移位次数在 1～31 的都可直接写在源操作数处。

【例 3.49】 移位操作。

```
        SAL     BX,20
        RCR     DX,8
```

2. 80286 增加的指令

（1）栈操作指令。

```
格式：PUSHA                         ;将 AX、CX、BX、SP、BP、SI、DI 顺序压入堆栈
      POPA                          ;将堆栈的内容逆序弹入上述寄存器
```

（2）字符串输入指令。

```
格式：INS  ES: DI,DX                ;DX 中存放端口地址,ES:DI 指定目标地址
      INSB                          ;从 DX 指定的端口输入一个字节到 ES:DI 指定的目标
                                    ;地址中去
      INSW                          ;从 DX 指定的端口输入一个字到 ES:DI 指定的目标地
                                    ;址中去
```

功能：用来从指定的端口输入字符串到指定的目标地址中去。若 DF=0，则 DI 中的地址自动加 1（输入字节）或加 2（输入字）；若 DF=1，则 DI 中的地址自动减 1 或减 2。

（3）字符串输出指令。

```
格式：OUTS  DX,DS: SI               ;DX 中存放端口地址,DS: SI 指定目标地址
      OUTB                          ;从 DS: SI 指定的内存地址输出一个字节到 DX 指定的
```

```
                                    ;端口中去
    OUTW                            ;从 DS：SI 指定的内存地址输出一个字到 DX 指定的端
                                    ;口中去
```

功能：用来从指定的内存地址输出字符串到指定的端口中去。若 DF＝0，则 SI 中的地址自动加 1（输入字节）或加 2（输入字）；若 DF＝1，则 SI 中的地址自动减 1 或减 2。

（4）数组界限检查指令。

格式：`BOUND OPD, OPS   ; OPD 是一个 16 位的寄存器，OPS 是一个字存储单元`

功能：检查是否满足（OPS）≤（OPD）≤（OPS＋2），满足条件时认为检查结果合法，否则视为越界，将自动引起中断类型号为 5 的异常。

（5）建立堆栈空间指令。

格式：`ENTER OPD, OPS   ;OPD 是一个 16 位立即数,OPS 是 8 位立即数`

功能：为过程建立一个堆栈空间，OPD 指出过程堆栈空间所需要的字节数，OPS 指出该过程在源程序中的嵌套层数（0～31）。

（6）取消建立堆栈空间指令。

格式：`LEAVE`

功能：用于取消前面用 ENTER 指令已建立的栈空间，使 SP 恢复到建立堆栈空间前的值。

（7）控制保护指令。

控制保护是 80286 在保护模式下增加的指令，用来将处理器保护控制寄存器的值装入内存，或将数值装入保护控制寄存器，以便支持保护虚存管理程序。共有 16 条指令。

```
格式： LAR                  ;装入访问权限
       LSL                  ;装入段限值
       LGDT                 ;装入全局描述符表
       SGDT                 ;存储全局描述符表
       LIDT                 ;装入 8 字节中断描述符表
       SIDT                 ;存储 8 字节中断描述符表
       LLDT                 ;装入局部描述符表
       SLDT                 ;存储局部描述符表
       LTR                  ;装入任务寄存器限
       STR                  ;存储任务寄存器
       LMSW                 ;装入机器状态字
       SMSW                 ;存储机器状态字
       ARPL                 ;调整已请求特权级别
       CLTS                 ;消除任务转移标志
       VERR                 ;存储器或寄存器读校验
       VERW                 ;存储器或寄存器写校验
```

3.3.2　80386 扩充和增加的指令

80386 的指令扩展到 32 位，它提供了 32 位寻址方式和对 32 位数据的直接操作，也就是说所有 16 位指令都可以扩展到 32 位的指令。

1. 80386 扩充功能的指令

（1）栈操作指令。

PUSHA、POPA、PUSHF、POPF 栈操作指令均在后面加 D，变成对双字的操作。

```
格式： PUSHAD               ;将 EAX、ECX、EDX、EBX、ESP、EBP、ESI、
                            ;EDI 顺序压入堆栈
```

```
    POPAD               ;从堆栈中的内容逆序弹入到上述相应的寄存器中
    PUSHFD              ;将双字状态标志寄存器的内容入栈保存
    POPFD               ;将当前栈顶的双字内容弹出送入到双字状态标志
                        ;寄存器中
```

（2）有符号数乘法指令。

```
格式：IMUL  OPD,OPS              ;其中 OPD 是 32 位的通用寄存器,OPS 可以是
                                 ;16 位或 32 位的通用寄存器、存储器或立即数
      IMUL  OPD,OPS1,OPS2        ;其中 OPD 是 32 位的通用寄存器,OPS1 可以是
                                 ;32 位的通用寄存器或存储器,但不能是或立即
                                 ;数,OPS2 只能是立即数
```

（3）串操作指令。

MOVS、LODS、STOS、CMPS、SCAS、INS、OUTS 串操作指令均可在后面加 D，变成对双字的操作，如同加 B（字节）和加 W（字）一样。

```
格式：MOVSD                      ;将 DS:SI(ESI)指定的源串双字传送到 ES:DI
                                 ;(EDI)指定的目标地址中去
      LODSD                      ;将 DS:SI(BSI)指定的源串双字传送到 EAX 中去
      STOSD                      ;将 EAX 中的双字内容存入 ES:DI(EDI)指定的目
                                 ;的操作数中
      CMPSD                      ;将 DS:SI(ESI)指定的源串双字内容与 ES:DI
                                 ;(EDI)指定的目的串中的双字内容比较,若相同,
                                 ;则 ZF＝1;否则 ZF＝0
      SCASD                      ;将 EAX 寄存器中的双字内容与 ES:DI(EDI)指
                                 ;定的目的串中的双字内容比较,若找到,则 ZF
                                 ;＝1;否则 ZF＝0
      INSD                       ;从 DX 端口地址中读入双字数据送入到 ES:DI
                                 ;(EDI)指定的目的操作数中
      OUTSD                      ;将 ES:DI(EDI)所指定的双字数据送入到 DX 端
                                 ;口地址中
```

（4）符号扩展指令。

```
格式：CWDE                       ;将 AX 寄存器中的符号位扩展到 EAX 寄存器的
                                 ;高 16 位,从而形成 32 位的有符号位数
      CDQ                        ;将 EAX 寄存器中的符号位扩展到 EDX 寄存器,
                                 ;从而 EDX:EAX64 位的有符号数
```

（5）地址指针传送指令。

```
格式：LFS  OPD,OPS               ;其中 OPS 所指定存储单元中存放的偏移地址送
                                 ;入 OPD 指定的通用寄存器,段基址送入 FS 段寄
                                 ;存器
      LGS  OPD,OPS               ;其中 OPS 所指定存储单元中存放的偏移地址送
                                 ;入 OPD 指定的通用寄存器,段基址送入 GS 段
                                 ;寄存器
```

（6）中断返回指令。

```
格式：IRETD                      ; 将堆栈中的一个双字指令指针弹出
```

2. 80386 新增加的指令

（1）数据传送和扩展指令。

```
格式：MOVSX  OPD,OPS             ;将源操作数 OPS 中的有符号数送入到目的操作
```

```
                                    ;数 OPD 中,并将 OPS 中的符号位扩展到 OPD
                                    ;中的空位处。OPD 应为寄存器,OPS 可是寄存
                                    ;器或存储器,但二者的位数应一致
        MOVZX  OPD,OPS              ;将源操作数 OPS 中的无符号数送入到目的操作
                                    ;数 OPD 中,并用 0 填充到 OPS 中的空位处,其
                                    ;他与 MOVSX 指令相同
```

（2）位测试指令。

```
格式：BT   OPD,OPS                  ;检查 OPD 中由 OPS 中的值指定的位,并将该位
                                    ;复制到进位标志位中。OPD 可以是寄存器或存
                                    ;储器,OPS 可是寄存器或立即数
      BTC  OPD,OPS                  ;检查 OPD 中由 OPS 中的值指定的位,将该位求
                                    ;反并复制到进位标志位中
```

（3）位设置指令。

```
格式：BTR  OPD,OPS                  ;检查 OPD 中由 OPS 中的值指定的位,将该位清
                                    ;0 并复制到进位标志位中
      BTS  OPD,OPS                  ;检查 OPD 中由 OPS 中的值指定的位,将该位置
                                    ;1 并复制到进位标志位中
```

（4）位扫描指令。

```
格式：BSF  OPD,OPS                  ;对源操作数 OPS 中的低位向高位扫描,将第一
                                    ;个扫描到的“1”信号送到目前的操作数 OPD 中
      BSF  OPD,OPS                  ;对源操作数 OPS 中的高位向低位扫描,将第一
                                    ;个扫描到的“1”信号送到目前的操作数 OPD 中
```

（5）双精度数移位指令。

```
格式：SHLD  OPD,OPS1,OPS2   ;双精度数左移
      SHRD  OPD,OPS1,OPS2   ;双精度数右移
```

功能：按 OPS2 给出的值对目前的操作数中的内容进行左（右）移，移出的位送入 CF。另一端空出的位由 OPS1 的高（低）位补充，而 OPS1 的内容不变。OPD 可以是寄存器或存储器，OPS1 为寄存器，OPS2 为立即数或 CL 寄存器。

（6）条件设置指令。

格式：SET　条件 OPD

功能：这组指令用来按照给出的条件（与转移指令中所给出的条件相同）将 OPD 置 1 或清 0，OPD 只能是一个 8 位寄存器或存储单元。

3.3.3　80486 新增加的指令

80486 在运行速度和虚存空间上，比 80386 有了很大提高，但指令系统并没有增加很多，只增加了 6 条指令，分为通用指令和 Cache 操作指令。

1. 通用指令

（1）交换加指令。

格式：XADD　OPD,OPS

功能：该指令是加法和交换指令的结合。用 OPD 和 OPS 相加，把相加的结果存入 OPD 中，并把 OPD 的原值放入 OPS 中。OPD 可是 8 位、16 位或 32 位的寄存器或存储器，OPS 可以是 8 位、16 位或 32 位的寄存器。

（2）比较传送指令。

格式：`CMPXCHG  OPD, OPS`

功能：该指令是比较和传送指令的结合。OPD 可是 8 位、16 位或 32 位的寄存器或存储器，OPS 可以是 8 位、16 位或 32 位的寄存器。该指令将 OPD 与累加器 AL、AX 或 EAX 的内容进行比较，如果相等，将 ZF 置 1，并将 OPS 的内容送到 OPD；否则将 ZF 置 0，并把 OPD 的内容送相应的累加器。

（3）字节顺序交换指令。

格式：`BSWAP  OPD`

功能：OPD 为 32 位的通用寄存器。将 OPD 中的双字以字节为单位进行高低字节交换。即对指定寄存器的 32 位操作数的 31～24 位与 7～0 位、23～16 位与 15～8 位进行交换。

2. Cache 操作指令

由于 80486 有片内 Cache，因而新增了 Cache 操作的专用指令。

```
格式：INVD              ;将 Cache 的内容作废。刷新内部 Cache,并分配一个专用
                        ;总线周期刷新外部 Cache
格式：WBINVD            ;刷新内部 Cache,并分配一个专用总线周期将外部 Cache
                        ;的数据写回主存同,并在此后的一个专用总线周期将外部
                        ;Cache 刷新
格式：INVLPG            ;将页式管理机构内的高速缓冲器 TLB 中的某一项作废。
                        ;如果 TLB 中含有一个存储器操作数映像的有效项,则该
                        ;TLB 项被标记为无效
```

3.3.4 Pentium 新增加的指令

Pentium 新增加的指令可分为专用指令和控制指令。

1. Pentium 专用指令

（1）字节比较交换指令。

格式：`CMPXCHG8B  OPD, OPS`

功能：与 CMPXCHG 相似，不同之处只是该指令为 64 位比较交换指令，并且规定目的操作数必须是内存变量，源操作数和累加器分别为 ECX:EBX 和 EDX:EAX。

（2）处理器特征识别指令。

格式：`CPUID`

功能：该指令可识别微型机中 Pentium 处理器的型号。执行 CPUID 指令前，必须给 EAX 寄存器赋值，通过执行 CPUID 指令返回 CPU 的特征信息。

（3）读时间标记计数器指令。

格式：`RDTSC`

功能：将时间标记计数器每个时钟周期递增，在上电和复位后，将该计数器清 0。时间标记计数器用于检测程序运行的速度。

2. Pentium 控制指令

（1）读实模式描述寄存器指令。

格式：`RDMSR`

功能：将由 ECX 寄存器指定的实模式描述寄存器的内容存入 EDX:EAX 中。

（2）写实模式描述寄存器指令。

格式：`WRMSR`

功能：将 EDX:EAX 中的内容送入由 ECX 寄存器指定的实模式描述寄存器中。

（3）恢复系统管理模式指令。

格式：`RSM`

功能：当处理器接受系统管理方式 SMM 中断后，便进入系统管理方式。当执行 RSM 指令后，可返回到被中断前的实模式或保护模式下。

习　题

3.1　什么叫寻址方式？8086 操作数的寻址方式有哪几种？

3.2　段地址、有效地址、物理地址之间的关系怎样？

3.3　哪些寄存器可用于寄存器间接寻址和寄存器的基址变址寻址？它们的默认段寄存器是什么？

3.4　给定一个段地址，仅通过改变偏移地址来进行寻址，最多可以定位多少内存单元？如果段地址为 2000H，CPU 的寻址范围是多少？

3.5　有一个数据存放在物理地址为 40000H 单元中，现给定段地址为 SA，若通过改变偏移地址寻到此单元，则 SA 的最大、最小值为多少？

3.6　DS＝2000H；ES＝2100H；SS＝1500H；SI＝00A0H；BX＝0100H；BP＝0010H；VAL 的值为 0050H，写出以下指令的寻址方式和物理地址。

```
MOV  AX,0ABH          MOV  AX,BX           MOV  AX,[BX]
MOV  AX,[0100H]       MOV  AX,VAL          MOV  AX,ES:[BX]
MOV  AX,[BP]          MOV  AX,[SI＋10H]    MOV  AX,VAL[BX]
```

3.7　给定 BX＝683DH，偏移量 D＝0060H，试确定在以下各种寻址方式下的有效地址是什么？

（1）直接寻址；

（2）使用 BX 的间接寻址；

（3）使用 BX 的寄存器相对寻址。

3.8　下列指令执行后 SP、AX 和 BX 寄存器的内容为多少？

```
MOV   AX,4000H
MOV   SS,AX
MOV   SP,0020H
MOV   AX,001AH
MOV   BX,001BH
PUSH  AX
PUSH  BX
POP   AX
POP   BX
```

3.9 指出下列指令的错误。

```
MOV  CX,DL          MOV  ES,DS          MOV  IP,AX
MOV  [SP],AX        MOV  ES,1234H       MOV  AX,BX+DI
MOV  AL,300         MOV  20H,AL         XCHG  [SI],30H
POP  CS             XCHG  [SI],[DI]     PUSH  AH
```

3.10 设DS＝3000H，BX＝0200H，写出以下各条指令中AX的内容及寻址方式。

```
MOV  AX,1200H       MOV  AX,1100H[BX]   MOV  AX,BX
MOV  AX,[1200H]     MOV  AX,[BX]
```

3.11 设物理地址[01000H]＝33H，[01001H]＝0C0H。下列指令执行后，写出物理地址为01000H～01004H单元的内容（注意：寄存器高位对应高地址）。

```
MOV  AX,0100H
MOV  DS,AX
MOV  BX,0
MOV  AX,[BX]
ADD  BX,2
MOV [BX],AX
INC  BX
MOV [BX],AL
INC  BX
MOV [BX],AH
```

3.12 给出下列指令执行后的结果及状态标志CF、OF、SF、ZF的状态。

```
MOV      AX,1630H
AND      AX,AX
OR       AX,AX
XOR      AX,AX
NOT      AX
TEST     AX,8000H
```

3.13 写出完成如下功能的指令。

（1）BX和AX内容相加，结果存入AX。

（2）把AL寄存器的内容与数0A0H相减，结果存入AL。

（3）用BX寄存器间接寻址方式把存储器中的一个字和DX相加，结果放入DX。

（4）用SI和位移量0020H的寄存器相对寻址方式把内存中的一个字和AX相加，结果存于AX。

3.14 编写指令序列实现$W=(Y\times X)/(Z-8)$，其中X，Y，Z均为有符号字节数据。

3.15 编写指令序列实现2位0～9的ASCII码转换成压缩BCD码。

3.16 指出下面几条指令错误的原因。

```
ADD  [BX] ,10H      INC  [BX]           CMP  [SI] ,0
MUL  8              IDIV  AX,CL         ROR  AX,4
```

3.17 X，Y为字节数，$X>0$时$Y=1$；$X=0$时$Y=0$；$X<0$时$Y=-1$，在横线上填上满足上述条件的语句。

```
MOV   AL,X
CMP   AL,0
__________
MOV   Y,1
_____________
AA:   JNE  BB
MOV   Y,0
_____________
BB:   MOV  Y,0FFH
DONE:
```

3.18　如果 CX＝0，则 LOOP 指令将执行多少次循环？

3.19　什么是系统功能调用？汇编语言中其一般格式是怎样的？

3.20　指令执行的时间如何计算？

第4章　汇编语言程序格式

第3章中介绍了汇编语言的指令系统，那么这些指令如何执行呢？数据存放在哪里？变量如何定义？段如何定位？这些问题是本章学习的内容。下面先看看汇编语言的执行过程。

用汇编语言编写的程序叫源程序（ASM文件），它不能被计算机所识别，需要通过汇编程序把它转换成二进制代码的文件，这个过程就叫汇编。在这个过程中汇编程序将检查源程序中的语法错误，给出出错信息。用户通过修改源程序生成二进制代码文件——目标文件（OBJ文件）。

OBJ文件还不能直接在计算机上运行，需要通过连接程序（LINK）把OBJ文件与其他文件连接在一起生成可执行文件（EXE文件），最后由DOS载入内存并运行。

汇编语言执行的步骤为编程→汇编→连接→调试。

（1）编程：用编辑程序建立ASM文件；

（2）汇编：用汇编语言MASM程序将ASM文件转换成目标文件OBJ；

（3）连接：用连接程序LINK把OBJ文件转换成可执行的EXE文件；

（4）调试：在DOS状态下输入文件名调试、运行程序。

本章采用MASM 5.0版本来说明汇编程序所提供的伪指令和操作符。它与其他版本的汇编程序在多数情况下是兼容的。

4.1　汇编语言格式

4.1.1　汇编语言语句格式

完整的汇编程序由哪些语句构成呢？除了前面所学的指令语句外，还有伪指令语句和宏指令语句。汇编语句不分大小写。

1. 指令语句

指令语句是可由CPU执行的语句，只能出现在代码段。

语句格式：[标号：]指令助记符 操作数[，操作数] [；注释]

标号（name，也称为名字项）：标号为可选项，标号的后面必须加冒号，代表该指令在代码段中的偏移地址，为分支、循环、调用等指令提供转移的目的地址。标号的名字由用户自定义，一般最多由31个字母、数字及规定的特殊字符（？、@、_、$）等组成，并且不能以数字打头，不能使用保留字。保留字包括指令助记符、伪指令助记符、寄存器符号等。

指令助记符（operation）：为必选项，说明指令的功能，是指令符号。

操作数（operand）：操作数的个数可以是0个、1个或2个。操作数的类型可以是立即数、寄存器、存储单元。

注释（comment）：注释前必须加分号（注意是英文的分号），注释是可选项，是为了增加程序的可读性，可以是任意符号。注释也可以是专门另起一行，表示对后面语句的注释。汇编程序在翻译源程序时不对它们做任何处理。

【例 4.1】
```
    MOV     CX,8
Y:  NOP                 ;空操作指令,0 个操作数,带有标号,用于循环
    LOOP    Y
```

2. 伪指令语句

伪指令是在程序汇编期间由汇编程序处理的操作。

[名字] 伪指令助记符 参数,参数…[;注释]

名字：是反映伪指令偏移地址的标识符，后面没有冒号。取名与标号的取名一样。

伪指令助记符：表示伪指令的所要完成的操作，其作用是对数据定义、程序执行等的说明，不会汇编成机器指令。

参数：为伪指令要求的内容，常数、变量、表达式，允许多个。

【例 4.2】
```
ARY  DB  0,1,2,3,4,5,6,7,8,9
                        ;数据定义伪指令,在内存中定义 10 个
                        ;连续的字节单元,为初值依次为 0～9。
                        ;ARY 表示第一个数据 0 的偏移地址
```

3. 宏指令语句

一种简化程序书写的语句。将在本章第 5 节介绍。

4.1.2 汇编语言程序格式

完整的汇编语言源程序由若干个代码段、数据段、附加段或堆栈段组成；段与段之间的顺序可随意排列；可运行的程序必须包含一个代码段，并指明程序的起始语句，数据段、附加段、堆栈段不是必须；指令语句必须位于某一个代码段内，伪指令语句可按需要位于任一段内。

下面为一个完整的汇编语言程序。

```
;N01.ASM(文件名 N01,注释语句)
STACK   SEGMENT STACK               ;定义堆栈段
        DW  512 DUP (?)             ;堆栈段有 512 字(1024 字节)空间
STACK   ENDS                        ;堆栈段结束
DATA    SEGMENT                     ;定义数据段
STRING  DB 'welcome !','$'
DATA    ENDS                        ;数据段结束
CODE    SEGMENT                     ;定义代码段
        ASSUME  CS: CODE,DS: DATA,SS: STACK;指明各段对应的名字
START: MOV  AX,DATA                 ;建立 DS 段地址
       MOV  DS,AX
       MOV  DX,OFFSET STRING
       MOV  AH,9
       INT  21H
       MOV  AX,4C00H                ;返回 DOS 的参数设置
       INT  21H                     ;利用功能调用返回 DOS
CODE   ENDS                         ;代码段结束
       END  START                   ;源程序结束,同时指明程序起始语句的标号
```

加注释的语句是汇编语言的程序各段的定义、结束语句、源程序结束语句等伪指令语句，以及前面学过的 MOV 传送语句和程序正确返回等指令语句，将在本章的后面章节详细介绍这些语句的功能和用法。

4.2 汇编语句参数

汇编语句的参数可分为两类：数值型参数和地址型参数。

指令语句中指令操作数可以是立即数、寄存器和存储单元，其中立即数就是数值型参数。标号或变量的名字属于地址型参数。伪指令语句中参数给汇编程序提供必要的信息，使汇编程序能够完成对源程序的汇编。

4.2.1 数值型参数

数值型参数包括常数和数值表达式。

1. 常数

表示一个固定的数值。可分为十进制常数（默认）、十六进制常数 H、二进制常数 B、八进制常数 Q、字符串常数（其数值为 ASCII 码值）、符号常数。

十进制常数，如 234，789D，因为默认是十进制数，所以 D 可以不写。

十六进制常数由 0～9、A～F 组成，以字母 H 结尾，若以字母 A～F 开头的十六进制数，前面要用 0，如 0AFH，23D7H。

二进制常数由 0 或 1 两个数字组成，以字母 B 结尾，如 10010010B。

八进制常数由 0～7 数字组成，以字母 Q 或 O 结尾，如 765Q。

字符串常数是用单引号或双引号括起来的单个字符或多个字符，其数值是每个字符对应的 ASCII 码的值。如“A”,“AB”,“A”的值为 41H;“AB”的值为 41H，42H。

符号常数是用一个标识符表达的一个数值。汇编语言伪指令提供了一条指令 EQU 用于常量定义符号。

2. 符号常数定义伪指令（EQU、=）

EQU 伪指令格式：

```
符号名    EQU    数值表达式
符号名    EQU    <字符串>
```

功能：给符号定义一个数值或把符号定义成一个字符串，也可以说使 EQU 两边的项等效，可以互相代换。

等价语句不会给符号名分配存储空间，符号名不能与其他符号同名，也不能被重新定义。

“＝”伪指令的格式：

符号名＝数值表达式

数值表达式在汇编时应可以计算出数值，其作用同 EQU，但用“＝”定义的符号在同一个程序中可以重复定义。

【例 4.3】
```
N=1                    ;正确
N=N+1                  ;正确
N  EQU  1              ;正确
N  EQU  N+1            ;错误
```

程序中经常使用符号常数，而不使用具体数值，这样不仅可以提高程序的易读性，也使得程序易于修改。

EQU 和“＝”的右边允许出现符号，但该符号必须有确定的值。

【例 4.4】
```
CNT     EQU 67          ;十进制数 67 赋以符号名 CNT
DATA    EQU CNT－2      ;67－2＝65 赋以符号名 DATA
A       EQU [SI＋1]     ;变址寻址后的内容赋以符号名 A
```

3. 数值表达式

数值表达式是由常数、寄存器、变量及标号等用运算符连接起来的式子，可分为算术表达式、逻辑表达式、关系表达式。

数值表达式作为数值型参数可以出现在指令语句和伪指令语句中。数值表达式的结果，由汇编程序负责计算。

（1）算术运算符：＋，－，*，/，MOD，SHL，SHR。

实现加、减、乘、除、取余的算术运算，其中 MOD 为取模，它的值为除法之后的余数，如 34MOD 7＝6。

加、减运算符还可以用于地址表达式的运算。注意：除加、减外的其他运算符的参数必须是整数，如：MOV AX, 5*(7－3）等价于 MOV AX, 20。

SHL，SHR 为移位运算，实现对数值的左移、右移的逻辑操作，移入低位或高位的是 0。格式为数值表达式 SHL/SHR 移位次数。

如：MOV AL, 1010010B SHL 2 等价于 MOV AL, 01001000B，即将二进制数 01010010 逻辑左移 2 位。

（2）逻辑运算符：AND，OR，XOR，NOT。

实现按位相与、相或、异或、求反的逻辑运算。

如：AND AL, 03H AND 05H 等效于 AND AL, 01H。（03H AND 05H 的结果为 01H）

注意

指令 AND AL，03H AND 05H 中，前面的 AND 是指令助记符，后面的 AND 是数值表达式中的逻辑运算符，逻辑表达式的值由汇编程序计算后作为指令的参数。这条指令等价于 AND AL，01H

（3）关系运算符：EQ，NE，GT，LT，GE，LE。

EQ（等于），NE（不等于），GT（大于），LT（小于），GE（大等于），LE（小等于），用于对两个常量进行比较和测试操作，操作的结果为两个特殊的量：

若关系成立用 0FFFFH（补码－1）表示条件为真；

若关系不成立用 0000H 表示条件为假。

通常关系运算符与逻辑运算符配合使用，作为条件表达式。

【例 4.5】
```
MOV BX,((PS GE 0) AND 11H) OR ((PS LT 0) AND 77H)
```

指令中（PS GE 0）的意思是如果 PS 大于 0 结果为 FFFFH，否则这一项为 0。（PS LT 0）的意思则相反。所以 MOV BX,（（PS GE 0）AND 11H）OR（（PS LT 0）AND 77H）意思是当 PS＜0 时，汇编结果为 MOV BX, 77H；否则，汇编结果为 MOV BX, 11H。

4.2.2 地址型参数

地址型参数指标号、变量和地址表达式，包括变量名、段名、过程名，以及在指令语句中出现的含有存储单元地址的参数等，可以出现在指令语句和伪指令语句中。

1. 标号

标号是代码段中可执行语句的地址符号，后面跟着冒号。被用于转移指令和过程调用指令中作为目的地址操作数。标号具有三种属性。

（1）段属性：段地址在 CS 段中。

（2）偏移量属性：距 CS 段首地址的偏移量。

（3）类型属性：NEAR 表示段内标号，FAR 表示段间标号，在过程调用指令中指明。

2. 变量

变量是在地址段或其他段中存储单元的地址符号，作为指令的存储器操作数来引用。变量具有三种属性。

（1）段属性：变量所在的段，可以是 CS，DS，SS，ES。

（2）偏移量属性：距所在段首地址的偏移量。

（3）类型属性：变量的类型由伪指令来定义，指定存取变量的一个元素所需要的数据的字节数（类型），包括 DB（字节）、DW（字）、DD（双字）、DQ（8 字节）、DT（10 字节）。这些内容将在 4.3 节详细讨论。

3. 地址表达式

地址表达式由变量、标号、常量、寄存器及运算符组成。地址表达式的结果是由汇编程序计算出的存储器地址，没有属性。

变量或标号与某一整数相加减结果仍为变量或标号，属性不变。

变量仅表示对应数据区的第一个数据项的地址，若对后面的数据项进行操作则需要用地址表达式来表示。

如 SUM＋1 这个表达式，指的是变量 SUM 所指向地址的下一个单元地址，而不是 SUM 单元内容加 1。想一想如果要将 SUM 单元加 1，应该写哪条指令？

【例 4.6】 将首地址为 BLOCK 的字数组的第三个字传送到 DX 寄存器。

```
MOV   DX,BLOCK＋(3－1)*2
```

4.2.3 特殊运算符

地址表达式中除了使用算术逻辑运算符以外，还用到一些特殊的运算符。这些特殊的运算符只对本语句有效，并没有改变变量的属性。

1. 属性替代运算符

（1）强制类型运算符 PTR。

格式：`type  PTR 表达式`

Type 是要建立(或改变)的标号或存储单元的新的类型,可以是 BYTE、WORD、DWORD、QWORD、TBYTE、FAR 或者是 NEAR。表达式可以是一个已定义过或未定义过的标号或存储单元，用于给它们赋予另一种属性，仅在本语句有效，不影响原有属性。

如：MOV [SI], 0 这条指令机器不清楚是将 00 传送给 SI 寄存器所指的单元，还是将 0000 传送给 SI, SI＋1 两个连续的单元，所以应该写成

```
MOV   BYTE  PTR[SI],0
```

或

```
MOV   WORD  PTR[SI],0
```

【例 4.7】 在数据段中定义：ARRAY　DB 12H, 13H, 14H, 15H。

```
MOV     AL,ARRAY                       ;AL=12H
MOV     AX,WORD PTR [ARRAY+2]          ;AX=1514H
```

ARRAY 在数据段中定义为字节属性，也就是说一次操作一个字节的数据，WORD PTR[ARRAY+2]的意思是一次取一个字数据。第二条指令的功能即[ARRAY+2]，[ARRAY+3]连续两个单元的内容送到 AX 寄存器，高地址对应寄存器的高位。

（2）定义类型运算符 THIS。

THIS 指令是与 EQU 或＝配合使用，给当前偏移地址指定一种类型属性，同时定义了一个名字。与 PTR 类似，用于建立同一地址的不同类型的变量或标号，方便不同情况下使用。

该名字不分配存储单元，段属性为所在的段，偏移地址为所在位置的下一个可用的存储单元。

格式：名字　EQU　THIS 类型名

【例 4.8】

```
BARRAY  EQU  THIS BYTE
WARRAY  DW  3344H
…
MOV  AL,BARRAY                 ;AL=44H
MOV  AX,WARRAY                 ;AX=3344H
```

也就是说，3344H 这个数据两个名字、两种属性都可用，注意，THIS 要与 EQU，以及下一条伪指令配合使用。

（3）短取代运算符 SHORT。SHORT 设定标号为短转移，只用于 JMP 指令。转移范围为－128～＋127。如 JMP SHORT NEXT。

2. 数值返回操作符

这一类操作数不改变操作数属性，只回送操作数的某一属性值。数值返回操作符见表 4.1 所示。

表 4.1　数值返回操作符

操作符	操作对象	返　回　值
OFFSET	变量或标号	变量或标号的偏移地址
SEG	变量或标号	变量或标号的段地址
TYPE	表达式	表达式是变量（DB=1，DW=2，DD=4，DF=6，DQ=8，DT=10），表达式是标号（NEAR=－1，FAR=－2），表达式是常数（=0）
LENGTH	变量	变量的单元数（仅对 DUP 语句有效，其他变量均=1）
SIZE	变量	变量的字节数=LENGTH*TYPE

因为有些内容与下一节伪指令语句有关，现在还难以完全理解。所以，只要了解这些操作符的基本功能即可。

【例 4.9】 BUF 的段地址是 0500H，偏移地址为 0015H，BUF 为字类型变量。

```
BUF  DW  1111H,2255H,3333H
BUF1  DB  9 DUP (1)
```

求下列指令执行后寄存器的值。

```
MOV     SI,OFFSET BUF              ;SI=0015H
MOV     BX,SEG BUF                 ;BX=0500H
MOV     DI,TYPE BUF                ;DI=2
MOV     CX,LENGTH BUF1             ;CX=9
MOV     DX,SIZE BUF1               ;DX=9
MOV     AL,BYTE PTR BUF+3          ;AL=22H
```

OFFSET BUF 为 BUF 的偏移地址；

SEG BUF 为 BUF 的段地址；

TYPE BUF 为 BUF 的类型值；

LENGTH BUF1 为 BUF1 的数据项的个数（可在学习完 4.3 节后再来理解）；

BYTE PTR BUF＋3 在本指令中将 BUF 原来的字类型属性强制改变成字节类型。

3．字节分离运算符 LOW 或 HIGH

格式：LOW 表达式或 HIGH 表达式

其中表达式的值为 16 位数据。LOW 取表达式值的低字节，HIGH 取表达式值的高字节。

【例 4.10】

```
BUFF      EQU 1122H
MOV       AL,LOW BUFF              ;AL的值为22H
MOV       AH,HIGH BUFF             ;AL的值为11H
```

4．记录专用运算符 MASK 和 WIDTH

格式：MASK REC 或 WIDTH REC

其中 REC 为记录字段名，MASK 运算结果为该记录字段在记录中的屏蔽码，即该字段各位均为“1”，而记录中其他各位均为“0”的代码；WIDTH 运算结果为字段的宽度，即字段的二进制位数。

上述运算符的优先顺序如下：

①( )，< >，[ ]；

②LENGTH、SIZE、WIDTH、MASK；

③PTR、OFFSET、SEG、TYPE；

④HIGH、LOW；

⑤*，/，MOD，SHL，SHR；

⑥+，－；

⑦EQ，NE，GT，LT，GE，LE；

⑧NOT；

⑨AND；

⑩OR，XOR。

优先级相同时，按由左至右的次序计算。

4.3 汇编伪指令语句

伪指令是非执行指令，在程序汇编期间由汇编程序处理的语句。完成如数据定义、分配存储区、指示程序结束，以及程序连接等需要的信息。伪指令有符号定义伪指令，数据定义伪指令，段定义伪指令，其他伪指令等。

4.3.1 符号定义伪指令

符号定义伪指令在4.2.1节中已经介绍了EQU和=伪指令。在这里再介绍一种符号定义伪指令LABEL。

格式：符号名 LABEL 类型

功能：定义一个标号或变量，并指定类型，常见的类型有BYTE、WORD、DWORD、QWORD、TBYTE、FAR或者是NEAR等。类似于“EQU THIS”，不占内存空间。

【例4.11】

```
        WAR   LABEL WORD          ;将下一句中的数据指定为字类型,并取名为WAR
        AR    DB 3,4,5
        …
        MOV   AX,WAR              ;WAR为字类型
        MOV   AL,AR               ;AR为字节类型
        L2    LABEL   FAR         ;将下一句的标号指定为FAR类型,取名为L2
  L1:    MOV       AL,0           ;L1为NEAR类型。
```

[例4.11]的意思是LABEL语句对其下一条指令语句或者伪指令语句中的变量或标号重新定义类型，并另取一个名字。这样一个变量或标号就可以有两个名字，两种类型，供不同情况操作。

4.3.2 数据定义伪指令

在前面已经接触了很多变量，这里的数据定义伪指令是对变量分配存储单元，并将相应存储单元初始化。学习了本节内容后大家就会对变量有更清楚的理解。

格式：[变量名] 伪指令助记符 初值表

变量名为用户自定义的标识符，取名规则在4.1节中已经说明。

变量是符号地址表示初值表首个数据的偏移地址。如省略变量名，汇编程序只为初值表分配空间，无符号地址。

注意

汇编中的变量与高级语言中变量的含义不同。高级语言中变量表示某个内存单元的内容，而汇编中的变量则要明确是哪一个内存单元，也就是内存的地址。汇编语言中变量是“符号地址”。汇编语言中出现变量，根据不同的指令，有时引用变量的偏移地址，有时引用变量中存储的数据。

伪指令助记符指DB（Define Byte）、DW（Define Word）、DD（Define Doubleword）、DF（Define Farword）、DQ（Define Quadword）、DT（Define Tenbytes）等，表示变量的类型，前三个在程序中较常见，后三个的使用频率不太高。

初值表是由一系列用逗号分隔开的参数，可以是常数、表达式、问号、DUP等。

问号（？）表示初值不确定，即不赋初值。

DUP为重复分配操作符，格式为：重复次数 DUP（被重复数据列表）。

下列为常见的变量伪指令语句：

```
A1  DB  10
A2  DW  2345H,34DFH
A3  DB  3 DUP (2)
A4  DB  'abcd'
```

```
A5  DB  'a','b','c','d'
A6  DB  3 DUP (1,2)
A7  DW  67H,3 DUP (?)
A8  DD  12345678H
```

变量 A1 定义为字节类型，A1 所指向的地址单元的内容为十进制数 10；

变量 A2 定义为字类型，A2 所指向的地址空间的内容按地址从低到高为 45H，23H，0DFH，34H。每次按 2 个字节存取，高位对应高地址。分配 4 个字节的存储空间。

变量 A3 定义为字节类型，3 DUP（2）的意思是括弧里面的内容“2”重复 3 次，也就是说 A3 所指向的地址空间的内容为“2，2，2”。分配 3 个字节的存储空间。

变量 A4 定义为字符类型，A4 所指向的地址空间里按地址从低到高依次存放字符串'abcd' 4 个字符的 ASCII 码值，一个存储单元存放一个字符的 ASCII 码值，61H，62H，63H，64H，分配 4 个字节的存储空间。

变量 A5 与 A4 的含义是一样的，写法不同。

变量 A6 定义为字节类型，3 DUP（1，2）的意思是括弧里面的内容“1，2”重复 3 次。分配 6 个字节的存储空间。内容为“1，2，1，2，1，2”。

变量 A7 定义为字类型，分配 8 个字节的存储空间。“？”为内容不确定。内容依地址从低到高为“67H，0，？，？，？，？，？，？”。

变量 A8 定义为双字类型，分配 4 个字节的存储空间，内容依地址从低到高为“78H，56H，34H，12H”。

【例 4.12】 写出下列数据段中变量定义后所对应地址空间的初值。

```
DATA   SEGMENT
       A  DB  0,?,3
       B  DW  100,1200H,-5
       C  DB  'A','XY'
       D  DW  'XY'
       E  DW  3,4466H,2 DUP (1,0)
          DW  1123H,0015H
       F  DW  C
DATA   ENDS
```

图 4.1 是各变量定义后内存的状态，图中字母 A，B，C，D，E 为各变量所对应的地址空间的起始位置。

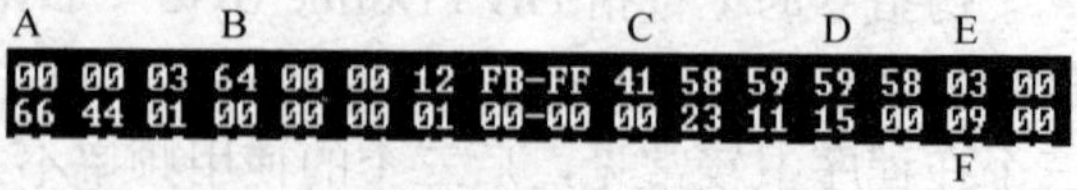

```
A           B                            C           D     E
00 00 03 64 00 00 12 FB-FF 41 58 59 59 58 03 00
66 44 01 00 00 00 01 00-00 00 23 11 15 00 09 00
                                               F
```

图 4.1 ［例 4.5］变量说明图

说明：

A 为字节类型，分配 3 个字节存储空间；？在内存中通常会以 0 表示。

B 变量是字类型，每项占 2 个字节；100 为十进制数，在计算机中存为十六进制数 64；－5 为补码 FB-FF。

C 变量为字符类型，“XY”等效于“X”，“Y”，存为 58H，59H。

D 变量为字类型，“XY”则存为 59H，58H，因为高位对应高地址。

E 变量为字类型，每项占 2 个字节，其中 2 DUP（1，0）占 8 个字节单元。E 变量的下一行没有变量名，其数据接着上一行存放。

若要取出 1123H 这个数据，可以写成 MOV　AX, [E＋12]，也可以写成 MOV　AX, [F-4]。

从这个例子可以看出变量的定义是为了给数据分配地址空间及赋初值，也是为了在写指令语句的时候方便地取到存储器操作数。因此，变量的取名，以及变量的位置都可由用户自行设定，要根据书写指令的需要来定义。

F 变量是字类型，存放变量 C 的偏移地址。注意，汇编中的变量符号地址。因为在数据段中第一个数据的偏移地址为 0，所以，变量 C 的偏移地址为 0009H。图 4.1 中可以看出 F 变量的值为 0009H。

［例 4.5］是把变量 C 的偏移地址送给 F，如果要把变量 C 所对应的存储单元的内容送给 F，指令该如何写？

【例 4.13】 下列数据段定义后 P3＝？

```
DATA  SEGMENT
      P1  DW  25,4 DUP (0,1)
      P2  DB  0
      P3  EQU  P2－P1
DATA  END
```

这个例子要弄清楚每个变量所分配的存储空间和 P2－P1 的含义。

变量 P1 对应数据段的首地址，偏移地址为 0，为字类型，分配 18 个存储单元。

变量 P2 的偏移地址为 12H（18D）。

变量 P3 的内容为 P2－P1，因为 P1，P2 都是符号地址，就是两个偏移地址相减。所以，在这个例子中 P2－P1 实际上就是 P1 分配的存储单元的个数。

所以 P3＝18D。

4.3.3 调整偏移量伪指令

调整偏移量伪指令是在内存变量定义时用来调整变量起始偏移量的，它们是在把源程序汇编成目标文件时起作用。

1. 地址计数器伪指令

汇编程序在汇编的过程中，使用地址计数器来保存当前正在汇编的指令的偏移地址。每一段开始时地址计数器初始化为零，以后每处理一条指令（指令或伪指令），地址计数器会自动增加一个值，指向下一条指令的地址。

当前地址计数器的值可用$来表示，用户可直接用$来引用地址计数器的值。因此指令 JMP $＋8 就是无条件转向地址计数器的值加 8 指令的地址，当然，$＋8 必须是一条指令的第一个字节地址。

【例 4.14】 下列数据段定义后，变量 PD 的值为多少？

```
DATA  SEGMENT
      PA  DW  66
      PB  DB  18 DUP (?)
      PD  EQU  $－PA
DATA  ENDS
```

$为当前地址计数器的值，也就是变量 PD 的偏移地址。$－PA 就是将 PD 的偏移地址减去 PA 的偏移地址。PA 的偏移地址为 0，所以 PD＝20。

2. 调整偏移量伪指令 ORG

ORG 伪指令用来设置当前地址计数器的值。

格式：ORG N

功能：ORG 伪指令可以使下一个字节的地址变为 N，N 为一个常量。

如果需要将数据存放到指定的地址，可使用定位伪指令。例如：

```
ORG  30
DAT  DB  1,2,3,4
```

这两条指令就是从偏移地址为 30 的存储空间开始存放 1，2，3，4 等数据。

【例 4.15】下列数据段共有多少个存储单元？Y1＝？，Y2＝？，X3 的偏移地址为多少？

```
DATA   SEGMENT
       ORG   100H
       X1    DW       11H,22H,33H
       X2    DB       33H,44H,55H
       Y1    EQU      4321H
       Y2    EQU      $－X2
       X3    DB       88H,99H
DATA   ENDS
```

Y1＝4321H，Y2＝3，X3 的偏移地址为 109H。为什么 Y2＝3 而不是 5 呢？因为 EQU 和＝伪指令是不占存储空间的。那么 Y1 和 Y2 的值存在哪里呢？在源程序汇编期间，Y1、Y2 的值作为立即数存在代码段出现 Y1、Y2 的地方。

【例 4.16】 数据段如下：

```
AA  DB  0AH,0BH
ARRAY   DW  0011H,2233H ,4455H,6677H
ORG  20H
BB DW  20 DUP (?)
```

问：以下指令执行后寄存器的值为多少？

```
LEA      SI,ARRAY                ;SI＝0002H
MOV      AX,ARRAY                ;AX＝0011H
MOV      BX,ARRAY＋2              ;BX＝2233H
MOV      DX,[ARRAY＋2]            ;DX＝2233H
MOV      DI,OFFSET ARRAY＋2       ;DI＝0004H
MOV      SI,OFFSET BB            ;SI＝0020H
MOV      CX,SIZE BB              ;CX＝40
```

3. 偶对齐伪指令 EVEN

格式：EVEN

EVEN 伪指令使下一个变量或指令开始于偶数字节地址。一个字数据的地址最好从偶地址开始，通常为保证字类型数组其从偶地址开始，在其前加一条 EVEN 伪指令。

【例 4.17】
```
EVEN
WARY  DW  20 DUP (0)
```

使得 WARY 的数据从偶地址开始存放。

4. 对齐伪指令 ALIGN

格式：ALIGN NUM

指令中 NUM 必须是 2 的幂，如 2、4、8 和 16 等。指令的功能就是告诉汇编程序在本伪指令下面的内容变量必须从下一个能被 NUM 整除的地址开始分配。需要注意的是 NUM 必须小于等于所在段的对齐属性值，如在默认情况下，段从节的边界开始，对齐属性值为 16，这时，NUM 只能取 1、2、4、8 或 16。

【例 4.18】 已知下列数据段，指出变量 BUF1、BUF2 和 BUF3 的偏移地址。

```
DATA    SEGMENT
BUF1    DB  1,2,3
EVEN
BUF2    DW  ?
ALIGN   4
BUF3    DD  0
DATA    ENDS
```

BUF1 的偏移地址为 0，BUF2 的偏移地址为 4，BUF3 的偏移地址为 8。

4.3.4 段和模块定义伪指令

1. 段定义伪指令

指令格式：

```
段名    SEGMENT  [定位] [组合] [段字] ['类别名']
        …
段名    ENDS
```

段名必须相同，SEGMENT 和 ENDS 必须成对出现。

指令功能：每个模块可以由若干个逻辑段构成，每一对 SEGMENT 和 ENDS 可以定义一个逻辑段。参数部分可选，也可按多种组合。

（1）定位属性：指定逻辑段的起始地址。

BYTE：段起始地址为下一个可用的字节地址；

WORD：段起始地址为下一个可用的偶数地址；

DWORD：段起始地址为下一个可被 4 整除的地址；

PARA：段起始地址为下一个可被 16 整除的地址；

PAGE：段起始地址为下一个可被 256 整除的地址。

默认的定位类型为 PARA，其低 4 位是 0，所以默认情况下数据段的偏移地址从 0 开始。

注意

段的定位类型表示段在连接时，各段首地址的边界要求，所以连接后的各段间可能会出现一点空闲单元，这会造成一些浪费。

（2）组合属性：指定段与段之间的关系。可为 NONE、PUBLIC、COMMON、STACK、MEMORY、AT 表达式等。

NONE：本段与其他段没有逻辑关系，不与其他段合并。每段都有自己的段地址，这是隐含的组合类型。

PUBLIC：连接程序把本段与所有同名同“类别”的其他段相接组合在一起，然后为所有这些段指定一个共同的段地址，也就是合成一个物理段。该段大小不能超过 64KB。

COMMON：连接程序把本段与所有同名同“类别”的其他段相覆盖。段的长度取决于最长的 COMMON 段长。

STACK：指定堆栈段。连接程序将所有 STACK 段按照与 PUBLIC 段的同样方式进行合并，组合的段长为各段堆栈长度的总和。

MEMORY：表示本段将被定位在被连接在一起的其他所有段之上。如有多个 MEMORY 段，则把所遇到的第一个 MEMORY 段作为 MEMORY 段，其他作为 COMMON 段处理。

AT 表达式：表示本段将装在表达式的值所指定的段地址上。用这种组合类型可以明确地指定在存储器中的地址，但它不用于指定代码段。

通常组合属性在多模块设计时使用。单模块下，除堆栈段必须使用组合属性 STACK 外，各段相互独立，不与其他段合并，无须指定组合属性。

（3）段字属性：只有使用了.386 等方式的伪指令这个属性才起作用，它有以下两种类型。

USE16：该段按 16 为寻址，与 8086 寻址方式相同；

USE32：该段按 32 位寻址。

（4）'类别名'属性：为保持所有代码和数据的连续，将类别名相同的段连续存放，但各有各的段地址。通常使用'code'，'date'和'stack'等类别名。

注意

'类别名'属性仅仅是把多个'类别名'的段连续存放，而不是合并成一个物理段。

初学者在单模块编写程序时暂不必考虑后面的参数，只要学会定义段就可以了。

2. 指定段寄存器伪指令

格式 1：ASSUME 段寄存器：段名[，段寄存器：段名…]

如 ASSUME CS：CODE，DS：DATA

段名是由 SEGMENT 伪指令定义的名字。

功能：向汇编程序指示当前各段所用的段寄存器。设定段寄存器与段名之间的对应关系。

注意

该指令仅指定段寄存器与段名之间的对应关系，并没有对段寄存器赋值。DS，ES 的值在代码段中由指令语句赋值，CS 由系统赋值，SS 可以由系统赋值也可以由指令代码赋值。

格式 2：ASSUME 段寄存器：NOTHING

功能：对指令给出的段寄存器取消已经指定的默认关系。

3. 过程定义伪指令

把具有独立功能的程序段定义为过程（也称为子程序）供其他程序调用。一个汇编程序可以由一个主过程和若干个子过程组成。过程定义伪指令就是将逻辑上相对独立的程序段定义成过程，便于程序的阅读和调试。

格式：

```
过程名  PROC  NEAR/FAR
        …
        RET
过程名  ENDP
```

过程名可以自行设定，两条伪指令中的过程名但必须相同，PROC 与 ENDP 应成对出现。

RET 为过程的返回，不可缺少。

过程的类型分为 NEAR 和 FAR。NEAR 说明可以被同一代码段中的其他程序调用；FAR 说明可以被不同代码段中的程序调用，省略时为 NEAR。

【例 4.19】 同一代码段内调用程序。

```
DATA    SEGMENT
STR2    DB  'The First Subroutione!','$'
STR3    DB  'The Second Subroutione!','$'
DATA    ENDS
CODE    SEGMENT
        ASSUME  CS: CODE,DS: DATA
START:  MOV     AX,DATA             ;给 DS 赋值
        MOV     DS,AX
        CALL    FIRST               ;调用子过程 FIRST
        CALL    SECOND              ;调用子过程 SECOND
        MOV     AH,4CH              ;主过程结束,返回 DOS
        INT     21H
FIRST   PROC                        ;子过程 FIRST
        LEA     DX,STR2
        MOV     AH,09H
        INT     21H
        RET                         ;子过程 FIRST 返回
FIRST   ENDP
SECOND  PROC                        ;子过程 SECOND
        LEA     DX,STR3
        MOV     AH,09H
        INT     21H
        RET                         ;子过程 SECOND 返回
SECOND  ENDP
CODE    ENDS                        ;代码段结束
        END START                   ;源程序结束
```

4. 模块通信伪指令

汇编语言可以由多个模块构成，一个模块也可以分成几个子模块。那么模块之间是如何联系的呢？通过模块通信伪指令 PUBLIC 和 EXTRN 伪指令就可以将模块间互相调用的符号联系起来。

（1）全局符号说明伪指令 PUBLIC。当一个符号允许被其他模块使用时应用 PUBLIC 来说明。

格式：PUBLIC 符号[, …]

符号可以是常量、变量、标号，过程名。

（2）外部符号说明为指令 EXTRN。EXTRN 指明的符号是由其他模块定义的，并由 PUBLIC 语句说明过的，符号在本模块被引用。

格式：EXTRN 符号：类型[, …]

符号的含义与 PUBLIC 相同，类型可以是 BYTE、WORD、DWORD、NEAR、FAR、ABS（常量）等。

注意

所有的符号类型要与它们原来定义的符号类型保持一致。

【例 4.20】 从键盘输入 2 位非压缩 BCD 数，存入 AX 寄存器中，输入数据为 00 时结束。子程序 TRAN 将其转换为二进制数。显示子程序 DISP 完成将十六进制数转换为对应的 ASCII 码并显示该字符。主程序在 S1 模块中，显示子程序 DISP 在另一模块 S2 中。

注意下面程序中加粗的字符。

```
NAME S1.ASM
EXTRN   DISP: FAR                      ;程序中使用了 S2 模块中的符号 DISP,类型为 FAR
CODE    SEGMENT  PARA  'CODE'
        ASSUME  CS: CODE
START:  MOV     AH,01H
        INT     21H
        MOV     BL,AL
        INT     21H
        MOV     AH,AL
        MOV     AL,BL
        CMP     AX,3030H
        JE      EXIT
        CALL    NEAR PTR  TRAN
        CALL    FAR PTR  DISP          ;调用其他模块的子程序
        JMP     START
EXIT:   MOV     AX,4C00H
        INT     21H
TRAN    PROC    NEAR                   ;将输入的 ASCII 码转换成二进制数。
        AND     AX,0F0FH
        MOV     BL,AH
        MOV     CL,10D
        MUL     CL
        ADD     AL,BL
        RET
TRAN    ENDP
CODE    ENDS
        END START
NAME S2.ASM
PUBLIC DISP                            ;本模块中的符号 DISP 允许被其他模块使用。
CODE1   SEGMENT PARA 'CODE'
        ASSUME  CS: CODE1
DISP    PROC    FAR
        MOV     BL,AL
        MOV     BH,00
        MOV     CH,4
ROLL:   MOV     CL,4
        ROL     BX,CL
        MOV     DL,BL
        AND     DL,0FH
        CMP     DL,9
```

```
        JBE     NEXT1
        ADD     DL,07H
NEXT1:  ADD     DL,30H
        MOV     AH,02H
        INT     21H
        DEC     CH
        JNZ     ROLL
        RET
DISP    ENDP
CODE1   ENDS
        END
```

4.3.5 其他伪指令

1. 程序开始定义伪指令

在程序的开始可以用 NAME 或 TITLE 作为模块的名字。NAME 的格式为

```
NAME  模块名
```

也可使用 TITLE 伪指令指定模块名，其格式为

```
TITLE  标题名
```

TITLE 伪指令的主要作用是指定列表文件的每一页上打印的标题，在没有 NAME 伪指令时，汇编程序将用标题名中的前 6 个字符作为模块名，标题最多可有 60 个字符。如果程序中既无 NAME 又无 TITLE 伪指令，则用源文件名作为模块名。所以 NAME 及 TITLE 伪指令并不是不可缺少的，但一般经常使 TITLE，以便在列表文件中能打印出标题来。

2. 源程序结束定义伪指令

格式：END 标号

汇编程序将在遇 END 时结束汇编。

标号指示程序执行的起始地址。如果有多个程序模块相连接，程序则将从主模块的第一个标号处开始执行，主程序的最后一句必须是 END 标号，其他子程序模块则只用 END 指示源程序结束而不必指定标号。

注意

END 是标识源程序的结束而不是程序终止执行。

4.4 汇编语言程序的开发

汇编语言程序开发过程一般包括源程序的编辑、源程序的汇编、目标程序的连接和可执行程序的运行及调试等，如图 4.2 所示。也就是说首先需要用文本编辑器建立扩展名为.asm 的源程序文件，然后用汇编器对源程序进行汇编，生成目标文件.obj，最后用连接器将一个或多个目标文件以及库文件.lib 连接成一个可执行文件.exe，若执行程序有错，如不能正常终止或不符合功能要求等，则可通过调试器找出错误。

汇编语言程序的开发可以在 Windows 环境下进行，需要 Masm for Windows 的集成环境

来完成，也可以在 DOS 环境下进行，需要以下几个文件。

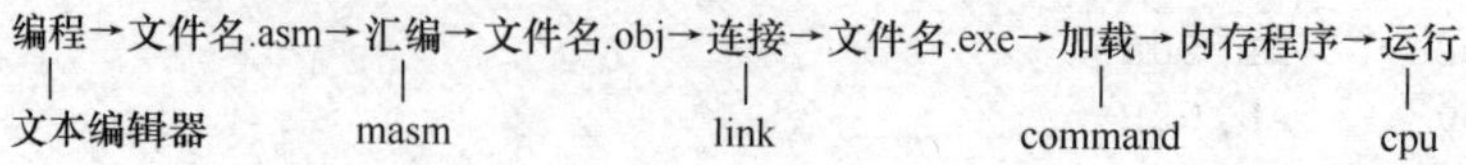

图 4.2 汇编程序从编写到执行过程

（1）文本编辑器，如 EDIT．EXE，也可以用记事本；

（2）汇编程序，如 MASM．EXE；

（3）连接程序，如 LINK．EXE；

（4）调试程序，如 DEBUG．COM 或 DEBUG．EXE。

在这里仅介绍基于 DOS 环境下的开发过程，Masm for Windows 的集成环境开发参见与本教材配套的实验指导书。

4.4.1 DEBUG 的使用

首先学习 DEBUG 的使用。DEBUG 是 DOS、Windows 都提供的实模式程序调试工具。通过执行 DEBUG 的命令可以查看 CPU 各寄存器的内容和内存的存储情况，并能逐条跟踪指令的运行等。

DEBUG 有 20 多个命令，只介绍以下常用的几种命令。

反汇编命令 U；显示存储单元内容命令 D；修改内存内容命令 E；查看或修改寄存器的内容 R；跟踪命令 T；跟踪一条指令或一个子程序 P；运行程序命令 G；在内存写入汇编形式的指令 A；退出 DEBUG 命令 Q。

每个 DEBUG 命令都是一段程序，在机器启动时调入内存，当用户在 DEBUG 状态下输入 DEBUG 命令时由 CPU 执行这些程序段。

1. 进入 DEBUG

单击“开始”菜单中的“运行”命令，在运行对话框中输入“COMMAND”，单击“确定”按钮就可以进入 DOS 方式。在 DOS 提示符下输入“DEBUG”进入 DEBUG 状态，如图 4.3 所示。

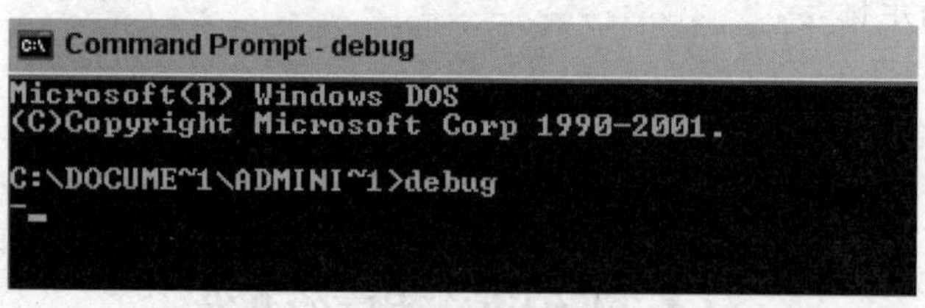

图 4.3 进入 DEBUG

2. DEBUG 命令

（1）反汇编命令 U。

格式：`U [range]`。

功能：从指定地址开始反汇编，转换二进制代码为汇编语言指令。

参数 Range：指定要反汇编代码的起始地址和结束地址，或起始地址和长度。如果在没有参数的情况下使用，range 默认为当前 CS:IP，则 U 命令分解 20h 字节（默认值），从前面 U 命令所显示地址后的第一个地址开始。若只给出偏移地址，则使用 CS 当前值作为段地址。

对已经完成汇编过程的源程序，在 DOS 提示符下输入 debug 文件名.exe 并按"回车"键，按 U 命令，可显示该文件的反汇编程序，反汇编命令如图 4.4 所示。

```
E:\M>debug 4290.exe
-u
14D6:0000 B407          MOV     AH,07
14D6:0002 B000          MOV     AL,00
14D6:0004 B770          MOV     BH,70
14D6:0006 B500          MOV     CH,00
14D6:0008 B100          MOV     CL,00
14D6:000A B618          MOV     DH,18
14D6:000C B227          MOV     DL,27
14D6:000E CD10          INT     10
14D6:0010 B000          MOV     AL,00
14D6:0012 B44C          MOV     AH,4C
14D6:0014 CD21          INT     21
```

图 4.4　反汇编命令 U

图中 14D6:0000 等最左边的 2 列数据是每条指令的段地址和偏移地址。第 3 列 B407 等数据是汇编指令的机器码，右边是机器码翻译成的汇编指令。

输入：U 1289:0000；显示 CS 为 1289，偏移地址为 0000 开始的反汇编程序。

继续按 U，显示后续的内容。

输入：U 0；显示当前代码段偏移地址为 0 开始的反汇编程序。

（2）显示存储单元内容命令 D。

格式：`D [range]`。

功能：从指定地址开始显示一定范围内存单元的内容。

参数 Range：指定要显示其内容的内存区域的起始和结束地址，或起始地址和长度。如果不指定 range，Debug 程序将从以前 d 命令中所指定的地址范围的末尾开始显示 128 个字节的内容。

当使用 D 命令时，Debug 以两个部分显示内存内容：十六进制部分（每个字节的值都用十六进制格式表示）和 ASCII 码部分（每个字节的值都用 ASCII 码字符表示)。每个非打印字符在显示的 ASCII 部分由句号 (.) 表示。每个显示行显示 16 字节的内容，第 8 字节和第 9 字节之间有一个连字符。每个显示行从 16 字节的边界上开始。

输入：D 100；显示当前数据段中偏移地址为 100H 开始的单元内容。

输入：D 100 160；显示当前数据段中偏移地址为 100H 到 160H 的单元内容。

输入：D DS:0001；显示当前数据段中偏移地址为 0001H 开始的单元内容。

输入：D 129F:0000；显示数据段 129FH 中偏移地址为 0000 开始的单元内容。

显示存储单元内容命令 D 如图 4.5 所示，图中左边是每行的起始地址，一行显示 16 个数据，右边的字符是每个内存单元数据可显示的 ASCII 码字符，如 42H 是字符‘B’的 ASCII 码。如果没有对应可显示的 ASCII 码字符就用‘.’替代。

```
-d129f:0
129F:0000  B4 42 CD 67 0A E4 75 18-53 52 E8 72 C8 5A 5B 8B   .B.g..u.SR.r.Z[.
129F:0010  C2 2B C3 A3 40 56 89 16-42 56 BA CA 4F E8 54 C8   .+..@V..BV..O.T.
129F:0020  C3 B4 4B CD 67 0A E4 75-1C 89 1E 46 56 B8 02 54   ..K.g..u...FV..T
129F:0030  CD 67 0A E4 75 0F 8B C3-A3 44 56 8B 1E 46 56 BA   .g..u....DV..FV.
129F:0040  D6 4F E8 2F C8 C3 26 8A-45 02 A2 35 52 26 8B 05   .O./..&.E..5R&..
```

图 4.5　显示存储单元内容命令 D

（3）修改内存内容命令 E。

格式：`E address [list]`。

功能：将数据输入到内存中指定的地址。

参数 address：指定输入数据的第一个内存位置；list：指定要输入到内存的连续字节中的

数据。如果指定 list 参数的值，随后的 e 命令将使用列表中的值替换现有的字节值。如果发生错误，将不更改任何字节值；List 值可以是十六进制字节或字符串。使用空格、逗号或制表符来分隔值。必须将字符串包括在单或双引号中。

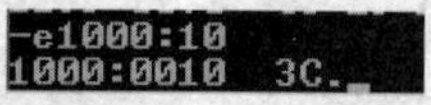

```
-e1000:10
1000:0010  3C._
```

图 4.6 E 命令使用

输入：E 1000:10 按"回车"键；显示 1000H 段中偏移地址为 0010H 单元的内容，如图 4.6 所示。

可以有三种情况的操作：

①不修改直接按"回车"键。

②在点号后输入修改的内容需要的内容，按"回车"键结束。

③在点号后输入修改的内容需要的内容，按"空格"键继续修改下一个单元的内容。

（4）查看或修改寄存器的内容 R。

格式：`R [register-name]`。

功能：查看或修改寄存器的内容。

参数 register-name：寄存器名。

R 显示当前全部寄存器的内容；

R 寄存器名；显示并修改寄存器的内容。可以在下一行的冒号后面输入新内容，按"回车"键；不修改直接按"回车"键。如图 4.7 所示。

```
-r
AX=0000  BX=0000  CX=0016  DX=0000  SP=0000  BP=0000  SI=0000  DI=0000
DS=14C6  ES=14C6  SS=14D6  CS=14D6  IP=0000   NV UP EI PL NZ NA PO NC
14D6:0000 B407          MOV     AH,07
-rax
AX 0000
:
```

图 4.7 R 命令使用

（5）跟踪命令 T。

格式：`T [= address] [n]`。

功能：跟踪指令执行的结果。

参数 address：指定第一个要执行指令的位置。如果不指定地址，则默认地址是在 CS:IP 寄存器中指定的当前地址。参数 n：跟踪执行指令数，若不给出，则执行一条指令。

若 T 命令执行时，若遇到 CALL 或 INT 指令（除 DOS 系统调用 INT21H），则会跟踪进入相应过程或中断服务程序内部。对于带重复前缀的指令，每次重复执行算一步。

T；从当前代码段的第一条指令开始执行，每执行一条指令停下来，显示寄存器的内容及标志位和下一条指令。

T 4；跟踪当前指令开始的 4 条指令。

T＝起始地址；从指定地址开始执行。

T＝0011 4；从 0011H 开始连续执行 4 条指令。

（6）跟踪一条指令或一个子程序 P。

格式：`P [= address] [n]`。

功能：跟踪指令或子程序执行的结果。

参数 address：指定第一个要执行指令的位置。如果不指定地址，则默认地址是在 CS:IP 寄存器中指定的当前地址。参数 n：跟踪执行指令数，若不给出，则执行一条指令。

P 命令的功能类似于 T 命令，但 P 命令将 CALL、INT 或带重复前缀指令的执行当作一步，不会跟踪进入相应过程或中断服务程序内容。

（7）运行程序命令 G。

格式：`G [= address] [breakpoints]`。

功能：运行当前在内存中的程序。

参数 address：指定当前在内存中要开始执行的程序地址。如果不指定地址，则默认地址是在 CS:IP 寄存器中指定的当前地址开始执行程序。参数 breakpoints：指定可以设置为 g 命令的部分的 1 到 10 个临时断点。

G＝起始地址；如不指定则从当前的 CS:IP 开始执行，直到程序执行结束。

G＝起始地址 断点地址；执行到断点停止。

（8）在内存写入汇编形式的指令 A。

格式：`A [= address]`。

功能：将用户输入的汇编语言指令汇编为机器代码，存入指定地址开始的内存单元。

参数 address：指定输入汇编语言指令的位置。对 address 使用十六进制值，并输入不以"h"字符结尾的每个值。如果不指定地址，a 将在它上次停止处开始汇编。

A；从一个预设地址开始输入汇编指令。

A 1000:0；从 1000:0000 开始输入汇编指令。

（9）退出 DEBUG 命令 Q。

格式：Q。

功能：停止 Debug 会话，不保存当前测试的文件，控制返回到 DOS 的命令提示符。

3. DEBUG 中标志寄存器的符号意义

在图中看到一些 OV，NV 等符号，这些符号是表明当前标志寄存器的状态。

4. DEBUG 命令的用法

DEBUG 可以实现的操作：查看、输入、修改。

DEBUG 操作的对象：寄存器、内存数据、内存指令。对不同的操作对象可选用不同的 DEBUG 命令：

（1）寄存器操作：R。

（2）内存数据：D、E，数值数据看左边，ASCII 码看右边。

（3）内存指令：查看指令用 U，输入指令用 A 或 E，执行指令用 T。

注意

看到内存的内容，在不同的计算机中是不同的，也可能每次用相同的 DEBUG 看到的内容都不一定相同，因为内存的内容是会变化的。当然也可以改变内存的内容，但不是所有单元的内容都可以改变。

4.4.2 汇编源程序的输入

汇编源程序可以在任意的文本编辑器上输入，如 EDIT，记事本等。输入完毕保存成 ASM 文件，也可以保存成 TXT 文件。

下面以一个程序说明汇编程序的执行过程。

有一个字符串，首地址为 MSG，查找 ASCII 码最大的字符，并显示在屏幕上。

```
NAME   EX1
DSEG   SEGMENT
       MSG   DB  'hello'
DSEG   ENDS
CSEG   SEGMENT
       ASSUME  CS: CSEG,DS: DSEG
START: MOV AX,DSEG
       MOV  DS,AX
       MOV  CX,4
       MOV  SI,1
       MOV   AL,MSG
L1:    CMP   AL,MSG[SI]
       JA    NEXT
       MOV   AL,MSG[SI]
NEXT:  INC   SI
       LOOP  L1
       MOV   DL,AL
       MOV   AH,02H
       INT   21H
       MOV   AX,4C00H
       INT   21H
CSEG   ENDS
       END   START
```

源程序输入后保存成 EX1.ASM 文件。

4.4.3 源程序汇编

汇编是采用 MASM 5.0 汇编编译器，文件名为 MASM.EXE。注意，对于不熟悉 DOS 的初学者应把 MASM.EXE 文件和源程序文件放在一个文件夹中。例如，将 MASM.EXE 文件和 EX1.ASM 文件都存于 E 盘的 M 文件夹中。在 DOS 提示符下输入：MASM EX1.ASM 按“回车”键就可以对 EX1 文件进行汇编了。

如果源程序的扩展名为 ASM，输入文件名时可以省略扩展名。如果是其他扩展名，如 TXT 则需要输入文件全名。汇编过程如图 4.8 所示。

在图中的三个冒号后都按“回车”键就可以生成 EX1.OBJ 目标文件。

```
E:\M>masm ex1.asm
Microsoft (R) Macro Assembler Version 5.00
Copyright (C) Microsoft Corp 1981-1985, 1987.  All rights reserved.

Object filename [ex1.OBJ]:
Source listing  [NUL.LST]:
Cross-reference [NUL.CRF]:

  50920 + 415784 Bytes symbol space free

      0 Warning Errors
      0 Severe  Errors
```

图 4.8 MASM 汇编过程

`Object filename [ex1.OBJ]:` 是输入目标文件名，一般取与源文件同名，只要按“回车”

键就可以。

Source listing [NUL.LST]:是输入列表文件的名字。若不需要生成就直接按“回车”键。图 4.9 所示为该程序生成的 EX1.LST 文件。

LST 清单列出所有指令、用户定义的符号的名字、类型、属性，最后部分是段表名和符号表，表中列出段名、段的长度及属性。

LST 文件可供用户调试过程中作为参考，如图 4.9 所示。

```
Microsoft (R) Macro Assembler Version 5.00                    9/1/7
            Page      1-1
 0000                         DSeg       Segment
 0000  68 65 6C 6C 6F         Msg       db  'hello'
 0005                         DSeg       ends
 0000                         CSeg       Segment
                                         Assume    cs:CSeg,ds:DSeg
 0000  B8 ---- R              Start:     mov       ax,DSeg
 0003  8E D8                             mov       ds,ax
 0005  B9 0004                           mov       cx,4
 0008  BE 0001                           mov       si,1
 000B  A0 0000 R                         mov       al,msg
 000E  3A 84 0000 R           l1:        cmp       al,msg[si]
 0012  77 04                             ja        next
 0014  8A 84 0000 R                      mov       al,msg[si]
 0018  46                     next:      inc       si
 0019  E2 F3                             loop      l1
 001B  8A D0                             mov       dl,al
 001D  B4 02                             mov       ah,02h
 001F  CD 21                             int       21h
 0021  B8 4C00                           mov       ax,4c00h
 0024  CD 21                             int       21h
 0026                         CSeg       ends
                                      end       Start
Segments and Groups:
                N a m e                 Length   Align   Combine Class
CSEG . . . . . . . . . . . . . . .      0026     PARA    NONE
DSEG . . . . . . . . . . . . . . .      0005     PARA    NONE
Symbols:
                N a m e                 Type     Value    Attr
L1 . . . . . . . . . . . . . . . .      L NEAR   000E     CSEG
MSG  . . . . . . . . . . . . . . .      L BYTE   0000     DSEG
NEXT . . . . . . . . . . . . . . .      L NEAR   0018     CSEG
START  . . . . . . . . . . . . . .      L NEAR   0000     CSEG
@FILENAME  . . . . . . . . . . . .      TEXT  EX1
     24 Source  Lines
     24 Total   Lines
      8 Symbols
  50232 + 416472 Bytes symbol space free
```

图 4.9 LST 文件

Cross-reference [NUL.CRF]:是输入交叉引用文件的名字，对于一般程序不需要生成此文件，直接按“回车”键。

经过汇编后在同一文件夹中产生一个新文件 EX1.OBJ，但是如果在汇编过程中会出现错误提示，将不会生成 EX1.OBJ 文件。

Unable to open input file: 9.ASM 初学者容易出现这个错误，就是找不到源程序，应检查源程序是否在当前目录下。

如果出现语法错误需要回到文本编辑器中，根据提示的错误语句进行修改，再重复上述的汇编过程，直至生成目标文件。

4.4.4 连接

当程序由多个模块组成时，每个模块都会生成自己的目标文件，需要通过连接将这些目标文件连接在一起，生成一个可执行文件。当程序中调用了某个库文件的子程序时，也需要将它们连接在一起。

单一模块程序的目标文件 EX1.OBJ 也不能够直接由 CPU 执行，也需要对目标文件进行连接，最终生成可执行文件。

连接文件为 LINK.EXE。同样，连接文件也应与目标文件在同一目录下。LINK 连接的过程如图 4.10 所示。

```
E:\M>link ex1

Microsoft (R) Overlay Linker  Version 3.60
Copyright (C) Microsoft Corp 1983-1987.  All rights reserved.

Run File [EX1.EXE]:
List File [NUL.MAP]:
Libraries [.LIB]:
LINK : warning L4021: no stack segment
```

图 4.10　LINK 连接过程

输入：LINK EX1 就可以进入目标文件的连接。文件名后面的扩展名默认是 OBJ，可以不输入，如果输入，扩展名一定要正确。

对单一模块的文件，在三个提示问题的冒号后直接按“回车”键就可以生成 EX1.EXE 文件。

List File [NUL.MAP]:是生成映像文件，MAP 文件给出每个段在存储器中的分配情况如图 4.11 所示。

```
LINK : warning L4021: no stack segment
 Start  Stop   Length Name                   Class
 00000H 00004H 00005H DSEG
 00010H 00035H 00026H CSEG
Program entry point at 0001:0000
```

图 4.11　每个段在存储器中的分配情况

这不是内存的地址，程序现在还未载入内存。

Libraries [.LIB]:输入库文件名。如果程序中调用了某个库文件中的子程序，则需要输入库文件名，将这个库文件与目标文件连接起来，生成可执行文件。

提示没有堆栈段不影响程序的运行，可以不予理会。

当连接正确完成时，在与 OBJ 文件的同一目录下会产生一个新文件 EX1.EXE。

4.4.5　可执行程序的运行

1. EX1.EXE 程序的执行步骤

在 DOS 提示符下输入 EX1，按“回车”键，屏幕上就会出现字符。

EX1.EXE 程序的功能是查找“hello”中 ASCII 码最大的字符，并显示在屏幕上也就是显示字符“o”。执行后返回 DOS 状态。

EX1.EXE 存放在 E 盘的 M 目录下，当键入 EX1 再按“回车”键时，DOS 中的 COMMAND 文件将 EX1.EXE 加载到内存，并将 CPU 的 CS:IP 指向 EX1.EXE 程序的第一条指令，开始运行程序。当程序运行结束时由程序中的返回 DOS 指令回到 COMMAND。

COMMAND 文件将程序存放在内存的什么位置呢？这由操作系统来决定。下面看程序的单步执行情况。

2. 用 DEBUG 跟踪程序执行过程

（1）DEBUG 将 EX1.EXE 文件加载到内存。

输入：DEBUG EX1.EXE 按“回车”键。

注意

要输入文件名和扩展名 EXE。

（2）用 U 命令查看指令代码，如图 4.12 所示。

```
-u
13C4:0000 B8C313        MOV     AX,13C3
13C4:0003 8ED8          MOV     DS,AX
13C4:0005 B90400        MOV     CX,0004
13C4:0008 BE0100        MOV     SI,0001
13C4:000B A00000        MOV     AL,[0000]
13C4:000E 3A840000      CMP     AL,[SI+0000]
13C4:0012 7704          JA      0018
13C4:0014 8A840000      MOV     AL,[SI+0000]
13C4:0018 46            INC     SI
13C4:0019 E2F3          LOOP    000E
13C4:001B 8AD0          MOV     DL,AL
13C4:001D B402          MOV     AH,02
13C4:001F CD21          INT     21
```

图 4.12　反汇编命令查看指令代码

从图中可以看出，最左边的是每条指令所对应的段地址和偏移地址，CS＝13C4，第一条、第二条指令是将数据段的段地址送 DS 寄存器，说明数据存放在 13C3H 段。用 D 命令可以看到数据段中存放的字符串 hello，如图 4.13 所示。

```
-D13C3:0
13C3:0000  68 65 6C 6C 6F 00 00 00-00 00 00 00 00 00 00 00   hello.......
```

图 4.13　D 命令查看数据段

对照源程序注意到 JA　NEXT，这条语句经过汇编后变成了 JA　0018，，而 0018 是 NEXT 标号的偏移地址。所以，标号是标识指令的偏移地址，使得书写程序更简便，经过汇编后指令中的标号都被替换成对应的偏移地址。

同样 LOOP L1 变成了 LOOP 000E。

U 命令一次显示 14 条指令，可继续按 U 命令查看下面的指令。若返回最前面的指令输入：

U 0

（3）用单步执行命令 T 运行程序，可以看到每执行一条指令后寄存器的状态。遇到 INT 21H 指令要用 P 命令，不能用 T 命令。因为 INT　21H 是中断指令，CPU 遇到中断指令转去执行中断程序，所以 INT　21H 不是一条指令而是一段程序。P 命令一次执行一段子程序。

当程序执行到显示语句时，会出现字符“o”。程序执行完毕出现“program terminated normally”，表示程序正常结束返回 DOS，如图 4.14 所示。

（4）退出 DEBUG。输入 Q 命令从 DEBUG 返回到 DOS。

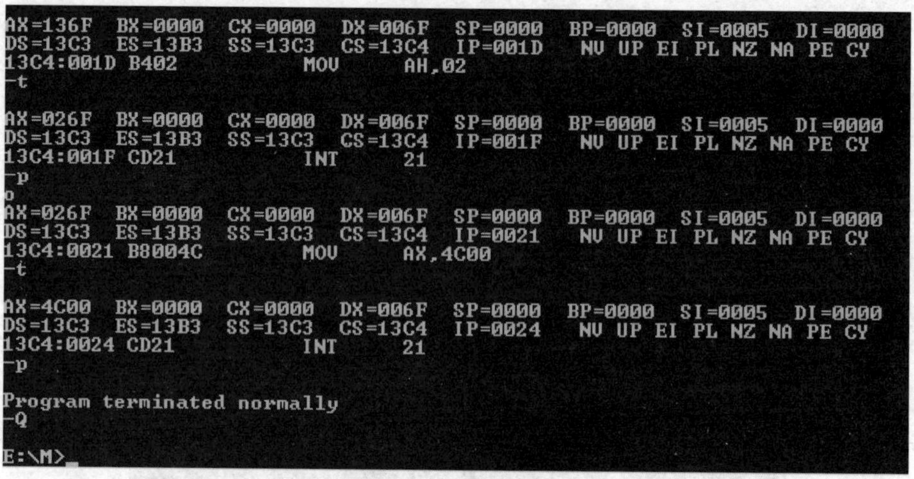

```
AX=136F  BX=0000  CX=0000  DX=006F  SP=0000  BP=0000  SI=0005  DI=0000
DS=13C3  ES=13B3  SS=13C3  CS=13C4  IP=001D   NV UP EI PL NZ NA PE CY
13C4:001D B402          MOV     AH,02
-t

AX=026F  BX=0000  CX=0000  DX=006F  SP=0000  BP=0000  SI=0005  DI=0000
DS=13C3  ES=13B3  SS=13C3  CS=13C4  IP=001F   NV UP EI PL NZ NA PE CY
13C4:001F CD21          INT     21
-p
o
AX=026F  BX=0000  CX=0000  DX=006F  SP=0000  BP=0000  SI=0005  DI=0000
DS=13C3  ES=13B3  SS=13C3  CS=13C4  IP=0021   NV UP EI PL NZ NA PE CY
13C4:0021 B8004C        MOV     AX,4C00
-t

AX=4C00  BX=0000  CX=0000  DX=006F  SP=0000  BP=0000  SI=0005  DI=0000
DS=13C3  ES=13B3  SS=13C3  CS=13C4  IP=0024   NV UP EI PL NZ NA PE CY
13C4:0024 CD21          INT     21
-p

Program terminated normally
-Q

E:\M>_
```

图 4.14　程序结束及返回 DOS

4.5　宏指令与条件汇编

宏指令是程序员事先定义的特定的指令，宏指令是一组指令代码的缩写。在程序中出现宏指令的地方，汇编语言就会将宏指令替换成事先定义好的一组指令代码。它只需要在源程序中定义一次，就可以多次调用。

对于反复多次使用的代码段用宏指令来定义，可简化程序的书写，参数传递也灵活方便，可提高编写程序的效率。

4.5.1　宏指令

宏指令的使用包括宏定义、宏调用和宏展开。

宏定义就是在编写代码前将多次重复使用的一组代码定义为一条宏指令，供编写代码段时调用。

宏调用是在程序中通过参数来调用宏定义的指令。

宏展开是用宏定义中的语句序列来替换宏调用中的宏名，并用实参数替代宏定义中的形式参数。宏展开是由汇编程序在汇编期间完成的。

1. *宏定义伪指令*

宏定义是用一组伪指令来实现的。

格式：宏指令名　MACRO　[形式参数表]
　　　　　　　　宏定义体
　　　　　　　　ENDM

其中，MACRO 和 ENDM 是一对伪指令，分别表示宏定义的开始和结束，中间是宏定义体，即一组程序代码。

宏指令名是给出该宏的名称，调用时是以宏指令名来操作。宏指令名由用户自行定义，第一个字符必须是字母，后跟字母、数字或下划线等字符。

形式参数表给出了宏定义用到的形式参数，可以是任意合法的符号。形式参数可以省略，也可是一个或多个，参数之间用逗号隔开。

例如：程序中多次出现显示字符串的调用语句：

```
…
LEA     DX,STR1
MOV     AH,9
INT     21H
…
LEA     DX,STR2
MOV     AH,9
INT     21H
…
LEA     DX,STR3
MOV     AH,9
INT     21H
```

那么，就可以定义这样一个宏指令：

```
PRINT   MACRO  STR
        LEA   DX,STR
        MOV   AH,9
        INT   21H
ENDM
```

其中，PRINT 是宏指令名，STR 是形式参数。

2. 宏调用

经过定义的宏指令就可以在源程序中调用。

格式：宏指令名 [实参数表]

宏指令名必须与宏定义中的宏指令名一致，实参数表中的参数与宏定义中的形式参数表中的参数应一一对应。

对前面已经定义的宏 PRINT，源程序中的三次调用就可写成：

```
…
PRINT  STR1
…
PRINT  STR2
…
PRINT  STR3
…
```

3. 宏展开

宏展开就是用宏定义体替代源程序中的宏指令，并用实参数替换宏定义中的形式参数。在替换时，实参数与形式参数是一一对应的。这个过程是由汇编程序在汇编期间完成的。

展开后所得到的语句应该是正确的指令语句，否则汇编程序将指示出错。

以上三条指令展开后在列表文件 LST 中可以看到下面的指令语句：

```
…
1    LEA     DX,STR1
1    MOV     AH,9
1    INT     21H
…
1    LEA     DX,STR2
```

```
1    MOV    AH,9
1    INT    21H
…
1   LEA     DX,STR3
1   MOV     AH,9
1   INT     21H
…
```

“1”表示由宏指令展开的语句。用 DEBUG 中的 U 命令查看就没有“1”了。

【例 4.21】 宏定义为：

```
INOUT   MACRO    X,Y
        MOV      AH,X
        LEA      DX,Y
        INT      21H
ENDM
```

数据段为：

```
DATA    SEGMENT
FO      DB  'THE END','$'
FI      DB   10,? ,10 DUP (?)
DATA   ENDS
```

代码段为：

```
INOUT  10,FI
INOUT  9,FO
```

这两条指令经过宏展开后得到下列指令，可以用 LST 文件查看如下：

```
1    MOV      AH, 10
1    LEA      DX, FI
1    INT      21H
1    MOV      AH,9
1    LEA      DX,FO
1    INT      21H
```

4. 宏运算符

（1）宏运算符&，是用来连接符号和形式参数。也就是说当形式参数跟在一个符号后面时需要用&号来分割符号与形式参数。

【例 4.22】 宏定义为：

```
SHIFT   MACRO  X,Y,Z
MOV     CL,X
S&Z     Y,CL
ENDM
```

宏调用：

```
SHIFT  8,SI,HR
SHIFT  4,AX,AL
```

宏展开后为：

```
1   MOV     CL,8
1   SHR     SI,CL
```

```
1   MOV     CL,4
1   SAL     AX,CL
```

[例 4.13] 的宏定义中 S&Z，是为了说明 S 不是形式参数，Z 形式参数，在 Z 的前面加上&。此例可以通过调用宏指令可以对任意寄存器进行移位，程序书写简单。

（2）宏运算符%，将%右边的实参数转换成当前默认基数（十进制数）表示的一个数。宏展开时将该实参数转换后得出的值替代相应的形式参数。

【例 4.23】 宏定义为：

```
STR  MACRO  A
DB  '&A&'
ENDM
```

宏调用：`STR  10＋10`

`STR  %10＋10`

宏展开后为：

```
1   DB  '10＋10'
1   DB  '20'
```

'&A&'的意思是 A 为形式参数，前后的引号 '和' 不是形式参数，&是为了将形式参数 A 与前面的引号区分开。那么宏调用 STR　10＋10 展开后就成了 DB '10＋10'。而 STR　%10＋10 的意思是将%后面的 10＋10 当作十进制。

5. 宏体符号指定伪指令 LOCAL

宏指令体内定义和使用的符号名（标号或变量）后，如果被多次调用，汇编程序就会多次宏扩展，造成符号的多重定义错误。LOCAL 伪指令是为这些符号赋予唯一的一个值。

格式：LOCAL 符号 1[,符号 2,…]

LOCAL 只能在宏指令定义体中使用，而且只能紧跟在 MACRO 语句之后。在宏扩展时，汇编程序为 LOCAL 语句建立一个唯一的特殊符号（？？0000－？？FFFF）代替 LOCAL 语句指定的符号。

【例 4.24】 宏定义如下：

```
BAR      MACRO X,Y
         LOCAL P1,P2
P1:      MOV AX,Y
P2:      CMP AX,X
         JZ  P1
ENDM
```

宏调用：`BAR  88H, 90H`

宏替换：执行结果如图 4.15 所示，从图中可以看到在宏定义体中出现标号 P1、P2 的地方都被特殊的符号替代。

图 4.15　[例 4.24] 执行结果

6. 取消宏定义伪指令 PURGE

格式：`PURGE` 宏定义名 `[, …]`

功能：用于取消已定义的宏定义名，而且一条 PURGE 伪指令可取消多个宏定名。可一次取消多个宏定义。宏定义一旦被取消就不可以再调用，否则会出错。

宏取消如 PURGE STR

7. 可重复执行的指令体定义伪指令 REPT

格式：
```
REPT 表达式
指令体
ENDM
```

功能：用于连续产生完全相同或功能相同的一组代码。表达式的值决定重复的次数。

【例 4.25】 这段宏指令是将字符 0~9 填入变量 NUM 开始的空间中。

```
DATA    SEGMENT
        CHR = '0'
        NUM LABEL  BYTE
        REPT   9
        DB     CHR
        CHR = CHR+1
        ENDM
DATA    ENDS
```

数据段经过汇编后将字符 0~9 的 ASCII 填入数据段中，形成的 LST 文件如图 4.16 所示。

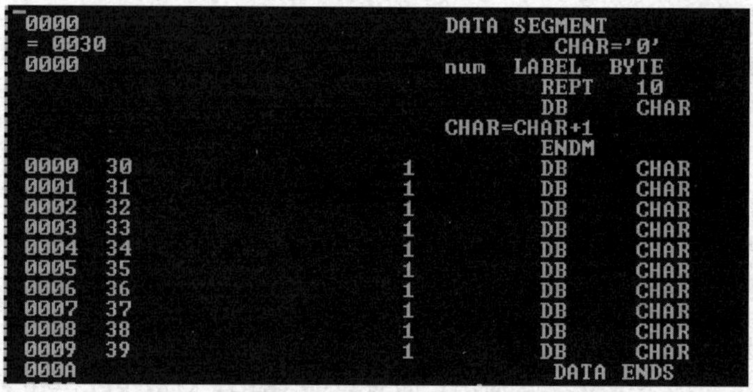

```
0000                          DATA SEGMENT
= 0030                             CHAR='0'
0000                          num  LABEL  BYTE
                                   REPT   10
                                   DB     CHAR
                              CHAR=CHAR+1
                                   ENDM
0000  30                   1       DB     CHAR
0001  31                   1       DB     CHAR
0002  32                   1       DB     CHAR
0003  33                   1       DB     CHAR
0004  34                   1       DB     CHAR
0005  35                   1       DB     CHAR
0006  36                   1       DB     CHAR
0007  37                   1       DB     CHAR
0008  38                   1       DB     CHAR
0009  39                   1       DB     CHAR
000A                               DATA ENDS
```

图 4.16 ［例 4.25］执行结果

8. 宏指令与子程序的比较

宏指令与子程序的共同之处是用于处理程序中重复使用的程序段。不同之处如下：

（1）参数传递：宏指令较灵活、直接。

（2）处理方式：宏指令多次引用产生多个代码块，子程序多次引用只产生一个代码块。

（3）效率：宏指令速度快，子程序空间省，但每次调用都要执行入栈、出栈等操作，开销较大。

（4）宏指令仅仅简化源程序的书写，并不是优化源程序，也没有缩短目标代码的长度，而且不能在逻辑上完成一个过程。

4.5.2 条件汇编伪指令

条件汇编是根据条件是否成立而有选择地汇编指令段，得到需要的目标代码，目标代码可以由 LST 文件查看。

1. IF，IFE，ELSE，ENDIF

在汇编时展开，自动生成相应的比较和条件转移指令，实现分支结构。

格式：
```
IF 条件表达式          ;条件表达式为真，执行分支体 1
分支体 1
```

```
 ELSE
 分支体 2                  ;条件表达式不为真时,执行分支体 2
 ENDIF                    ;分支结束
```

IF 条件表达式也可以写成 IFE 表达式的形式。不同的是 IF 当表达式成立时执行分支体 1；IFE 是当表达式不成立时执行分支体 1。表达式只能是一个。IF 伪指令是在汇编期间执行，条件表达式在汇编时必须是一个确定的值。

【例 4.26】 宏定义如下，当 K＜0 时 AX＝X，否则 AX＝Y。

```
FIN  MACRO   K,X,Y
    IF      K LT 0        ;LT 是小于
    MOV     AX,X
    ELSE
    MOV     AX,Y
    ENDIF
    ENDM
```

当 L＝1 时，宏调用：FIN L, P, Q

宏展开的结果是：

```
MOV  AX,Q
```

因为 L＝1，IF 条件不成立，所以展开成分支体 2 的指令。

2．IFB 和 IFNB

格式：IFB <参数>

IFNB <参数>

这两条指令用于测试宏定义中的形式参数。IFB 中若宏调用没有用实参替代形参，则条件满足；IFNB 中若宏调用用实参替代该形参，则条件满足。

注意

参数要加尖括号，如 IFB <X>。

3．IFIDN 和 IFDIF

格式：IFIDN <参数 1>,<参数 2>

IFDIF <参数 1>,<参数 2>

这两条指令是对宏定义的两个参数进行比较，IFIDN 为参数相同时汇编分支体 1，而 IFDIF 是参数不相同时汇编分支体 1。尖括号不能省略。

4.6 结构与记录

汇编程序可以像高级语句那样自定义更复杂的数据类型。前面介绍过变量类型有字节、字、双字等。将这些数据结构的变量组合在一起，形成一个复合型数据，再给这个复合型数据起一个名字，就得到了一种新的数据类型。

汇编程序可定义和使用两类多字段的数据结构类型：结构和记录。

4.6.1 结构

结构类似与数据库文件的结构，多用于表处理及堆栈寻址等。结构的使用需要三个步骤：

结构名定义、结构变量定义和结构变量的引用。

1. 结构名定义

定义一个结构名需要说明这个结构的有关信息，包含的字段，字段的名字、类型、长度等。结构可包含多个字段。

结构定义不分配存储单元，当汇编过程中遇到结构变量名时才对它分配存储单元，存放初值。结构定义伪指令格式：

```
结构名  STRUC
        …                          ;数据类型定义语句
结构名  ENDS
```

结构名为自己定义，结构体是各种数据类型的数据定义语句，结构体前后为一对伪指令语句 STRUC 和 ENDS。例如：

```
GRADE   STRUC
        CODE    DB ?
        NAME    DB 'ZHANG'
        MATH    DB 0
        ENGLISH DB 0
GRADE   ENDS
```

定义了一个结构类型，结构类型名为 GRADE；含有 4 个字段，指明了它们的字段长度。结构类型中所含的变量为结构字段，相应的变量名称为字段名，字段变量可以是不同的类型，可以多个字段，可以有初值也可以无初值，字段还可以独立存取。

2. 结构变量名的定义

结构名定义只是说明了一种新的数据类型，并没有定义采用这种数据类型的变量，也就没有分配内存空间。

定义结构变量：结构变量名　结构名　<字段初值表>

例如：`PA  GRADE  <01, 'LI', 89, 90>`

这里 PA 为结构变量名，它采用 GRADE 结构名所定义的结构，包含 4 个字段，CODE 为 1 个字节，初值为 01；NAME 为 5 个字节，初值为 'LI'；MATH 为 1 个字节，初值为 89；ENGLISH 为 1 个字节，初值为 90。

汇编时，汇编程序将为 PA 看作结构变量名，为其分配存储空间，并将初值送到相应的存储单元。

初值表要用尖括号括起来。

又如：`PB  GRADE  <02, 'WANG',,65>`

初值按结构说明的顺序对应；如某字段的值为空，用逗号分隔；初值表中为空的字段保持结构定义时指定的初值。PB 的 MATH 的值为 0。

3. 结构变量名的引用

结构变量名也是存储变量的一种，也有段地址和偏移地址。可以通过结构变量名及字段名的引用来访问存储单元的数据。

引用结构变量：结构变量名。

引用结构变量的字段：结构变量名.字段名。

如上述定义的结构变量 PA 存于数据段 DATA 的开始处，则：

```
MOV     AX,DATA
MOV     DS,AX
MOV     BX,OFFSET PA
MOV     [BX.MATH],78      ;将 78 送 PA 的 MATH 字段
MOV     AL,PA.CODE        ;将 PA 的 CODE 字段的值送 AL 寄存器
```

4.6.2 记录

前面学过的变量是以字节、字、双字等为存储单位，而记录的基本存储单位是位。记录是将一个字节或一个字划分成若干个“位段”，“位段”是由一个或若干个二进制位组成的。每个位段都定义一个名字，这样在程序中就可以通过位段名字访问内存的位。

记录的操作包括：记录类型的定义、记录变量的定义、记录变量的引用和记录操作符。

1. 记录类型的定义

格式：记录类型名 RECORD 位段 [，位段…]

记录名是该记录的标识，位段说明了该记录类型的数据结构。例如：

```
TABLE  RECORD CODE: 5,BORROW: 1=0,RETURN: 1=1
```

位段的定义格式：位段名：位数[=初值]

TABLE 记录类型中，记录名为 TABLE。位段有三个：CODE 位数为 5，没有赋初值；BORROW 的位数为 1，初值为 0；RETURN 位数为 1，初值为 1 。

汇编语言中一个记录为 1 个字节或 1 个字。当记录长度小于 1 个字节时，按 1 个字节汇编，长度为 9～16 位时，按 1 个字汇编。给位段分配“位”时，位段从最右边开始，不足的位数高位补 0。

TABLE 定义的位段共有 7 位，按 1 个字节存储，最高 1 位补 0。所以，这个记录的初值为 00000001B。

2. 记录变量的定义

与前面学过结构一样，定义了记录类型之后，应定义该类型的变量，然后才可按变量名进行操作。

格式：记录变量名 记录类型名 <位段初值表>

位段初值表为各位段赋值，用逗号分隔，与记录类型定义中的位段次序对应，不赋初值的位段输入直接用逗号分隔，保留记录类型定义时的值。例如：

```
D1  TABLE <01011B,1,0>  ;D1 的值为 00101110B
D2  TABLE<00101B,,1>    ;D2 的值为 00010101B
```

也可以用上述方法对变量名的数据进行修改。

3. 记录变量的引用

记录变量在程序中的引用与普通变量一样。例如：

```
MOV     AL,D1
MOV     BL,D2
```

4. 记录操作符

记录的操作符有三种：直接写段位名，MASK（屏蔽），WIDTH（位长）。

（1）位段名：返回该位段在记录中的位置，也就是该位段移到最右边需要的移位次数。例如：

```
MOV     CL,RETURN           ;CL←0
MOV     CL,CODE             ;CL←2
```

（2）MASK 位段名：返回一个 8 位或 16 位数，其中与指定位段对应的各位为 1，其余各位为 0。可对记录的每一位进行屏蔽或保持不变。例如：

```
MOV     DL,MASK CODE        ;DL←01111100B
MOV     DL,MASK BORROW      ;DL←00000010B
MOV     DL,MASK RETURN      ;DL←00000001B
```

（3）WIDTH 记录名或记录位段名：返回记录或位段所占的位数。例如：

```
MOV     CL,WIDTH CODE       ;CL←5
MOV     CL,WIDTH TABLE      ;CL←7
MOV     CL,WIDTH RETURN     ;CL←1
```

【例 4.27】 设记录类型定义为

```
TABLE  RECORD CODE: BORROW: 0,RETURN: 1
```

记录变量 D1 定义为：

```
D1  TABLE <01011B,1,0>
```

现要求将 D1 的 CODE 位段输出，写出指令代码。

```
…
MOV     BL,D1               ;BL=00101110B
AND    BL,MASK CODE         ;BL=00101100B
MOV  CL,CODE                ;CL=2
SHR    BL,CL                ;BL=00001011B,BL 中为 CODE 位段的值
```

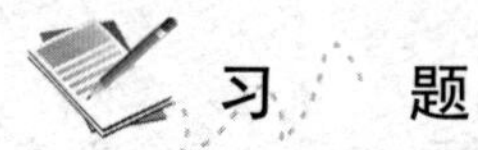

习　题

4.1　汇编语言源程序中，每个语句由哪 4 项组成，如语句要完成一定功能，那么该语句中不可省略的项是什么？

4.2　BUF DW 20 DUP（2 DUP（1, 2）, 3, 4）语句汇编后，为变量 BUF 分配的存储单元字节数是多少？

4.3　DATA　　　SEGMENT

下列指令序列运行后，AX 的内容是什么？

```
A1    DW  0011H,2233H,4455H,6677H,7788H
DATA  ENDS
      …
      MOV  AX,DS: [0004H]
      ADD  AL,0F0H
      AND  AH,0FFH
```

4.4　某数据段如下：

```
ORG  0100H
DAT  DW  7711H,7722H,7733H,7744H,7755H
ARR  DW  DAT
```

问：ARR 的值为多少？把 7722H 送到 AX 寄存器，写出指令。

4.5 下面指令执行后，AL 中的内容是什么？

```
A1   DW  7890H
B1   DB  09H
MOV  AL,BYTE PTR  A1
ADD  AL,B1
```

4.6 数据段如下：

```
DA1  DB  34H,78H
DA2  DW  2345H,8347H
DA3  EQU  $－DA2
SHR  DA1,1
MOV  DX,DA3
MOV  CL,TYPE  DA2
```

上述程序段运行后，DA1、DX、CL 的值分别为多少？

4.7 BUF 的段地址是 2000H，偏移地址为 002AH：

```
BUF DW  2310H,2250H,01AFH,3409H
BUF1    DB  10 DUP (0)
```

求下列指令执行后寄存器的值：

```
MOV   SI,OFFSET  BUF
MOV   BX,SEG BUF
MOV   DI,TYPE  BUF
MOV   CX,LENGTH BUF1
MOV   DX,SIZE BUF1
MOV   AL,BYTE  PTR BUF＋5
```

4.8 指出下列语句的语法错误。

```
DATA   SEGMENT
       VAR1 DB 0,25,ODH,300
       VAR2 DB 12H,A4H,6BH
       VAR3 DB 'ABCDEF'
       VAR4 DW 1234H,5678H
       VAR5 DW 10H DUP(?)
DATA   ENDS
CODE   SEGMENT
       ASSUME   CS: CODE,DE: DATA
BEGIN: MOV  AX,DATA
        MOV  DS,AX
        LEA SI,VAR5
        MOV BX,OFFSET VAR2
        MOV [SI],0ABH
        MOV AX,VAR1＋2
        MOV [BX] ,[SI]
        MOV VAR5＋4,VAR4
```

```
        MOV AH,4CH
        INT 21H
CODE    ENDS
        END START
```

4.9 写一个数据段，把整数 5 赋于 1 个字节变量 DAT；把－1，0，5，2，4 放在字类型变量 LIS 开始的 5 个单元；把字符串 'DATA－987' 放在 DAT1 开始的字节类型单元；对 DAT2 开始的存储单元设置 20 个连续的存储单元，内容不确定。

4.10 已知数据段如下，按要求写出指令。

```
DATA   SEGMENT
       DA1   DB   1,2,3,'123'
       DA2   DW   1234H,1234,12H,98H
       LEN1  EQU  DA2－DA1
       LEN2  EQU  $－DA1
       BUF1  DB  100  DUP (?)
       BUF2  DB  50  DUP (0)
DATA   ENDS
```

（1）将 DA1 的 EA 送给 BX；

（2）将 DA2 的第 3 个字节送给 CL；

（3）将字节数据 11H 送入 BUF1 的第 10 个单元；

（4）LEN1＝? LEN2＝?

4.11 已定义数据段：

```
DATA  SEGMENT
      ORG  0213H
      DABY  DB  15H,34H,56H
      ADR   DW  DABY
DATA  ENDS
```

写出下列指令执行后寄存器的值。

（1）`MOV  AX,WORD PTR  DABY`

（2）`MOV  AX,WORD PTR  DABY [1]`

（3）`MOV  AL,BYTE  PTR  ADR [1]`

（4）`MOV  AX,WORD PTR  DABY [2]`

4.12 输入下面的程序，运行一遍。这是一个两数相加的程序，结果存放在 MSG2 单元中，查看 MSG2 值为多少？偏移地址为多少？

```
NAME   EX1
DSEG   SEGMENT
MSG1   DW   7856H,2038H
MSG2   DW   ?
DSEG   ENDS
CSEG   SEGMENT
       ASSUME   CS: CSEG,DS: DSEG
START: MOV  AX,DSEG
       MOV  DS,AX
       MOV  AX,MSG1
```

```
        ADD  AX,MSG1+2
        MOV  MSG2,AX
        MOV  AL,0
        MOV  AH,4CH
        INT  21H
CSEG    ENDS
        END  START
```

4.13 数据段如下：

```
DATA  SEGMENT
      ORG   20H
      NUM1=8
      DA1   DB  'MASM5'
      NUM2=NUM1+10H
      DA2   DB   0AH,0DH
      COUNT  EQU  $-DA1
DATA  ENDS
      END
```

（1）将上面的指令用 EDIT 或记事本输入，保存成 DAA. TXT 文件；

（2）在 DOS 状态下，MASM 目录下，输入命令：MASM DAA.TXT；

（3）生成 LST 文件即可，不必连接和运行；

（4）用 EDIT 查看 DAA. LST 文件；

（5）查看 DA1、DA2 的偏移量和 COUNT 的值为多少？

4.14 宏定义如下，写出宏展开：

```
SETIOM  MACRO  X,Y,Z,L,M,N
        MOV  X,Y
        Z        L,M
        INT      N
        ENDM
SETIOM  AH,0,MOV,AL,3,10H
SETIOM  AH,2,ADD,DL,[DI+3],10H
```

4.15 设代码段为 CSEG，数据段为 DSEG，编程完整的程序 $W=((X+Y)\times 8-Z)/2$，其中，X、Y、Z 为字节类型无符号变量，数值分别为：34H、45H、56H。

第5章 基本程序设计

学习程序设计，要从基本程序设计开始。汇编语言是一种易学，却很难精通的语言。对于一个大型软件而言，编写一个结构合理、快速高效和稳定可靠的程序是一件很困难的事情，必须经过长期的编程训练才能达到。针对汇编语言的特点，深入学习和掌握汇编语言程序的结构和编程方法，在软件工程的编码阶段是非常必要的。本章将详细介绍汇编语言程序的顺序、分支、循环、子程序及模块化程序设计技术。

对汇编程序而言，就是要编制一个汇编语言源程序，然后上机调试程序。汇编语言是一种最接近计算机核心的编码语言，编写出高质量的程序，它可以最大限度地发挥计算机硬件的性能。一般来说，编写汇编程序应遵循如下步骤。

（1）分析问题，确定算法。这一步是能否编制出高质量程序的关键，在开始设计之前，应该仔细地分析和理解问题，确定需求。对于一些较为复杂的问题，还需要将问题进行分解，划分模块并确定各模块间的接口关系。然后根据要解决的问题确定合理的算法及适当的数据结构。

（2）绘制流程图。流程图可以将算法逻辑控制结构及数据流程形象地表示出来，是设计思想的直观表现形式。流程图是编写程序的指导性文件，认真绘制流程图可以有效地减少出错的可能性。这一点对初学者而言尤其重要。

（3）分配资源。汇编程序不同于高级语言程序，汇编程序的许多资源需要由程序员来分配和使用，而这些资源有时是非常有限的。因此，在开始编写代码前，要合理地分配和使用这些资源，例如为原始数据、中间结果和最后结果分配必要的存储空间或寄存器。

（4）根据流程图编写程序。在编写代码的过程中，要以程序流程图为主线，并根据预先确定的资源分配方案，选择合适的汇编语句进行编制并进行必要的注释。

（5）上机调试程序。调试程序的目的是查找和排除软件错误（Bug）的关键环节，任何程序都必须经过反复地上机调试才能验证设计思想是否正确，以及编写的程序是否符合设计思想。在调试程序的过程中应充分利用调试工具（如 DEBUG）来调试程序，发现并修正程序中存在的各种语法错误和逻辑错误。

从程序结构上看，汇编程序有顺序、分支、循环和子程序四种基本结构形式。为了提高编程能力，必须掌握汇编程序的结构。

5.1 顺序程序设计

所谓基本程序设计，是指使用单一结构的程序设计。顺序程序设计也称为简单程序设计或直接程序设计。由于这种程序不使用分支、循环结构，所以只能完成一些简单操作。它的特点是程序顺序执行，由前往后逐条执行指令，向着设计目标逐步逼近。

在大一些的程序中，顺序程序是逐段出现在程序中的。它完成一些简单的功能操作或过程的准备、任务的过度、结果的存储等。顺序程序是程序的基本组成部分。

5.1.1 存储单元内容移位

【例 5.1】 将存储单元 A 中的内容左移 4 位，存储单元 B 中的内容右移 2 位（移位后的空位为 0）。

分析：实现存储单元内容移位，可以直接使用移位指令。但要求移后空位为 0，故应使用逻辑移位指令。

程序段如下：

```
MOV    CL,4                    ;完成对存储单元 A 中的内容左移 4 位
SHL    A,CL
MOV    CL,2                    ;完成对存储单元 B 中的内容右移 2 位
SHR    B,CL
```

如果在数据段中，定义 A、B 为字类型变量，则上述程序段完成的是字移位操作。

5.1.2 屏蔽与组合

【例 5.2】 将字类型变量 A 的高 4 位和低 4 位置 0，其余各位保持不变。

分析：对字或字节变量中的部分位进行置 0 操作，称为屏蔽操作。它们是数据处理常用的方法之一，多用于数据或码型变换中，它们可用逻辑运算指令实现。在本例中使用逻辑与指令完成。任何位与 0 相与，结果为零，达到该位被屏蔽的目的。非屏蔽位应与 1 相与，以保证该位不变。

程序段如下：

```
MOV    AX,A
AND    AX,0FF0H                ;屏蔽高、低 4 位
MOV    A,AX
```

通过逻辑运算指令也很容易实现字或字节的组合操作，组合操作就是使某些位强迫置 1。一般使用逻辑或指令实现组合操作。

5.1.3 拆字

【例 5.3】 将存储单元 A 中两个压缩 BCD 数拆成两个非压缩 BCD 数（高位 BCD 数放 C 单元中，低位 BCD 数放 B 单元中），然后分别转换为两个 ASCII 代码。

分析：本题意可用图 5.1 表示。将 A 单元 BCD 数拆开可有多种方法。其基本方法是移位，对高位 BCD 数可右移 4 位而成为非压缩数。低位 BCD 数，可用屏蔽其高 4 位而成为非压缩 BCD 数。然后分别与 30H 进行逻辑或运算而成为 ASCII 代码。

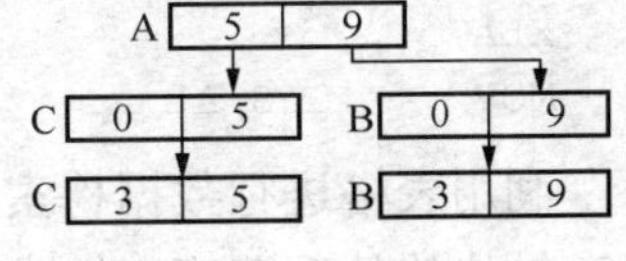

图 5.1 拆字示意图

程序段如下：

```
MOV    AL,A
MOV    CL,4
SHR    AL,CL                   ;形成高位 BCD 码
OR     AL,30H                  ;形成高位 ASCII 码
MOV    C,AL
MOV    AL,A
AND    AL,0FH                  ;形成低位 BCD 码
OR     AL,30H                  ;形成低位 ASCII 码
MOV    B,AL
```

5.1.4 平方表

【例 5.4】 利用查表法计算平方值。已知 0～9 的平方值连续存在以 SQTAB 开始的存储区域中，求 SUR 单元内容 X 的平方值，并放在 DIS 单元中。假定 $0 \leqslant X \leqslant 9$ 且为整数。

分析：建立平方表，通过查表完成。

源程序：

```
STACK   SEGMENT
        DB 100  DUP (?)
STACK   ENDS
DATA    SEGMENT
        SUR     DB  ?
        DIS     DB  ?
        SQTAB   DB  0,1,4,9,16,25,36,49,64,81;0～9 的平方表
DATA    ENDS
CODE    SEGMENT
        ASSUME CS: CODE,DS: DATA,SS: STACK,ES: DATA
START:  PUSH DS
        MOV  AX,0
        PUSH AX                         ;保证返回 DOS
        MOV  AX,DATA
        MOV  DS,AX                      ;为 DS 送初值
        LEA  BX,SQTAB                   ;以下程序完成查表求平方值
        MOV  AH,0
        MOV  AL,SUR                     ;AL=X
        ADD  BX,AX
        MOV  AL,[BX]
        MOV  DIS,AL
CODE    ENDS
        END  START
```

也可用查表指令完成，如下程序段：

```
LEA     BX,SQTAB
MOV     AL,SUR
XLAT
MOV     DIS,AL
```

利用表格进行数据检索处理，是数据处理的一个重要方面，一般称为查表法。它的优点是有较快的处理速度，缺点是当数据量多时，要占用较大的存储空间。

5.1.5 加减运算

【例 5.5】 已知 $Z=(X+Y)-(W+Z)$，其中 X，Y，Z，W 均为字节存储单元，存放的数据均用压缩 BCD 码表示。编写完成上式的程序段。

分析：这也是一种典型的顺序程序，在这里要注意是 BCD 数相加，要进行十进制调整。

程序段如下：

```
MOV    AL,Z
MOV    BL,W
ADD    AL,BL
DAA                                 ;十进制调整
MOV    BL,AL                        ;BL=(W+Z)
```

```
MOV    AL,X
MOV    DL,Y
ADD    AL,DL                        ;AL=(X+Y)
DAA                                 ;十进制调整
SUB    AL,BL                        ;AL=(X+Y)-(Z+W)
DAS                                 ;十进制调整
MOV    Z,AL                         ;结果送 Z
```

5.1.6 乘法运算

简单的乘法运算，也可以直接使用乘法指令实现。如字节变量 A、B 中的无符号数作乘法，运算结果存字变量 C 中，可直接写为如下程序段：

```
MOV AL,A
MUL B
MOV C,AX
```

其中 AX 中即为 A 乘 B 的结果。结果的高 8 位在 AH 中，低 8 位在 AL 中，它们被存放在字变量 C 中。

如果 A、B 变量分别为有符号数，则只要使用有符号数乘法指令就可以了。

```
MOV    AL,A
IMUL   B
MOV    C,AX
```

此时在 C 变量中存放的将是有符号数相乘的结果。

【例 5.6】 将寄存器 BL 内容进行乘 10 运算。

分析：对一个数进行乘 10 运算，这在数值运算中是经常用到的。它可以直接使用乘法指令实现，程序段如下：

```
MOV AL,10
MUL BL                              ;AX←BL×AL=BL×10
```

但执行过程至少需要 70 个时钟周期，所用时间太长。

如果利用移位操作，左移一位，相当于原数乘 2，因此也可以用移位操作来实现。

```
MOV    AL,BL
MOV    AH,0                         ;扩展 AL 为 AX
SAL    AX,1                         ;AL×2
MOV    BX,AX                        ;暂存 AX←BX
SAL    AX,1                         ;AL×4
SAL    AX,1                         ;AL×8
ADD    AX,BX                        ;AL×10
```

使用上述程序段，只需 15 个时钟周期，虽然程序显得烦琐些，但执行时间比直接使用乘法指令要快得多。

也可以使用加法实现乘 10 运算。

```
MOV    AL,BL
MOV    AH,0                         ;扩展 AL 为 AX
ADD    AX,AX                        ;AL×2
MOV    BX,AX                        ;暂存 BX←AX
ADD    AX,AX                        ;AL×4
```

```
ADD    AX,AX                         ;AL×8
ADD    AX,BX                         ;AL×10
```

上述程序段所需时间为 18 个时钟周期。

所以完成简单的乘法运算，还是使用移位或加法运算为快。

5.1.7 混合运算

【例 5.7】 用顺序结构来编程实现求无符号数 $S=（X^2+Y^2）/Z$ 的值，将最后结果放入 RESULT 单元保存。

分析：本题中要定义四个变量，*X*、*Y*、*Z* 是计算表达式涉及的数据，RESULT 单元是结果的存放单元。为方便数据的重复使用，采用寄存器来存放中间结果 X^2 和 Y^2。

源程序：

```
DATA    SEGMENT                          ;定义数据段
X        DB  5                           ;给 X、Y、Z 赋初值
Y        DB  7
Z        DB  2
RESULT   DB  ?                           ;定义 RESULT 单元,预留空间
DATA     ENDS                            ;数据段结束
CODE    SEGMENT                          ;定义代码段
        ASSUME  CS: CODE,DS: DATA
START:   MOV    AX,DATA                  ;初始化 DS
         MOV    DS,AX
         MOV    AL,X                     ;将数据 X 送 AL
         MUL    X                        ;计算 X²
         MOV    BX,AX                    ;将中间结果保存到 BX
         MOV    AL,Y                     ;将数据 Y 送 AL
         MUL    Y                        ;计算 Y²
         ADD    AX,BX                    ;X²+Y²,结果保存到 AX
         DIV    Z                        ;计算 (X²+Y²)/Z
         MOV    RESULT,AL                ;最后结果送 RESULT 单元
         MOV    AH,4CH
         INT    21H
CODE     ENDS
         END START
```

5.1.8 求数的补码与反码

【例 5.8】 将字变量 A 转换为补码和反码，分别存入字变量 B 和 C 中。

分析：数据取反可以直接使用非逻辑指令；对数据求补码操作，应该先取反，末位再加 1 即可。

```
MOV    AX,A
NOT    AX                                ;取反
MOV    B,AX
INC    AX                                ;形成补码
MOV    C,AX
```

当然，取补操作也可以直接通过取补指令实现。

```
MOV    AX,A
NEG    AX                                ;取补
MOV    C,AX
```

```
DEC    AX                                ;形成反码
MOV    B,AX
```

上述顺序程序设计，给出了一些简单的程序实例。所给出的例题，无非是使大家体会最简单的程序设计方法，它们是复杂程序设计的基础。

5.2 分支程序设计

5.2.1 概述

计算机之所以能解决复杂问题，主要是因为它有判断能力。计算机可以根据给定的条件，进行判定，做出相应的处理，因而使计算机具有某种智能和思维的能力。这才使计算机具有了非一般机器所能具有的非凡能力。

在许多实际问题中，往往需要对不同的情况或条件做出不同的处理，这就要用到分支结构程序。分支结构是利用条件转移指令或跳转表，使程序执行到某一指令后，根据运行结果是否满足一定条件来改变程序执行的顺序，然后去执行不同的分支语句。可以说，正是分支结构程序使计算机有了一定的分析和判断能力。

在程序中，当需要进行逻辑分支时，可用每次分两支的方法来达到程序最终分多支的要求，也可以用地址表的方法来达到分多支的目的。分支程序的结构通常有两种形式：单分支结构和多分支结构。

条件转移指令和无条件转移指令 JMP 用于实现程序的分支。条件转移指令是实现分支结构最常用和最灵活的指令，该指令可根据当前某些标志位的状态实现转移或不转移。因此，在条件转移指令前，通常需要安排算术运算指令、比较指令或测试指令等能够影响标志位的相关指令。JMP 指令在分支程序中作为辅助性的指令，实现固定转移到某个指定的位置。

5.2.2 单分支程序设计

单分支结构是分支程序中最简单的一种形式，由它可组成其他复杂程序的基本结构。程序设计时要明确需要判断的条件，并选择合适的条件转移语句。

单分支结构可以用图 5.2 来表示。

图中 T（True）表示条件满足，即条件为真。

F（False）表示条件不满足，即条件为假。

根据条件“真”或“假”，程序分为两个分支，分别做出不同条件下应该处理的操作。程序在执行时，显然根据条件，只能走一个支路。

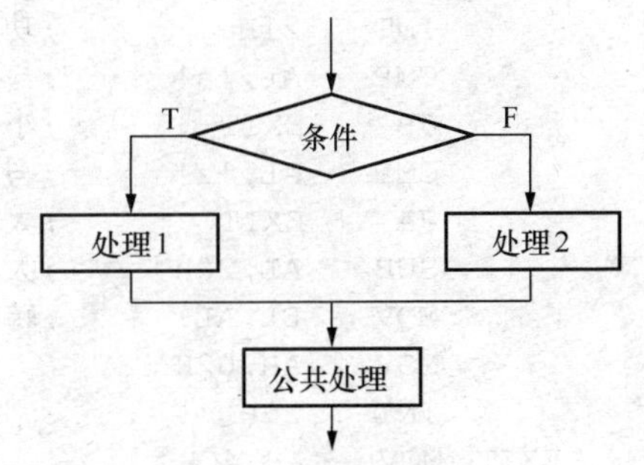

图 5.2 单分支结构程序

在 8086 汇编中，条件判断及转移操作通常利用比较指令及条件转移指令实现。比较指令根据比较结果改变标志位，转移指令根据标志位决定分支的走向。

下面通过一些实例介绍分支程序设计。

【例 5.9】 计算 AX 的绝对值，并将结果存入 RESULT 单元。

分析：这是一个典型的单分支结构程序，将 AX 与 0 进行比较，确定 AX 的值是否需要求其绝对值。

程序段如下：

```
          CMP    AX,0                    ;(AX)－0,影响标志位
          JGE    NON_NEG                 ;AX≥0,转到 NON_NEG
          NEG    AX                      ;AX<0,求 AX 的补码
NON_NEG: MOV    RESULT,AX
```

【例 5.10】 显示 BX 寄存器的最高位。

分析：这也是一个单分支结构程序段，将 BX 的最高位移入进位位进行判断。

```
      SHL    BX,1                    ;BX 最高位移入到进位位中
      JC     ONE                     ;最高位为 1,转移到 ONE
      MOV    DL,'0'                  ;最高位为 0,DL←'0'
      JMP    ZERO                    ;跳过,执行显示
ONE:  MOV    DL,'1'                  ;最高位为 1,DL←'1'
ZERO: MOV    AH,2                    ;显示 INT  21H
      INT    21H
```

【例 5.11】 编程实现将键盘输入的小写字母转换为大写字母显示出来。

分析：从键盘接收数据后，在程序中要判断接收的是否是小写字母，是则进行转换，否则不予转换，这样就需要判断所输入字符是否在 'a' 和 'z' 的范围内，采用单分支结构即可实现。

转换后结果的显示通过 DOS 功能调用的 02 号功能，将要显示字符的 ASCII 码放在 DL 中。

其程序流程如图 5.3 所示。

参考程序如下：

```
CODE  SEGMENT
      ASSUME  CS: CODE
START:MOV    AL,01H        ;用 DOS 调用的 01 号
      INT    21H           ;功能,从键盘输入字符
      CMP    AL,'a'        ;与字符'a'进行比较
      JB     EXIT          ;小于'a',转向结束
      CMP    AL,'z'        ;与字符'z'进行比较
      JA     EXIT          ;大于'z',转向结束
      SUB    AL,20H        ;大小写字母相差 20H
      MOV    DL,AL         ;转换后,结果送 DL
      MOV    AH,02H
      INT    21H
EXIT: MOV    AH,4CH
      INT    21H
CODE  ENDS
      END    START
```

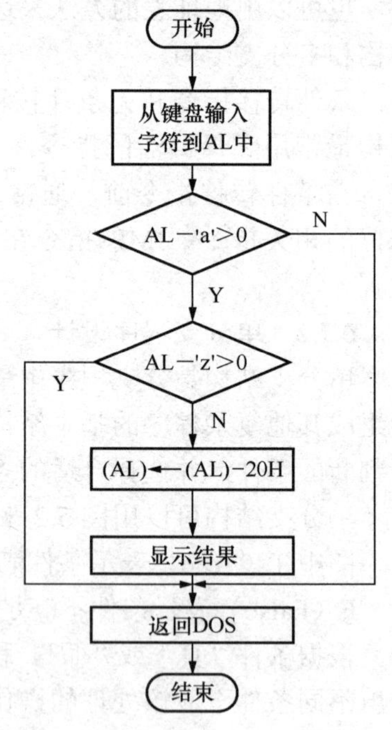

图 5.3　［例 5.11］程序流程图

【例 5.12】 比较两个无符号数的大小。

要求：设在 A、B 单元各有一个无符号数。根据该二无符号数的大小，在屏幕显示 A>B 或 B>A。

分析：两个无符号数比较大小，使用比较指令 CMP，然后根据标志位，使用无符号条件转移指令实现转移。

其程序流程如图 5.4 所示。

源程序：

```
        MOV   AL,A
        CMP   B,AL
        JAE   BGA          ;B≥A 转 BGA
        MOV   DL,'A'
        MOV   DH,'B'
        JMP   SHOW
BGA:   MOV   DL,'B'        ;准备显示 B>A
        MOV   DH,'A'
SHOW:  MOV   AH,2          ;显示比较结果
        INT   21H
        MOV   DL,'>'
        INT   21H
        MOV   DL,DH
        INT   21H
        HLT
```

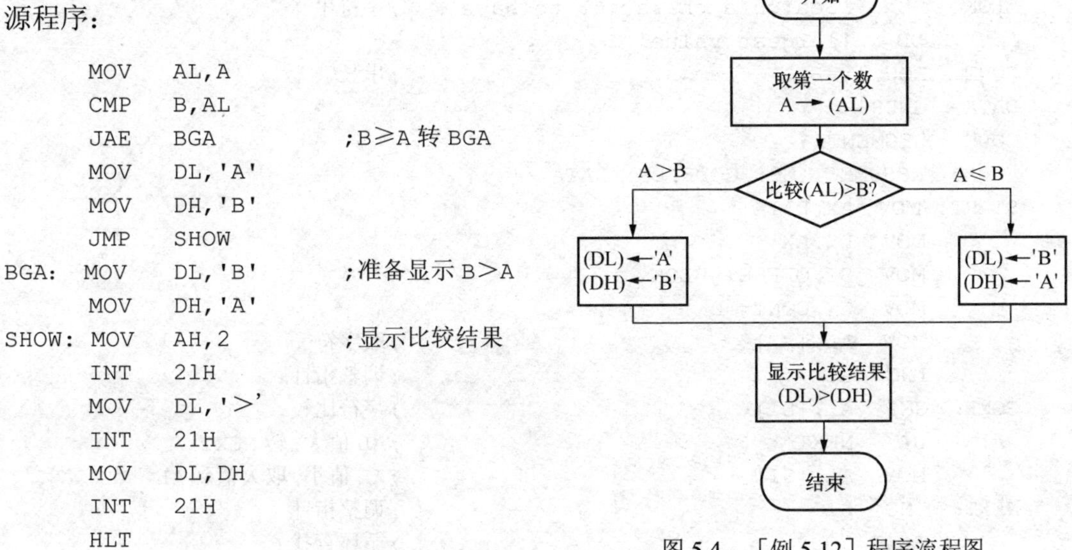

图 5.4 ［例 5.12］程序流程图

本例中，根据比较结果对进位标志位 CF 的影响，利用 JAE 指令实现分支转移，即 B≥A 转 BGA。在分支处理中，分别为显示结果做准备（分别准备显示 A>B 或 B>A）。SHOW 标号开始的程序段是用来显示结果的。

数据单元 A、B 应在数据段中给出，本例中省略。

8086 系统中，条件转移指令很丰富。除了用于无符号数或有符号数的条件转移指令外，还有根据标志位转移的指令。

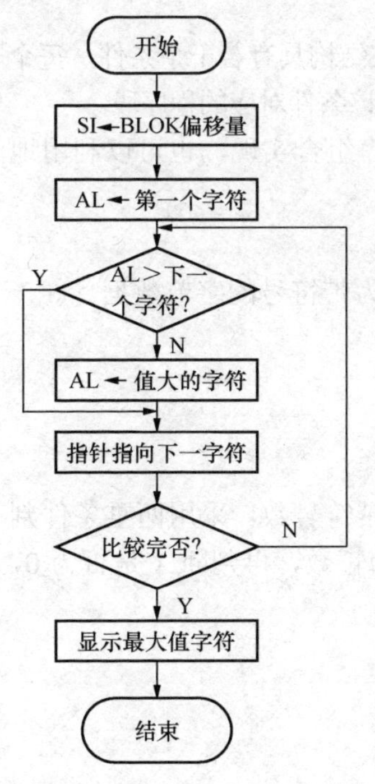

图 5.5 ［例 5.13］程序流程图

本例还可用判 CF 标志位条件转移指令。此时，在上述程序中，只用 JNC BGA 代替 JAE BGA 指令就可以了。即

```
CMP   B,AL
JNC   BGA
```

其他部分不做改动。

【例 5.13】 查找值为最大的字符。

要求：在一个字符串中，找出其 ASCII 码所代表值最大的字符并显示在屏幕上。

分析：可以把该字符串看成是一组无符号数，也就是每个字符的 ASCII 码，看作是一个无符号数。这样，就转化为在一组数中查找一个最大数的操作。通常使用逐个比较法，即把第一个数作比较标准，与其后的数比较。如标准数大，则再与下一个数比较；如标准数小，则将大数作为新的标准数，再与下一个数比较。依次类推，逐个比较，直到最后一个数为止。显然此时作为标准的数就一定是要找的最大数了，也就是值为最大的字符。

其程序流程如图 5.5 所示。

源程序：

```
DATA   SEGMENT
BLOK   DB   'Search a character to have'    ;字符串
       DB   'largest value'
CONT   EQU  $-BLOK                          ;串长
DATA   ENDS
CODE   SEGMENT
       ASSUME   CS: CODE,DS: DATA
START: MOV  AX,DATA
       MOV  DS,AX
       MOV  SI,OFFSET BLOK
       MOV  CX,CONT－1
       MOV  AL,[SI]                         ;取字符
       INC  SI                              ;调整指针
COMP:  CMP  AL,[SI]                         ;字符比较
       JA   NEXT                            ;AL 值大,转 NEXT
       MOV  AL,[SI]                         ;AL 值小,取大值到 AL
NEXT:  INC  SI                              ;调整指针
       LOOP COMP                            ;循环查找
       MOV  DL,AL                           ;显示所找到的最大字符
       MOV  AH,2
       INT  21H
       MOV  AH,4CH
       INT  21H
CODE   ENDS
       END  START
```

5.2.3 多分支程序设计

在实际问题中，常常会遇到多分支结构的程序设计要求。多分支结构具有若干个条件，每个条件对应一个操作程序。程序必须判断那个条件成立，从而转去执行该条件对应的程序段。

多分支程序可以采用不同的方法实现，它可以用简单分支程序组合实现，也可以利用地址表、转移表的方法实现。

1. 简单分支程序组合实现

【例 5.14】 编写程序，完成下面的分段函数的计算，给定 X 为带符号的字节数据。

$$Y=\begin{cases}1 & X>0\\ 0 & X=0\\ -1 & X<0\end{cases}$$

这是三路分支的程序设计，根据题目要求 X 为内存中的一个带符号数。采用两重条件判断：首先判断 X 值的正负，若为负数，将－1 送到 Y 中保存；若为正数，再判断 X 是否为 0，如果为 0，将 0 送到 Y 中保存，否则将 1 送到 Y 中保存。

程序流程图如图 5.6 所示。

源程序：

```
DATA    SEGMENT
   X    DB  －10
   Y    DB  ?
DATA    ENDS
```

```
CODE    SEGMENT
        ASSUME  CS: CODE,DS: DATA
START:  MOV     AX,DATA
        MOV     DS,AX
        MOV     AL,X
        CMP     AL,0
        JGE     BIG
        MOV     BL,-1
        JMP     EXIT
BIG:    JE      MIN
        MOV     BL,1
        JMP     EXIT
MIN:    MOV     BL,0
EXIT:   MOV     Y,BL
        MOV     AH,4CH
        INT     21H
CODE    ENDS
        END     START
```

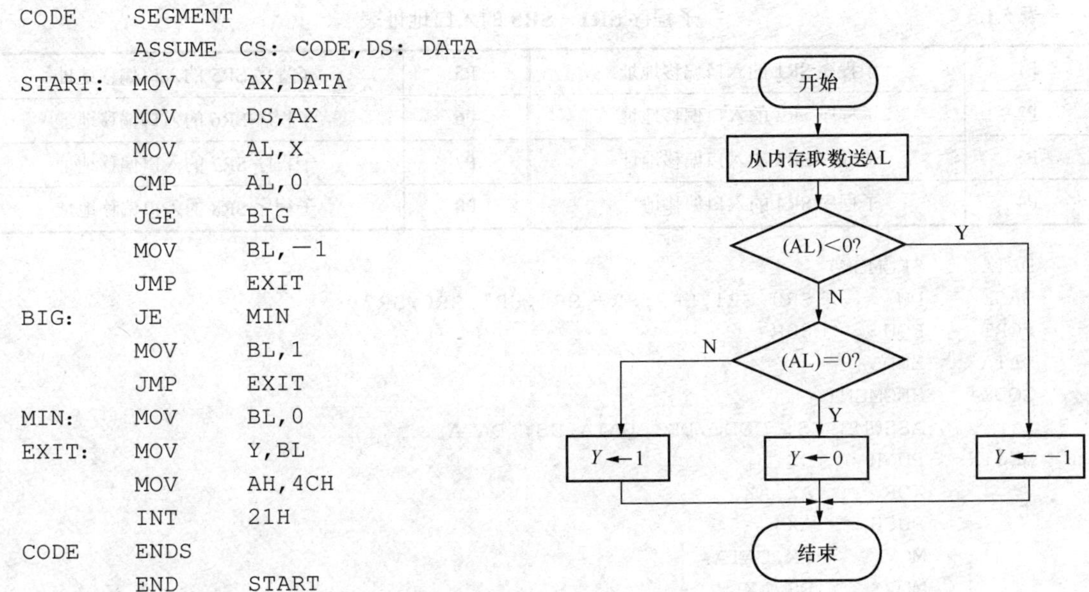

图 5.6 ［例 5.14］程序流程图

这是一个典型的简单程序组合实现的多分支程序，程序首先通过 CMP AL，0 指令影响状态标志位，然后连续利用 JGE 指令和 JE 指令判断以实现三分支。

2. 跳转表法多分支程序设计

利用简单分支程序组合实现的多分支程序，往往要经过多次判断才能确定进入哪个分支运行。当程序分支过多时，这种判断花费的时间就可能较长，因此，在多分支程序设计中，经常用到一种方法就是跳转表法。

所谓跳转表法是指：把转移到各分支程序的入口地址集中存放在一张表中，如果是段内转移，则为 16 位地址；如果是段间转移，则为 32 位地址。这张表称为分支跳转表。把各分支转移程序的入口地址在表中的位置(离表首地址的位移量)作为条件。当进行多分支条件判断时，把当前条件，位移量加上表首地址作为转移地址，转到表的相应位置，取出所转向的子程序的入口地址，达到多分支的目的。

该方法适合于多分支中产生分支的条件为连续有序整数的多分支情况。

【例 5.15】 根据 AL 中各位被置位情况，控制转移到 8 个子程序 P1～P8 之一中去。转移表的结构如表 5.1 所示。

分析：对于这种程序关键要找出每种情况的转移地址，从图中可见表地址＝表基地址＋偏移量，而偏移量可由 AL 各位所在位置×2 求得。流程图见图 5.7。

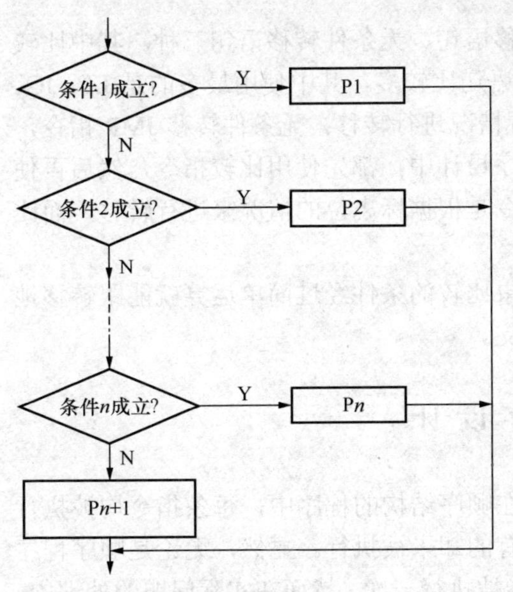

图 5.7 ［例 5.15］程序流程图

表 5.1 **子程序 SR1—SR8 的入口地址表**

P1	子程序 SR1 的入口偏移地址	P5	子程序 SR5 的入口偏移地址
P2	子程序 SR2 的入口偏移地址	P6	子程序 SR6 的入口偏移地址
P3	子程序 SR3 的入口偏移地址	P7	子程序 SR7 的入口偏移地址
P4	子程序 SR4 的入口偏移地址	P8	子程序 SR8 的入口偏移地址

```
DATA     SEGMENT
BASE     DW       SR0,SR1,SR2,SR3,SR4,SR5,SR6,SR7
PORT     EQU      80H
DATA     ENDS
CODE     SEGMENT
         ASSUME CS: CODE,DS: DATA,ES: DATA
BEGIN:   PUSH     DS
         XOR      AX,AX
         PUSH     AX
         MOV      AX,DATA
         MOV      DS,AX
         LEA      BX,BASE                    ;表头送 BX
         IN       AL,PORT
GETBIT:  RCR AL,1                            ;右移一位
         JC       GETAD                      ;移出位是 1?
         INC      BX
         INC      BX                         ;修改指针
         JMP      GETBIT
GETAD:   JMP      WORD     PTR [BX]          ;实现散转
CODE     ENDS
         END      BEGIN
```

5.2.4 分支程序设计小结

实现分支转移的语句主要有比较语句、条件转移语句、无条件转移语句三种。其中比较语句有 CMP、CMPS、TEST、SCAS 等；条件转移语句比较多，其中使用最多的是 JZ、JC、JA、JG、JB、JL 等，主要是根据标志寄存器的设置情况进行转移；无条件转移 JMP 指令，可以转移到程序中的任何位置。一般情况下，在程序设计中，都先使用比较指令，然后再使用条件转移指令完成程序的分支，因为条件转移指令是根据标志位的情况来进行转移，而比较指令都影响标志位。

对于分支过多的情况，如 10 个以上的分支，如果比较的条件经过简单运算就能跟转移地址联系起来，就尽量使用转移表法来实现程序的分支。

5.3 循环程序设计

前面已经对顺序程序、分支程序进行了讨论，在顺序结构的程序中，每条指令均被执行一次，而在分支程序中的指令，有的被执行一次，有的却未被执行。显然，无论是顺序程序还是分支程序，每运行一次，程序中的指令最多只能被执行一次。然而在实际问题的处理中，往往会遇到处理过程相同，只是每次处理中所用参数不同的情况，这时，就需要用循环结构

的程序来实现。利用循环程序可以大幅度降低编写指令条数与执行指令次数的比例。

本节将介绍循环程序的结构、循环程序的控制方法、单重循环程序的设计和多重循环程序的设计。

5.3.1 循环程序的结构

所谓循环程序是指重复执行某个程序段若干次，直到满足某个条件才结束的程序。循环程序一般由四部分组成。

（1）置循环初值部分：这是为保证循环程序能正常进行循环操作而必须做的准备工作。循环初值分两类：一类是循环工作部分的初值；另一类是控制循环接受条件的初值。这部分指令只执行一次。

（2）循环的工作部分：这部分就是需要重复执行的程序段，它是循环程序的核心，被称为循环体。

（3）循环的修改部分：程序在这里按一定的规律修改操作数地址或控制变量，以便每次执行循环体时获得新的数据，它的功能是判定循环是否完成。

（4）循环的判终控制部分：用来保证循环程序按规定的次数或特定条件正常循环。

循环程序的这四个部分中，工作部分、修改部分和判终控制部分有时相互包含，相互交叉，界线不很明显，但是置循环初值部分一定在循环程序的最前部，并且一定不能包含在循环体内。循环程序的常见结构形式如图 5.8 所示，其中图（a）为计数型循环结构流程图，图（b）为条件型循环结构流程图。

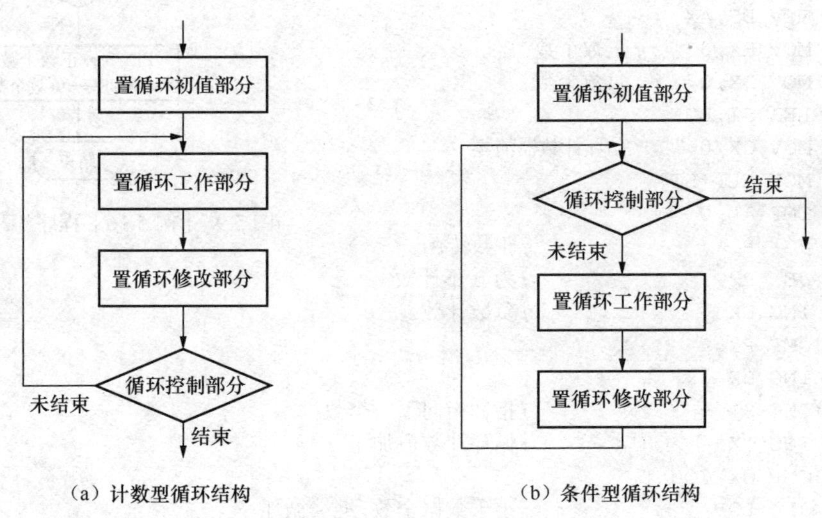

图 5.8 典型的循环结构流程图

5.3.2 循环控制指令

循环控制指令就是在循环结构中用来控制循环的指令。先看一个用分支命令控制循环的例子。

【例 5.16】 已知有 n 个有符号二进制数，存放在以 BUF 为首地址的字节存储区，试统计其中正数和负数的个数。

分析：由于要对 n 个数都检查其正负性，因此，该程序要重复 n 遍执行相同的操作，为典型的计数循环程序；又因为这 n 个数均为有符号的二进制数，故要选用有符号数转移指令进行判断转移。

存储单元及寄存器分配如下。

SI：BUF 存储区的地址指针，初始值为 BUF 的偏移地址，每循环一次，其值增 1。

CX：循环计数器，初值为 0，每循环一次，其值加 1。

BX：用来存放正数的个数，初始值为 0。

DX：用来存放负数的个数，初始值为 0。

程序流程图如图 5.9 所示。

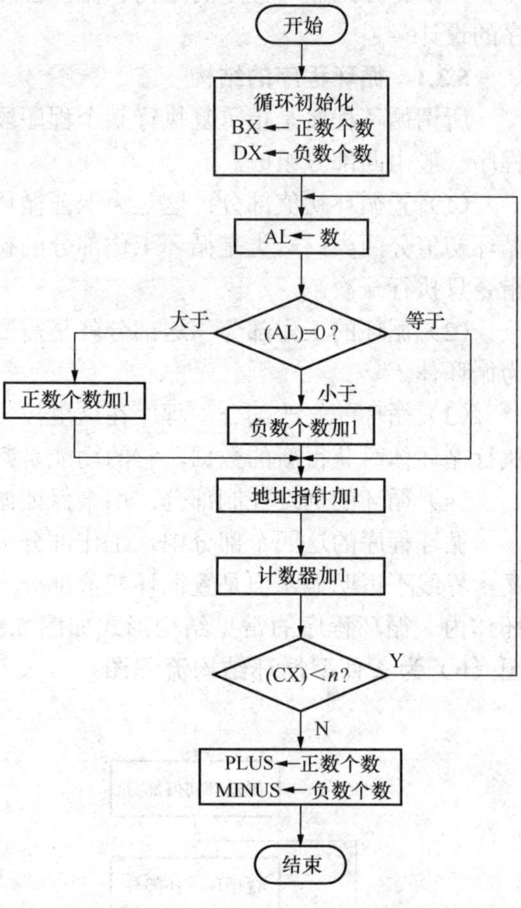

源程序：

```
DATA    SEGMENT
BUF     DB  —40,78,0,12,—19,41,—34
COUNT   EQU       $—BUF
PLUS    DW  ?          ;存放正数个数
MINUS   DW  ?          ;存放负效个数
DATA    ENDS
CODE    SEGMENT
        ASSUME   CS: CODE,DS: DATA
BEGIN:  MOV AX,DATA
        MOV DS,AX
        MOV BX,0       ;正数个数
        MOV DX,0       ;负数个数
        LEA SI,BUF
        MOV CX,0       ;循环计数器清零
LOP:    MOV AL,[SI]
        CMP AL,0
        JG  P1                   ;正数转P1
        JE  P2                   ;为 0 不计数
        INC DX                   ;负数计数
        JMP P2
    P1: INC BX
    P2: INC SI                   ;指针指向下一个数
        INC CX                   ;循环计数值加 1
        CMP CX,COUNT
        JL  LOP                  ;小于数据个数,继续循环
        MOV PLUS,BX              ;存放正数个数
        MOV MINIUS,DX            ;存放负数个数
        MOV AH,4CH
        INT 21H
CODE    ENDS
        END  BEGIN
```


图 5.9 ［例 5.16］程序流程图

由上例可见，虽然完成了题中所要求的功能，但是整个程序还是比较烦琐的。

为了简化循环程序的设计，8086 指令系统提供了四个专门用于控制循环程序的指令，这些指令在执行前，必须预先将循环次数存放在 CX 寄存器中。循环执行均不影响状态标志位。

循环指令类似于条件转移指令，不仅属于段内转移，实现短转移，循环转移的范围为－128～＋127，而且采用相对转移的方式，即在IP上加上一个地址差的方式实现转移。

1. 计数循环指令LOOP

LOOP指令将寄存器CX作递减计数器使用，它包含了把CX减1的功能，不需要另外写CX减1的指令，一条LOOP指令相当于以下两条指令的组合：

```
DEC  CX
JNZ  <标号>
```

LOOP指令属于条件跳转指令，但跳转不依赖于任何标志位，仅仅根据CX减1后的值是否为0。

由LOOP指令构成的循环，通常是在循环之外先在CX中存放预定的循环次数，然后是循环体，循环体的最后是LOOP指令。在循环体的第一条指令处定义一个标号，在执行完一次循环之后，由循环体最后的LOOP指令跳转到前面定义的标号处。

2. 相等/为零循环指令LOOPE/LOOPZ

LOOPE/LOOPZ指令执行的操作是：首先将CX的值减1后送回到CX，然后判断CX和ZF的值，若（CX）≠0且ZF＝1则转移到目的地址继续执行；若（CX）＝0或ZF＝0，则退出循环，顺序执行循环控制指令的下一条指令。

【例5.17】 说明下面的程序段执行的功能。

```
      MOV    AL,'A'
      DEC    DI
LOP:  INC    DI
      CMP    AL,[DI]
      LOOPE  LOP
      MOV    BX,DI
      JNE    EXIT
      MOV    BX,－1
EXIT: …
```

该程序段的功能是在内存以DI为指针的字符串中查找第一个非A字符，如果找到，那么使BX指向该非A字符；如果找不到，那么将－1送BX。

3. 不相等/不为零循环指令LOOPNE/LOOPNZ

LOOPNE/LOOPNZ指令执行的操作是：首先将CX的值减1后送回CX，然后判断CX和ZF的值，若（CX）≠0且ZF＝0，转移到目的地址继续执行；若（CX）＝0或ZF＝1，则退出循环，顺序执行循环控制指令的下一条指令。

【例5.18】 编写程序段，求N1和N2两个数组对应的数据之和(数组中的数据个数为M)，并将结果存入，到新数组N3中。此计算一直进行到两数之和为0或数组结束，并将新数组的长度存放在N4单元中。

程序段如下：

```
     MOV    CX,M
     MOV    BX,－1
L1:  INC    BX
     MOV    AL,N1[BX]
```

```
      ADD     AL,N2[BX]
      MOV     N3[BX] ,AL
      LOOPNZ  L1
      JZ      L2
      INC     BX
L2:   MOV     N4,BX
```

注意

LOOPNE 和 LOOPNZ 指令提供了提前结束循环的可能性，指令本身实施的寄存器 CX 减 1 不影响标志 ZF。

4. 跳转指令 JCXZ

跳转指令 JCXZ 功能是：当寄存器 CX 的值等于 0 时转移到标号，否则顺序执行。

通常该指令用在循环开始前，由于循环指令是对 CX 先减 1 后判断，若执行 LOOP 指令时 CX 的值是 0，则减 1 后变成 0FFFFH；若 CX 的值不为 0，则转移到标号处继续执行循环体，所以，如果 CX 中预先放的值是 0，循环体将会执行 65535 次。为预防这样的情况出现，通常先用 JCXZ 指令判断一下 CX 的值是否为 0，不为 0 时再进入循环部分，以便在循环次数为 0 时，跳过循环体。例如：

```
      JCXZ   OK
LOP:  …                  ;循环体
      LOOP  LOP          ;根据计数控制循环
OK:   …
```

5.3.3 循环程序设计方法

学习循环结构程序设计方法时，一定要注意各部分的功能及关系，尤其要注意循环程序的控制方法。

循环程序的控制方法一般有计数控制法、条件控制法、逻辑尺控制法和开关控制法四种，其中，最常见的为计数控制法和条件控制法。

1. 计数控制法

通过某一计数器的值来控制程序循环次数的方法称为计数控制法。计数控制法常用于循环次数已知的循环程序设计。用计数寄存器 CX 及专门的循环指令来控制程序的循环是最简单的循环程序实现方法。设循环次数为 n，以下三种方法实现计数控制。

（1）先将循环次数 n 送入循环计数器 CX 中，再由 LOOP 指令来控制循环的结束，即

```
       MOV     CX,n
LOP:   …                 ;循环体
       …
       LOOP    LOP
```

执行 LOOP 指令时，每循环一次，计数器 CX 的内容自动减 1，直至循环计数器中的内容为 0 时结束循环。

（2）先将循环次数的负值送入循环计数器 CX 中，然后在循环体内由指令对寄存器进行加 1 运算，直至寄存器的值为 0 时结束循环，即

```
       MOV     CX,－n
```

```
LOP：…
     …               ;循环体
     INC    CX
     JNZ    LOP
```

每循环一次，计数器CX的内容增1，直至循环计数器中的内容为0时结束循环。

（3）先将0送入循环计数器中，然后每循环一次，计数器加1，直至循环计数器的内容为与循环次数n相等时退出循环，即

```
     MOV    CX,0
LOP：…
     …               ;循环体
     INC    CX
     CMP    CX,n
     JNZ    LOP
```

上述三种计数方法的共同特点是每循环一次，在计数器中计数一次，它们的区别在于，前一种方法每计数一次后，计数器的内容减1，而后两种方法是每计数一次后，计数器的内容增1。

三种方法中都选用了寄存器CX作为循环计数器，如果在实际问题中，当CX已经被使用时，也可选用其他通用寄存器作为循环次数的控制寄存器。这时就要用指令改变寄存器的值（增1或减1）。

【例5.19】 在数据段的ARRAY存储区中存放有100个字数据，计算这100个数据的和，并将其和放入SUM和SUM＋2单元。

分析：此程序完成100个数据的累加，程序选用CX作计数器，以减计数的方式控制循环。

```
       DATA   SEGMENT
       ARRAY  DW 100 DUP (?)
       SUM    DW 2   DUP(0)
       DATA   ENDS
       CODE   SEGMENT
              ASSUME  CS: CODE,DS: DATA
START:        MOV    AX,DATA
              MOV    DS,AX
              MOV    CX,100                 ;循环次数送CX寄存器
              MOV    SI,OFFSET ARRAY        ;置地址指针初值
              MOV    AX,0                   ;累加器初始化
              MOV    DX,0
LOOP1:        ADD    AX,[SI]                ;累加
              ADC    DX,0                   ;加进位
              ADD    SI,2                   ;修改地址指针
              LOOP   LOOP1                  ;修改计数器,判断循环结束否
              MOV    SUM,AX
              MOV    SUM+2,DX
              MOV    AH,4CH
              INT    21H
CODE          ENDS
              END    START
```

在实际的程序设计中，只有分支没有循环或者只有循环没有分支的情况很少，大多数情况下分支和循环在程序中是共存的，下面的示例就是一个循环次数已知，既有分支又有循环的程序。

【例 5.20】 奖学金评定时，规定总评成绩在 90 到 100 获一等奖，总评成绩在 80 到 89 获二等奖，总评成绩在 70 到 79 获三等奖。在缓冲区 GRADE 中放有 10 个学生的总评成绩，统计其中分别有多少人获一等奖、二等奖、三等奖。

程序流程图如图 5.10 所示。

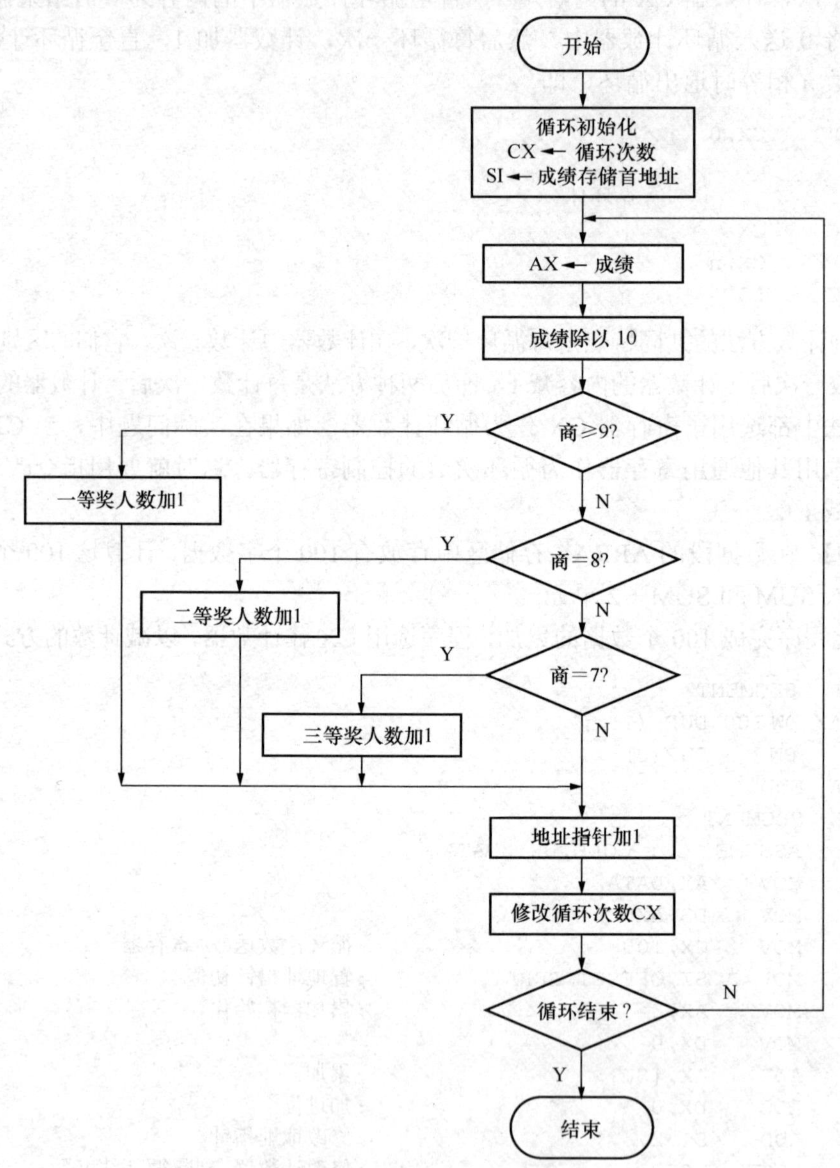

图 5.10 ［例 5.20］程序流程图

源程序：

```
DATA       SEGMENT
GRADE      DB  45,70,78,86,94,100,83,88,76,65
PRIZE1     DB  0                                  ;一等奖人数
PRIZE2     DB  0                                  ;二等奖人数
PRIZE3     DB  0                                  ;三等奖人数
DATA       ENDS
```

```
CODE      SEGMENT
          ASSUME  CS: CODE,DS: DATA
MAIN      PROC    FAR
          PUSH    DS
          XOR     AX,AX
          PUSH    AX
          MOV     AX,DATA
          MOV     DS,AX
          MOV     CX,10                  ;置循环计数器初值
          MOV     SI,OFFSET GRADE        ;置地址指针 SI 初值
          MOV     BL,10
COMPARE:  MOV     AL,[SI]                ;将成绩送入 AL
          CBW
          DIV     BL                     ;成绩除 10
          CMP     AL,9                   ;商是否大于等于 9
          JAE     FIRST                  ;是,转 FIRST
          CMP     AL,8                   ;商是否等于 8
          JE      SECOND                 ;是,转 SECOND
          CMP     AL,7                   ;商是否等于 7
          JB      ROTATE                 ;小于 7,进入下一轮循环
          INC     PRIZE3                 ;等于 7,三等奖人数加 1
          JMP     ROTATE
FIRST:    INC     PRIZE1                 ;大等于 9,一等奖人数加 1
          JMP     ROTATE
SECOND:   INC     PRIZE2                 ;等于 8,二等奖人数加 1
ROTATE:   INC     SI                     ;修改地址指针
          LOOP    COMPARE
          RET
MAIN      ENDP
CODE      ENDS
          END
```

2. 条件控制法

根据某些特定条件来控制程序是否继续执行循环的方法称为条件控制法。条件控制法通常用于事先无法确定循环次数，需要用转移指令来判断循环条件，或即使事先能确定最大循环次数，但中途可能因为满足某些条件而退出循环的情况。利用条件转移指令支持的转移条件作为循环控制条件，可以更方便地构造复杂的循环程序结构，如循环体中嵌套循环结构，循环体中具有分支结构或分支结构中采用循环结构。

【例 5.21】 试编一个程序实现 $S=1+2\times3+3\times4+\cdots+N\times(N+1)+\cdots$ 直到 $N(N+1)$ 项大于 200 为止。

源程序：

```
CODE    SEGMENT
        ASSUME   CS: CODE
START:  MOV      DX,1                    ;初始化
        MOV      AX,0
        MOV      BL,2
NEXT:   ADD      DX,AX                   ;循环部分
        MOV      AL,BL
        INC      BL
```

```
        MUL     BL
        CMP     AX,200
        JBE     NEXT
        MOV     AH,4CH
        INT     21H
CODE    ENDS
        END     START                           ;运行后结果在 DX 中
```

3. 逻辑尺控制法

实际应用中，还会遇到另一种具有多分支结构的循环，其不同的分支要求根据预先设定好的顺序和次数来循环执行。在第一个支路循环了若干次以后，转至另一个循环支路循环，就可以设置一个逻辑尺，采用逻辑尺控制的方法来实现。

逻辑尺控制方法是：首先设置一把逻辑“尺”，它可以是字节、字、双字甚至多字节，根据需要所设置的多字节中的各位表示不同操作，把逻辑送入寄存器中，以逻辑尺各位的状态作为执行某段程序的标志。

【例 5.22】 在以 BUF 为首地址的缓冲区中存放有若干个字节的无符号数，假定逻辑尺的长度为一个字节，其值为 10010101，它的 D_0～D_7 位对应着 BUF～BUF＋7 单元内容的运算。若某位为 0，则将相应单元内容的 D_7 位复制到 D_6 位，其他位不变；若某位为 1，则将相应单元内容的高 4 位与低 4 位互换。

分析：根据题意，将逻辑尺中的每一位作为对其单元数据操作的依据，这样可以利用 SHR 指令将逻辑尺中的位逐位移出，通过判断是 1 还是 0 来对其对应的单元内容执行相应的操作。

程序流程图如图 5.11 所示。

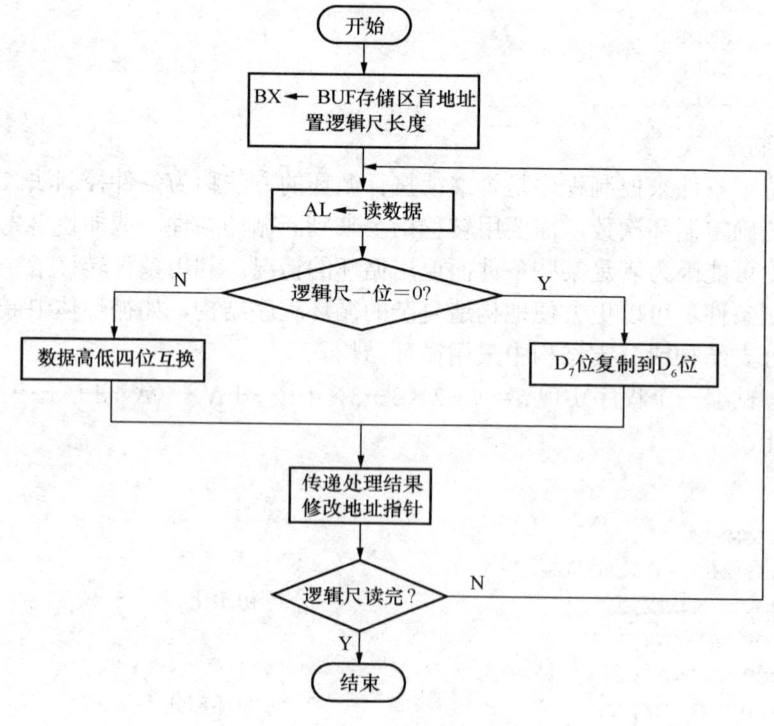

图 5.11 ［例 5.22］程序流程图

源程序：

```
DATA     SEGMENT
BUF     DB      75H,12H,36H,40H,0,37H,63H,57H
B       EQU     8                                  ;逻辑尺长度
CC      EQU     10010101B                          ;逻辑尺
DATA    ENDS
STACK   SEGMENT
        DB 200  DUP (0)
STACK   ENDS
CODE    SEGMENT
        ASSUME  CS: CODE,DS: DATA,SS: STACK
BEGIN:  MOV     AX,DATA
        MOV     DS,AX
        MOV     AH,B
        MOV     CH,CC
        LEA     BX,BUF
LOP:    MOV     AL,[BX]
        SHR     CH,1
        JNC     L1                                 ;为 0,复制
        MOV     CL,4
        ROL     AL,CL                              ;为 1,高低四位交换
        JMP     L2
L1:     PUSH    AX
        AND     AL,80H                             ;保留 D7 位
        SAR     AL,1                               ;D7 位复制到 D6 位
        MOV     DL,AL
        POP     AX
        AND     AL,3FH                             ;D5～D0 位不变
        OR      AL,DL                              ;拼装结果
L2:     MOV     [BX],AL                            ;送回原单元
        INC     BX
        DEC     AH
        JNZ     LOP
        MOV     AH,4CH
        INT     21H
CODE    ENDS
        END     BEGIN
```

5.3.4 多重循环程序设计

如果在一个循环体中又出现另一个循环操作即为多重循环程序，也称为循环嵌套。使用多重循环时要注意以下几个问题。

（1）内循环必须完整地包含在外循环中，循环可以嵌套和并列，但内外循环不能相互交叉。

（2）可以从内循环直接跳到外循环，但不能从外循环直接跳到内循环。

（3）无论是内循环还是外循环，都不要使循环回到初始化部分，否则将出现死循环。

（4）每次完成外循环再次进入内循环时，初始条件必须重新设置。

【例 5.23】 在内存 BUF 单元开始的区域中存放有一组无符号的字节数据，试编程序将这些数据按从小到大的顺序排序，排序后的数据依然放在原来的存储区中。

分析：在计算机程序设计中，排序是经常遇到的一类问题，其算法很多，通常有选择

法、冒泡法、插入排序、shell 排序等，这里介绍比较简单的比较交换排序法。具体算法是：首先在一组数中进行第一轮比较，将第一个存储单元中的数与其后的 N−1 个数进行比较，若两个数不满足降序排列，则将两者交换，即总是将两数中较大者放在第一存储单元中。这样经过 N−1 次比较后，N 个数中最大数就存入到第一个单元中，其中 N−1 次比较可以用计数型循环来控制；接着进行第二轮比较，将第二个存储单元中的数与其后的 N−2 个存储单元中的数依次进行比较，不满足降序则交换。这样经过 N−2 次比较后，N 个数中的次大者就存入第二个存储单元中……如此重复下去，直到第 N−1 轮比较完成后，将 N 个数中的第（N−1）大者存入第 N−1 个存储单元中，剩下第 N 个存储单元中的数自然是最小者。这样经过 N−1 轮比较就可以实现 N 个数的降序排序，从第一轮到第 N−1 轮的控制又可以用一个计数型循环来实现。这样整个程序就要用到双重循环来控制实现，其中，外循环是用来控制是第几轮比较，内循环是用来控制每一轮中比较的次数。

例如，N=6，六个数的次序为 52，75，34，26，83，93。

现要将它们按从大到小的次序重新排列。

六个数的排序需要经过五轮比较才能完成。每轮比较的情况如下：

（1）第一轮（比较五次）：将第一个数与其后的五个数依次比较，第一次比较 52 与 75，不符合降序排列，则两者交换位置；第二次比较 75 与 34，符合降序排序，故不交换……这样经过第一轮的五次比较，找除了第一个位置上的最大数 93。六个数的位置为 93，52，34，26，75，83。

（2）第二轮（比较四次）：将第二个数与其后的四个数依次比较，第一次比较 52 与 34，符合降序排列，故不交换位置；第二次比较 52 与 26，符合降序排序，故不交换……这样经过第二轮的四次比较，找出了第二个位置上的次大数 83，六个数的位置为 93，83，34，26，52，75。

（3）第三轮（比较三次）的结果为 93，83，75，26，34，52。

（4）第四轮（比较二次）的结果为 93，83，75，52，26，34。

（5）最后一轮（比较一次）的结果为 93，83，75，52，34，26。

存储单元和寄存器分配如下：

SI：用来控制外循环的循环计数器，初值为 1，终值为 N−1，每次递增 1。

DI：用来控制内循环的循环计数器，初值为（SI）+1，终值为 N，每次递增 1。

AL：用来暂时存放两个相比较的操作数之一。

程序流程图如图 5.12 所示。

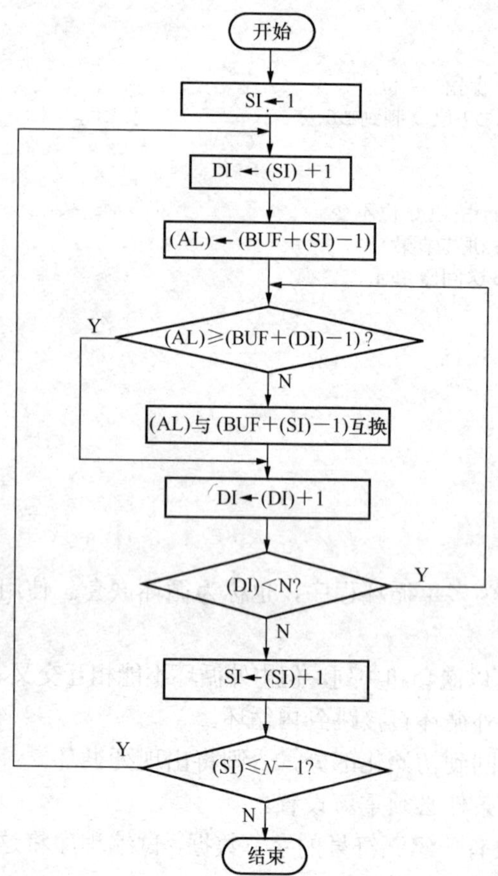

图 5.12　［例 5.23］程序流程图

源程序：

```
DATA    SEGMENT
BUF     DB      34H,4BH,22H,1AH,53H,5DH
N       EQU     $-BUF                              ;排序的数据个数
DATA    ENDS
CODE    SEGMENT
        ASSUME  CS: CODE,DS: DATA
BEGIN:  MOV     AX,DATA
        MOV     DS,AX
        MOV     SI,1                               ;给外循环计数器赋初值 1
L1:     MOV     DI,SI
        INC     DI                                 ;给内循环计数器赋初值
        MOV     AL,[BUF+SI-1]
L2:     CMP     AL,[BUF+DI-1]
        JAE     L3
        XCHG    [BUF+DI-1],AL                      ;低于则互换
        MOV     [BUF+SI-1],AL                      ;大者送入内存单元
L3:     INC     DI
        CMP     DI,N
        JBE     L2                                 ;DI 不大于 N 继续执行内循环
        INC     SI                                 ;进行下一轮循环
        CMP     SI,N-1
        JBE     L1
        MOV     AH,4CH
        INT     21H
        CODE    ENDS
        END     BEGIN
```

程序运行后，BUF 存储区中的内容为 5DH，53H，4BH，34H，22H，1AH。

5.3.5 串操作程序设计

串操作指令包括串传送 MOVS、串装入 LODS、串存储 STOS、串比较 CMPS 和串搜索 SCAS 等指令。

语法格式如下：

字操作：MOVSW、LODSW、STOSW、CMPSW 和 SCASW。
字节操作：MOVSB、LODSB、STOSB、CMPSB 和 SCASB。

与上述指令配合使用的前缀有 REP、REPE/REPZ 和 REPNE/REPNZ。其中 MOVS、LODS 和 STOS 与 REP 配合使用，CMPS 和 SCAS 与 REPE/REPZ 或 REPNE/REPNZ 配合使用。

MOVS、LODS 和 STOS 不影响标志位；而 CMPS 和 SCAS 影响标志位，实际使用时只关心 ZF 的值。

说明：

（1）DS:SI 指向源数据串，ES:DI 指向目的数据串。

（2）如果需要在同一段内处理数据，可以在 DS 和 ES 中设置同样的地址，或者在源操作数字段使用段跨越前缀来实现。

（3）每处理一个数据后，DS:SI 和 ES:DI 自动指向下一个数据。SI 和 DI 的变化方向以及

变化量取决于操作数的数据类型和 DF 的值。若 DF＝0，则 SI 和 DI 自动递增，否则，SI 和 DI 自动递减。若是字节操作，则递增或递减的量为 1；若是字操作，则递增或递减的量为 2。

（4）使用重复前缀时，由 CX 表示重复操作的次数，每处理一次，CX 减 1。

（5）REPE/REPZ 和 REPNE/REPNZ 提供了提前结束串操作的可能性。测试条件为 CX 和 ZF。

【例 5.24】 已知自 STRING1 单元开始存放着 8 个字节数据，编程将数据移至 STRING2 开始的单元中，要求：

（1）用 MOV 指令实现；

（2）用串指令 MOVSB 实现；

（3）用串指令 LODSB 和 STOSB 实现。

用 MOV 指令实现。

源程序：

```
DATA    SEGMENT
STRING1 DB  8  DUP (?)
        N=$-STRING1
STRING2 DB  N  DUP (?)
DATA    ENDS
CODE    SEGMENT
        ASSUME  CS: CODE,DS: DATA
START:  MOV     AX,DATA
        MOV     DS,AX
        MOV     CX,N
        MOV     SI,0
NEXT:   MOV     AL,[SI+STRING1]
        MOV     [SI+STRING2],AL
        INC     SI
        LOOP    NEXT
        MOV     AX,4C00H
        INT     21H
CODE    ENDS
        END     START
```

用串指令 MOVSB 实现。

源程序：

```
DATA    SEGMENT
STRING1 DB  8  DUP (?)
        N=$-STRING1
STRING2 DB  N  DUP (?)
DATA    ENDS
CODE    SEGMENT
        ASSUME  CS: CODE,DS: DATA,ES: DATA
START:  MOV     AX,DATA
        MOV     DS,AX
        MOV     ES,AX
        MOV     CX,N
        CLD
```

```
        MOV     SI,OFFSET  STRING1
        MOV     DI,OFFSET  STRING2
        REP     MOVSB
        MOV     AX,4C00H
        INT     21H
CODE    ENDS
        END     START
```

用串指令 LODSB 和 STOSB 实现。

源程序：

```
DATA    SEGMENT
STRING1 DB  8  DUP (?)
        N=$-STRING1
STRING2 DB  N  DUP (?)
DATA    ENDS
CODE    SEGMENT
        ASSUME  CS: CODE,DS: DATA,ES: DATA,ES: DATA
START:  MOV     AX,DATA
        MOV     DS,AX
        MOV     ES,AX
        MOV     CX,N
        CLD
        MOV     SI,OFFSET  STRING1
        MOV     DI,OFFSET  STRING2
NEXT:   LODSB
        STOSB
        LOOP    NEXT
        MOV     AX,4C00H
        INT     21H
CODE    ENDS
        END START
```

【例 5.25】 将内存中某一区域的原数据块传送到另一区域中。

分析：这种程序若源数据块与目的数据块之间地址没有重叠，则可直接用传送或串操作实现；若地址重叠，则要先判断源地址＋数据块长度是否小于目的地址，若是，则可按增量方式进行，否则要修改指针指向数据块底部，采用减量方式传送。

源程序：

```
DATA     SEGMENT
STR      DB 1000 DUP (?)
STR1     EQU    STR+7
STR2     EQU    STR+25
STRCOUNT EQU    50
DATA     ENDS
STACK    SEGMENT PARA  STACK 'STACK'
STAPN    DB 100 DUP (?)
STACK    ENDS
CODE     SEGMENT
         ASSUME    CS: CODE,DS: DATA,ES: DATA,SS: STACK
GOO      PROC
START:   PUSH   DS
```

```
        SUB     AX,AX
        PUSH    AX
        MOV     AX,DATA
        MOV     DS,AX
        MOV     ES,AX
        MOV     AX,STACK
        MOV     SS,AX
        MOV     CX,STRCOUNT
        LEA     SI,STR1
        LEA     DI,STR2
        CLD
        PUSH    SI
        ADD     SI,STRCOUNT－1
        CMP     SI,DI
        POP     SI
        JL      OK
        STD
        ADD     SI,STRCOUNT－1
        ADD     DI,STRCOUNT－1
OK:     REP     MOVSB
        RET
GOO     ENDP
CODE    ENDS
        END     START
```

【例 5.26】 用 SCASB 指令，编程查找字符串 STRING 中是否包含$字符，若包含，FLAG 单元置 1；否则 FLAG 单元置 0。

源程序：

```
DATA    SEGMENT
STRING  DB  N  DUP (?)
        N=$－STRING
FLAG    DB  ?
DATA    ENDS
CODE    SEGMENT
        ASSUME  CS: CODE,DS: DATA,ES: DATA
START:  MOV     AX,DATA
        MOV     DS,AX
        MOV     ES,AX
        MOV     AL,'$'
        MOV     DI,OFFSET  STRING
        MOV     CX,N
        CLD
        REPNZ   SCASB
        JNZ     LAB1
        MOV     FLAG,1
        JMP     EXIT
LAB1:   MOV     FLAG,0
EXIT:   MOV     AX,4C00H
        INT     21H
CODE    ENDS
        END     START
```

5.4 DOS 系统功能调用

5.4.1 概述

磁盘操作系统 DOS 是微型计算机上最重要的操作系统，DOS 功能调用可完成对文件、设备、内存的管理。对用户来说，这些功能模块就是几十个独立的中断服务程序，这些程序的入口地址已由系统置入中断向量表中，在汇编语言程序中可用中断指令直接调用。DOS 模块提供了许多必要的测试，使 DOS 操作更简易，而且对硬件的依赖性更少。为方便调用，每个子程序对应有一个调用功能号。

绝大多数的 DOS 系统功能都用 INT 21H 这一条指令来调用，该指令的作用是调用内存中 21H 号中断的服务程序，系统功能调用中的几十个子程序已成为汇编语言程序员的重要工具，程序员不必了解所使用设备的物理特性、接口方式和内存分配，不必编写复杂的控制程序，调用它们时采用统一的格式，只需要做到：

（1）所需的入口参数送指定单元（通常是指定的寄存器）；

（2）将子程序功能号送入 AH 寄存器中；

（3）执行 INT 21H 指令，实现 DOS 功能调用。

DOS 根据功能号携带入口参数转入相应的子程序执行，运行的结果由出口参数带出，一般也在某些寄存器中。在 DOS 环境下，大部分系统功能调用在成功返回时均将 CF 置为 0，如调用出错，则 CF 置 1，并自动在寄存器 AX 中置错误返回码。

下面对部分常用的输入/输出系统功能调用作以简单介绍，更多的内容请参见附录 C 或看 DOS 使用手册。

5.4.2 常用的输入/输出系统功能调用

下面分别介绍常用的几种系统功能调用。

1. 单字符输入（1 号功能调用）

格式：

```
MOV     AH,1
INT     21H
```

功能：等待用户从键盘输入一个字符，并将字符的 ASCII 码送入 AL 寄存器中，同时将该字符在显示器上显示。

说明：执行该调用时，计算机的屏幕上将出现一个闪烁的光标，等待用户从键盘输入单个字符，当有键按下时，该键的 ASCII 码将被放入 AL 寄存器中，并将该字符在显示器上显示。该调用不需要按 Enter 键结束。

2. 单个字符显示（2 号功能调用）

格式：

```
MOV     AH,2
MOV     DL,<字符ASCII码>
INT     21H
```

功能：在屏幕当前位置显示 DL 寄存器中的字符，并将光标后移一格。

例如，要在屏幕当前位置显示字符 A，则可用如下的调用：

```
MOV     AH,2
MOV     DL,41H
INT     21H
```

3. 异步通信口输入（3 号调用）

格式：

```
MOV     AH,3
INT     21H
```

功能：等待从标准异步通信接口输入一个字符，并送到 AL 中。

系统启动时，标准异步通信接口被初始化为 2400 波特，无奇偶校验位，8 位字长，一个停止位。使用本调用，可以按上述速率及数据格式接收一个字符存 AL 中。

4. 异步通信口输出（4 号调用）

格式：

```
MOV     AH,4
MOV     DL,<字符>
INT     21H
```

功能：将存入 DL 中的字符输出到标准异步通信接口去，初始异步通信接口方式同上。

5. 打印输出（5 号调用）

格式：

```
MOV     AH,5
MOV     DL,<字符>
INT     21H
```

功能：将存于 DL 中的字符输出到打印机去。

6. 字符串输出（9 号功能调用）

格式：

```
MOV     AH,9
MOV     DX,<字符串的首地址>
INT     21H
```

功能：将当前数据区 DS：DX 所指向的以$结尾的字符串送显示器上显示。

7. 字符串输入（10 号功能调用）

格式：

```
MOV     AH,10
MOV     DX,<字符串的首地址>
INT     21H
```

功能：从键盘接收一个字符串，并存入用户定义的输入缓冲区内。

该调用要求输入缓冲区要按规定的格式定义，且一定要定义在当前数据段中，其缓冲缓区的格式定义如下：

```
BUF     DB  n
        DB  ?
        DB  n  DUP (?)
```

在上述定义的输入缓冲区中，第一个字符表示缓冲区能容纳的字符个数，第二个字节表示保留一个字节单元，由系统自动存入用户从键盘输入的字符的个数（实际输入的字符个数，且不包括“回车”符），从第三个字节开始存放用户从键盘输入的字符的ASCII码（包括“回车”符）。当实际输入的字符个数小于缓冲区的大小时，缓冲区的其余字节填0；当实际输入的字符个数大于缓冲区的大小时，则多余的字符丢失且扬声器发出警示音。

8. 返回DOS调用（4CH号功能调用）

4CH号功能调用使用的格式如下：

```
MOV     AH,4CH
INT     21H
```

4CH号功能调用结束当前正在执行的程序，返回DOS系统。无入口参数。

9. 日期设置调用（2BH号功能调用）

2BH 号功能调用用来设置系统有效日期。调用时寄存器 CX 中必须有一个有效年份（1980～2099），DH存放月份（01～12），DL中存放日期（1～31）。

例如需要设置的日期为2008年8月18日，则设置日期程序段如下：

```
MOV     CX,2008H
MOV     DX,0818H
MOV     AH,2BH
INT     21H
```

10. 读取日期调用（2AH号功能调用）

2AH号系统功能调用用于将系统当前日期读取到CX和DX寄存器中，是2BH号调用的逆过程，无入口参数。其使用格式如下：

```
MOV     AH,2AH
INT     21H
```

执行结果是将年号送入CX寄存器中，月份和日期送入DX寄存器中。

11. 时间设置调用（2DH号功能调用）

2DH号系统功能调用设置系统时间。

入口参数：有效时间送入CX和DX寄存器，其中CH存放时（0～23），CL存放分（0～59），DH存放秒（0～59），DL存放百分秒（0～99）。

如要设置当前系统时间为16点28分39.58秒，则其使用格式如下：

```
MOV     CX,1628H                    ;CX←16:28
MOV     DX,3958H                    ;DX←39'58
MOV     AH,2DH
INT     21H
```

如果设置成功，则将AL寄存器清为0，否则把FFH（−1）送入AL寄存器。

12. 读取时间（2CH号）调用（2CH号功能调用）

2CH系统功能调用将当前的系统时间读入CX和DX寄存器中，是2DH调用的逆过程。无入口参数。使用格式如下：

```
MOV     AH,2CH
INT     21H
```

5.4.3 应用举例

【例5.27】 下面是一个简单的人机对话程序。

```
DATA    SEGMENT
PARS    DB  20                      ;定义缓冲区字节
        DB  ?
        DB  20 DUP (?)              ;10 号调用的输入字符串存储缓冲区
MESG    DB  'What is your name?'    ;要显示的提问信息
        DB  '$'
DATA    ENDS
STACK   SEGMENT  PARA  STACK 'STACK'
        DB  100 DUP (?)
TOP     LABEL  WORD
STACK   ENDS
CODE    SEGMENT
        ASSUME  CS: CODE,DS: DATA,SS: STACK
START   PROC    FAR
BEGIN:  PUSH    DS
        MOV     AX,0
        PUSH    AX
        MOV     AX,DATA
        MOV     DS,AX
        MOV     AX,STACK
        MOV     SS,AX
        MOV     SP,TOP
DIAP:   MOV     DX,OFFSET MESG
        MOV     AH,09               ;9 号调用显示提问信息
        INT     21H
KEYBOD: MOV     DX,OFFSET PARS
        MOV     AH,10
        INT     21H                 ;等待从键盘上输入应答信息
        RET                         ;返回 DOS 操作系统
START   ENDP
CODE    ENDS
        END     BEGIN
```

5.5 子程序设计

5.5.1 子程序概述

在计算机的应用系统中，经常把一些常用的具有一定功能的程序段进行标准化，单独存放在某一存储区域中，需要执行的时候，再使用专门指令调用，这种程序段就称为子程序。在汇编语言中，子程序又称为过程，调用子程序的程序段称为主程序，当子程序执行完后，要控制返回到调用的位置继续执行，实现子程序返回，主程序中 CALL 指令的下一条指令的地址称为返回地址。主程序与子程序之间的调用关系如图 5.13 所示。

在图 5.13 中，主程序在 ABF 处和 ATG 处都调用了子程序 A，当主程序调用了子程序后，CPU 就转去执行子程序，执行完毕，则自动返回到主程序的断点处继续往下执行主程序。断点是指转子指令直接后继指令的地址，如在 ABF 处调用子程序，则断点就是 DK，子程序执行完后，返回到 DK 处继续往下执行主程序。

当设计一个大型程序以完成一个复杂任务时，往往要根据实现的若干主要功能及各功能

块要调用的公用部分，将程序划分成若干个相对独立的模块，对每一模块编制独立的程序段（子程序），最后将这些子程序根据调用关系连成一个整体。这种模块化的程序设计思想既便于分工合作，又避免重复劳动，还节省存储空间，对提高程序设计的效率和质量，使程序简洁、清晰、易读、易改、易扩充都有非常重要的作用。

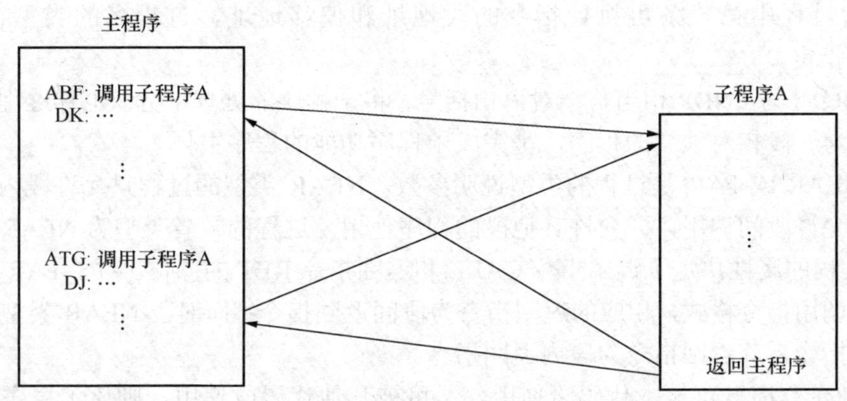

图 5.13 主程序与子程序之间的调用关系图

一般子程序具有以下几个特性。

（1）独立性：按照结构化程序设计的思想，一个复杂的程序通常由功能相对独立的模块组成，汇编程序设计实现功能模块的基本方法就是子程序，所以一个子程序通常完成一个相对独立的功能。

（2）可重复性：一个子程序只占一段存储空间，但可以被多次调用。这样能有效地缩短程序长度，避免重复编程，节省汇编时间和程序的存储空间。

（3）通用性：子程序可供许多程序共享，如数制转换、排序、查找等程序都适合采用子程序方式编写。

（4）可浮动性：子程序可以放在存储器的任何区域，这样用户在编程中装配主程序和子程序时，可以合理地利用存储空间，不会造成主程序占用了子程序的存储单元而破坏子程序，尽量避免造成存储空间的冲突和浪费。

（5）可递归性和可重入性：子程序能够调用其本身，称为递归性。子程序还能够调用其他子程序，称为可重入性。

（6）可读性：增加了程序的可读性，便于对程序进行修改和调试。为程序的模块化、结构化和自顶向下的设计提供了方便。

5.5.2 子程序的定义

1. 子程序的定义

子程序的定义格式为：

```
子程序名    PROC   [NEAR/FAR]
              …                        ;子程序主体
             RET
子程序名     ENDP
```

这里，子程序名即子程序标识符，是子程序入口的符号地址，除了不能后接冒号外，其余与标识相同。PROC 和 ENDP 是过程定义伪指令助记符。

说明：

（1）子程序名（过程名）用以标识不同的过程，是用户自定义的标识符号，命名原则要遵从标识符的定义规则。过程名是提供给其他程序调用时使用的，因而不能省略。过程名具有与语句标号相同的属性，即具有段地址、偏移地址和类型三个属性。过程名的段地址和偏移地址是指过程中第一条可执行指令的段地址和偏移地址，过程名的类型由格式中的NEAR/FAR指定。

（2）PROC与ENDP相当与一对语句括号，将子程序的处理部分（也称过程体）括在其内。过程体为一段相对独立的程序，是完成子程序功能的程序主体。

（3）NEAR或FAR是过程的类型说明参数。NEAR类型的过程只允许段内调用；FAR类型的过程允许段间调用，即允许其他段的程序使用。过程的缺省类型为NEAR。

（4）过程的属性决定了调用指令CALL和返回指令RET的操作。对于FAR类型的过程应采用段间调用指令格式，相应的返回指令为段间返回指令；而对于NEAR类型的过程应采用段内调用指令，其返回指令为段内返回指令。

（5）使子程序既可被本代码段使用，又可被其他代码段使用，则该子程序必须定义为FAR类型，它的返回指令被定义为段间返回。

（6）被定义为过程的程序块中应该有返回指令 RET，但不一定是最后一条指令，也可以有不止一条RET指令，只要执行RET指令，程序就返回到原来调用指令的下一条指令处。

（7）当操作系统把控制权交给用户程序时，在程序段前缀的开始（偏移地址为0）处安排了一条中断返回指令INT 20H，DS中为程序段前缀的段地址，为让程序执行结束能正常返回操作系统，经常把主程序定义为一个远过程，并且主程序开始先使用以下三条指令：

```
PUSH    DS
MOV     AX,0
PLSH    AX
```

主程序最后，使用RET指令返回。

2. 保护现场和恢复现场

保护现场和恢复现场是子程序设计时必须考虑的问题。子程序中需要使用的寄存器。有可能在调用子程序前主程序正在使用，其值在从子程序返回主程序后还要继续使用，把这些寄存器的值和状态寄存器的状态均称为现场。显然，子程序执行前需要保护现场，返回时要恢复现场。

保护和恢复现场的工作可以在主程序中完成，也可以在子程序中完成。一般情况下，是在子程序的开始安排一串保护现场的语句，子程序返回前恢复现场。这样处理，主程序在转子程序前后均不必考虑保护和恢复现场的工作，其处理流程显得清晰。

保护和恢复现场可采取用传送指令将寄存器的内容保存到指定的内存单元，恢复时再用传送指令取回。但更简洁的方法是利用堆栈指令，将寄存器内容及状态标志寄存器的内容压入堆栈，恢复时再从堆栈中弹出。尤其在嵌套子程序设计中，由于压栈和出栈指令会自动修改堆栈指针，保护和恢复现场的工作层次清晰，只要注意堆栈操作的先进后出原则，就不会造成混乱和错误。

使用堆栈保护和恢复现场。程序的子程序结构如下：

```
SUBR    PROC
```

```
        PUSH    AX          ;保护现场(设子程序中使用了 AX、BX、CX 和 DX
        PUSH    BX          ;四个寄存器)
        PUSH    CX
        PUSH    DX
        …                   ;子程序处理部分
        POP     DX          ;恢复现场
        POP     CX
        POP     BX
        POP     AX
        RET
SUBR    ENDP
```

注意

恢复现场时寄存器出现的顺序应与保护现场时寄存器出现的顺序相反。

3. 子程序的设计方法

子程序也是一段程序，其设计方法与主程序一样，可以采用顺序、分支或循环结构。但是子程序作为相对独立和通用的一段程序，它具有一定的特殊性。

一个子程序可以供多个用户编写的主程序调用，在不了解子程序内部算法的前提下能够很好地使用子程序也是子程序应具备的特性。所以一个完整的子程序，应包括子程序调用方法说明，主要包括以下五个方面的内容。

（1）子程序名：利用过程定义伪指令声明，获得子程序名和调用属性，供调用子程序时使用。

（2）子程序功能：供选择子程序时参考。

（3）占用寄存器：说明子程序执行时，要使用哪些寄存器。子程序执行完后，哪些寄存器的内容被改变，哪些寄存器内容不变。

（4）入口参数：说明子程序应具备的条件。

（5）输出参数：说明子程序执行完后结果存放在何处。

子程序调用方法说明可以用汉字、汉语拼音或英文书写，以注释的形式出现，与子程序清单一起形成子程序文件。

【例 5.28】 编写一个求两个正整数最大公约数的子程序。

分析：求两个数的最大公约数可以用辗转相除法：用 M 除以 N，得余数 R，若 $R=0$，则 N 就是所求的最大公约数；若 $R\neq0$，则 $N\rightarrow M$，$R\rightarrow N$，继续求解。

子程序如下：

```
                            ;子程序名：GYS
                            ;子功能：求两个正整数的最大公约数。
                            ;子入口参数：AX、BX,用来分别存放两个正整数。
                            ;子出口参数：CX,用来存放求得的最大公约数。
GYS     PROC
        PUSH    AX          ;子保护现场
        PUSH    BX
        PUSH    DX
G1:     XOR     DX,DX       ;DX 清零,扩充被除数为 32 位
        DIV     BX          ;商存入 AX,余数存入 DX
```

```
        AND     DX,DX               ;判断余数是否为 0
        JZ      EXIT                ;余数为零,结束
        MOV     AX,BX               ;余数不为 0,更新被除数
        MOV     BX,DX               ;更新除数
        JMP     G1                  ;继续辗转相除
EXIT:   MOV     CX,BX               ;结果存放在 CX 中
        POP     DX                  ;恢复现场
        POP     BX
        POP     AX
        RET
GYS     ENDP
```

4. 子程序的调用和退回

子程序不能单独运行，通过主程序中的调用才能实现其功能。主程序用 CALL 指令调用子程序，子程序最后利用 RET 指令返回主程序。子程序安排在代码段的主程序之外，最好放在主程序执行终止后的位置，也就是返回 DOS 后、汇编结束 END 指令之前，也可以放在主程序开始执行之前的位置。

下面说明子程序的基本结构和主、子程序之间的调用关系。

【例 5.29】 采用主程序调用子程序的结构形式，完成 *N* 个数据的累加和计算。该 *N* 个数据为字节型数据，存放在开始地址为 ADRR 的内存单元。

主程序段：

```
MAIN    PROC    FAR                 ;主程序开始
START:  PUSH    DS                  ;保护现场
        MOV     AX,0                ;累加器清零
        PUSH    AX                  ;AX 内容入栈
        CALL    SUBP                ;调用过程 SUBP
        RET                         ;返回
MAIN    ENDP                        ;主程序定义结束
```

子程序段：

```
SUBP    PROC                        ;子程序开始
        MOV     AX,DATA             ;初始化 DS
        MOV     DS,AX
        LEA     SI,ADRR             ;取数据的有效地址
        MOV     CX,N                ;取数据个数
NEXT:   ADD     AL,[SI]             ;数据累加
        ADC     AH,0                ;带进位加
        INC     SI                  ;地址加 1
        LOOP    NEXT                ;循环控制
        RET                         ;返回主程序
SUBP    ENDP                        ;子程序定义结束
```

5.5.3 子程序的参数传递

主程序与子程序之间参数传递是子程序设计的一个重要问题。

根据数据传递的方向，一般将参数分为下列两类：

入口参数：由调用者向子程序传递的数据，作为子程序的输入参数。

出口参数：由于程序向调用者返回的数据，作为子程序的输出参数。

根据问题的需要，子程序可以只有入口参数或只有出口参数，也可以二者兼有。不需要

参数的子程序很少见。

汇编语言子程序的参数传递与高级语言没有本质的区别。然而，在汇编语言中，处理参数传递的代码通常需要程序员给出。而对于高级语言来说，程序员只要指出参数的类型及传递方式（传值或传地址），处理参数传递的代码由编译器自动生成。

在汇编语言中，主程序与子程序之间传递参数的方式是事先约定的。每一个子程序设计之前，必须确定其入口参数到哪里去取，处理后的结果将送往何处。一旦子程序按此约定设计出来，无论在何处对它进行调用都必须满足子程序的这一要求，否则，子程序将无法正常工作，或者得不到正确的结果。

参数传递是一种既复杂又灵活的编程技术。参数传递的基本策略有直接传递和通过地址（表）传递两类。常用方法有三种：寄存器传递、存储单元传递和堆栈传递。参数传递的方式不同，子程序的设计方法也不尽相同。

（1）通过寄存器传递参数，就是利用 CPU 内部寄存器作为主程序和子程序之间参数传递的工具。这种方法的特点是信息传递快，编程简单、方便，且节省内存单元。但由于寄存器的数量有限，所以传递的参数也有限，只适用于传递参数较少的情况。

该方法的实现是将子程序的入口参数由主程序在调用前送入指定的寄存器中，在进入子程序后，子程序直接对指定的寄存器进行加工处理。子程序加工处理的结果置入约定的寄存器中，作为子程序的出口参数传递给主程序。需要注意的是，用于传递出口参数的寄存器不能进行现场保护和恢复。

(2)通过存储单元传递参数，是利用存储单元作为主程序和子程序之间传递参数的工具。其特点是参数传递的数量不受限制，而且编写程序时不易出错，但是这种方法要占用一定数量的存储单元。

该方法的实现是将子程序的入口参数在主程序放入事先约定的存储单元中保存，在调用子程序后，子程序从存储单元中取出入口参数，经过运算处理后，再将结果作为出口参数放入指定的存储单元中。在返回主程序后，从约定的存储单元中取出出口参数进行相应处理。

需要指出的是：

①该方法中所用的存储单元是一种广义上的单元。即该单元可以分布在数据段中，也可以约定在附加数据段中，还可以安排在代码段中。

②参数的传递可以是参数本身直接的传递，也可以是通过参数地址（表）来达到传送参数的目的。

（3）通过堆栈传递参数，是利用堆栈作为主程序和子程序之间传递参数的工具。特点是待传递参数不占用寄存器，也无需另开辟存储单元，而是存放在公用的堆栈区，处理完之后堆栈恢复原状，不影响其他程序段使用堆栈。但是这种方法由于参数和子程序的返回地址混杂在一起，访问参数时必须准确地计算它们在栈内的位置。如果不慎，在执行 RET 指令时，栈顶存放的可能不是返回地址，从而导致运行混乱。另外在汇编语言与高级语言接口时，也经常使用堆栈传递参数。因此使用该方法，编制程序比较复杂。

该方法的实现是将子程序的入口参数在主程序中压栈保存，在调用子程序后，子程序从堆栈中弹出入口参数，经过加工处理后，将结果作为出口参数压栈保存。返回主程序后，再从堆栈中弹出出口参数。当然，出口参数的处理也可通过其他方式来完成。

使用该方法设计时需要注意的是：

①主程序压入入口参数的顺序以及子程序弹出出口参数的顺序和方式必须事先约定。

②主程序中 CALL 指令的下一条指令地址被压入栈顶，在子程序中取入口参数时要考虑到这一点。

③在子程序执行 RET 指令时，栈顶应为 CALL 指令的下一条指令地址（即返回地址）。所以，在用堆栈传递参数方法中经常使用带有常数的返回指令 RET n，它将在完成子程序返回的操作后，还要将（SP）←（SP）＋n，以便跳过入口参数所占的堆栈空间。

【例 5.30】 两个 6 字节数相加。

分析：将一个字节相加的程序段设计为子程序。主程序分三次调用该子程序，但每次调用的参数不同。

源程序：

```
DATA    SEGMENT
ADD1    DB  OPEH,86H,7CH,35H,68H,77H
ADD2    DB  45H,OBCH,7DH,6AH,87H,90H
SUM     DB  6   DUP (0)
COUNT   DB  6
DATA    ENDS
STACK   SEGMENT
        DB  100 DUP (?)
STACK   ENDS
CODE    SEGMENT
        ASSUME  CS: CODE,DS: DATA,SS: STACK
MADD:   MOV     AX,DATA
        MOV     DS,AX
        MOV     AX,STACK
        MOV     SS,AX
        MOV     SI,OFFSET   ADD1
        MOV     DI,OFFSET   ADD2
        MOV     BX,OFFSET  SUM
        MOV     CL,COUNT            ;循环初值为 6
        CLC
AGAIN:  CALL    SUBA                ;调用子程序
        LOOP    AGAIN               ;循环调用 6 次
        MOV     AX,4C00H
        INT     21H
                                    ;子程序入口参数：SI,DI,BX    出口参数：SI,DI,BX
SUBA    PROC                        ;完成一个字节相加
        PUSH    AX                  ;保护 AX 的值
        MOV     AL,[SI]             ;SI 是一个源操作数指针
        ADC     AL,[DI]             ;DI 是另一个源操作数指针
        MOV     [BX],AL             ;BX 是结果操作数指针
        INC     SI
        INC     DI
        INC     BX
        POP     AX                  ;恢复 AX 的值
        RET
SUBA    ENDP
CODE    ENDS
        END     MADD
```

5.5.4　子程序嵌套

主程序可以调用子程序，这个主程序就是调用程序，该子程序为被调用程序。在实际应用中，被调用的程序还可以再去调用另一个子程序，这种情况称为子程序的嵌套。

子程序嵌套的层次（也称嵌套深度）没有限制，只要堆栈空间满足即可。

子程序嵌套功能的实现是借助堆栈来完成的。因为调用指令和返回指令都是通过堆栈操作来进行的，而且它们是按照先进后出的原则工作的，这样就可保证依次取出返回地址。下面是一个含有子程序嵌套的程序的基本结构：

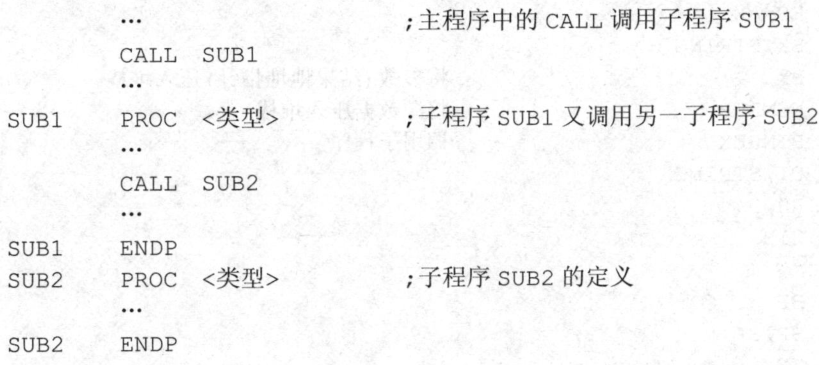

```
            …                       ;主程序中的 CALL 调用子程序 SUB1
            CALL  SUB1
            …
SUB1        PROC  <类型>            ;子程序 SUB1 又调用另一子程序 SUB2
            …
            CALL  SUB2
            …
SUB1        ENDP
SUB2        PROC  <类型>            ;子程序 SUB2 的定义
            …
SUB2        ENDP
```

嵌套调用关系如图 5.14 所示。

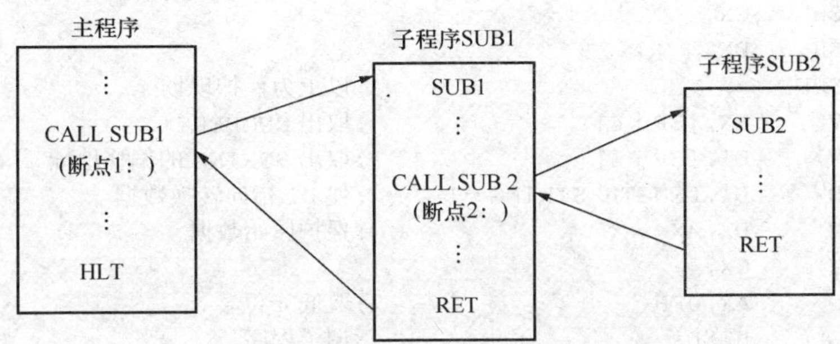

图 5.14　子程序的嵌套调用关系

对于子程序嵌套的程序设计，必须注意：

（1）调用指令 CALL 和返回指令 RET 成对配合使用。CALL 位于调用程序中，RET 位于被调用程序的出口处；

（2）要注意寄存器内容的保护和恢复，避免各层子程序之间发生寄存器内容的冲突；

（3）如果程序中使用了堆栈，如使用堆栈保护现场和恢复现场，那么，压栈操作和出栈操作必须成对进行。只有这样，才可保证每个子程序返回前 SP 正好指向返回地址；

（4）使用堆栈传递参数，则必须准确地安排堆栈操作，以保证程序能正确地返回。

【例 5.31】 把内存中的字变量 NUMBER 的值，转换为四个 ASCII 码表示的十六进制数码串，串的起始地址为 STRING。

分析：把内存中的字变量 NUMBER 的值，转换为四个 ASCII 码表示的十六进制数码串的工作设计成一个子程序，在这个子程序中再调用另一个子程序，由它完成从 BCD 码到 ASCII 码的转换。

源程序：

```
DATA    SEGMENT
NUMBER  DW 25AFH
STRING  DB  4 DUP (?),0DH,0AH,'$'
DATA    ENDS
CODE    SEGMENT
        ASSUME  CS: CODE,DS: DATA,ES: DATA
BEGIN:  MOV     AX,DATA
        MOV     DS,AX
        MOV     ES,AX
        LEA     BX,STRING
        PUSH    BX                          ;将参数(结果地址指针)压入堆栈
        PUSH    NUMBER                      ;将源数据压入堆栈
        CALL    BINHEX                      ;调用子程序
        LEA     DI,STRING
        MOV     AH,9
        INT     21H
BINHEX  PROC
        PUSH    BP
        MOV     BP,SP
        PUSH    AX
        PUSH    DI
        PUSH    CX
        PUSH    DX
        PUSHF                               ;以上为保护现场
        MOV     AX,[BP+4]                   ;取出 NUMBER
        MOV     DI,[BP+6]                   ;取出 STRING 的偏移地址
        ADD     DI,LENGTH STRING-1          ;使 DI 指向转换数据
        MOV     DX,AX                       ;保护原始数据
        MOV     CX,4
AGAIN:  AND     AX,0FH                      ;取低 4 位
        CALL    HEXD                        ;调子程序
        STD
        STOSB                               ;保护转换数据
        PUSH    CX                          ;保护 CX 的值
        MOV     CL,4
        SHR     DX,CL
        MOV     AX,DX
        POP     CX
        LOOP    AGAIN
        POPF
        POP     DX
        POP     CX
        POP     DI
        POP     AX
        POP     BP
        RET     4
BINHEX  ENDP
HEXD    PROC                                ;将 AL 中的 BCD 码转换成 ASCII 码
        CMP     AL,0AH
        JL      ADDZ
```

```
        ADD     AL,07H          ;小写字母转换成ASCII码,若为
ADDZ:   ADD     AL,30H          ;大写字母,则再加7
        RET
HEXD    ENDP
CODE    ENDS
        END BEGIN
```

5.5.5 子程序递归与可重入

在子程序的设计中，除了前述的子程序嵌套使用之外，还有一些特殊的子程序使用方式。这就是递归子程序和可重入子程序。

1. 递归子程序

递归子程序是子程序可以调用子程序自身的一种子程序，这种允许子程序自己调用自己的应用情况称为递归调用。

递归调用的特点是后一次操作总是与前一次有相同的处理，也即后一次的操作是前一次操作基础上的重复。递归调用一定要有递归结束条件，即在满足一定条件下，退出递归调用。

递归调用之所以能够实现，主要是因为在递归调用过程中，通过堆栈保存了相关中间结果及返回点，而在退出递归调用时，又逐次弹出保留的中间结果和返回点，从而使子程序可以逐遍执行，一直到全部结束递归操作，使最后得到的结果正确无误。

递归方式的主要优点是符合人们的思维习惯，所设计的程序较为简单。但由于递归调用要保护返回点和某些中间结果到堆栈，随着递归次数的增多，将有大量的进栈、出栈操作，需要很多运行时间，所以运行效率较低，这是递归子程序的缺点。

子程序递归调用是子程序嵌套的特例，两者在设计过程中有类似的地方，也有差异之处，在用子程序递归调用时要注意以下几点：

（1）递归子程序的应用对象必须具有递归性，即每次进入递归的操作与前一次相同；

（2）递归子程序在每次调用时，必须保证不破坏前面调用时所用到的参数及产生的结果；

（3）递归子程序必须具有递归结束的条件，以便在递归调用到一定次数后返回。否则，递归调用将无限地进行下去；

（4）为了能在每次递归调用后保留该次所用到的参数和运行结果，并且不发生冲突，必须对每次递归调用所用到的参数和运行结果专门分配一个存储区域。通常将一次递归调用所存储的信息称为帧。一帧信息包括递归调用时的入口参数、出口参数、寄存器内容及返回地址等。递归调用每帧信息存储的最好方法是采用堆栈，每次递归调用时用PUSH指令将一帧信息压入堆栈，返回时再用POP指令弹出一帧信息；

（5）递归次数较多、进出堆栈的数据量较大时，要安排较大的堆栈空间，否则产生堆栈溢出；

（6）由于递归子程序效率较低，一般非特殊需要，不一定要使用递归方法编程。

2. 可重入子程序

可重入子程序是一种可多次重入的子程序，即当该子程序在执行过程中，可以被暂时中止执行，而允许其他的程序重新调用它，并不因此破坏子程序运行的正确性，把这种子程序称为可重入子程序。

可重入子程序常用于分时系统和中断处理中。因为子程序执行过程中，会出现随时执行到某处而暂时停止执行的情况。而此时又有可能出现重新进入被暂停执行的子程序的情况。

如果这个子程序允许被重新进入，则这个子程序必须为可重入子程序。它保证无论是原来进入的，还是重新进入子程序的程序，均能正确执行并获得正确结果。被暂停的子程序所以能正常继续执行，是由于暂停现场被保护，而返回时，现场又被恢复。

编写可重入子程序的关键问题是解决子程序运行时的中间结果保护问题。如果把中间结果保存在固定的存储单元中，就会在子程序重新进入执行时，由于存入新的数据而会破坏了原来存放的结果，这就破坏了子程序的可重入性。解决的办法是把中间结果存入堆栈，在需要时再取自堆栈。利用堆栈的数据可以动态存取而不重叠的这一特性，就不会出现中间结果被破坏的情况了。所以可重入子程序的中间结果必须保存在堆栈或寄存器中，而不是保存在固定的存储单元中。尽管这种要求为编程带来一定的困难，但是要编写一个可重入子程序总是可以实现的。

【例 5.32】 试编制阶乘运算 $N!$（$N \geqslant 0$）。

其递归定义如下：

$$\begin{cases} 0! = 1 & N = 0 \\ N! = N \times (N-1)! & N \geqslant 1 \end{cases}$$

要求：求 $N! = N \times (N-1) \times (N-2) \times \cdots \times 1$，设 $N=5$。

分析：$N!$的运算可表示为 $N! = N \times (N-1)!$，而 $(N-1)!$又可表示为 $(N-1) \times (N-2)!$，这样可以一直推到最后乘 1。当 $N=0$ 时，$N!=1$。根据上面的表达式可见，求 $n!$的运算，可用递归子程序实现。由于 $N=0$ 时，$N!=1$，因此可把 $N=0$ 作为递归结束条件。当 $N \neq 0$ 时，则把 N 值保存到堆栈，并进行一次 $N \leftarrow N-1$ 操作。用新的 N 值作入口参数进行递归调用，只要 $N \neq 0$。就可以不断递归调用，直到 $N=0$ 为止。

当执行递归子程序时，会不断地出现 $N \leftarrow N-1$ 操作，并产生递归调用，这种递归调用到 $N=0$ 时结束。当 $N=0$，置 $F=1$，表示递归调用结束，通过 RET 返回。其返回地址应该是调用指令的下一条指令地址（即返回点地址）。执行返回点处指令，实现从堆栈中弹回最后入栈的 N 值（实际为 1），并实现 $F \leftarrow F \times N$ 操作。然后执行子程序的 RET 指令，但由于是递归调用，则又回到调用指令的下一条指令地址处，再执行从堆栈弹出倒数第二次入栈的 N 值（实际为 2），再进行 $F \leftarrow F \times N$ 操作。如此不断地退出因递归进入的子程序，完成了 $F \leftarrow F \times 1 \times 2 \times 3 \times 4 \times 5$ 运算，从而实现了阶乘的运算。在全退出后，最后弹出的是调用程序的返回点地址，因而可以返回调用程序。

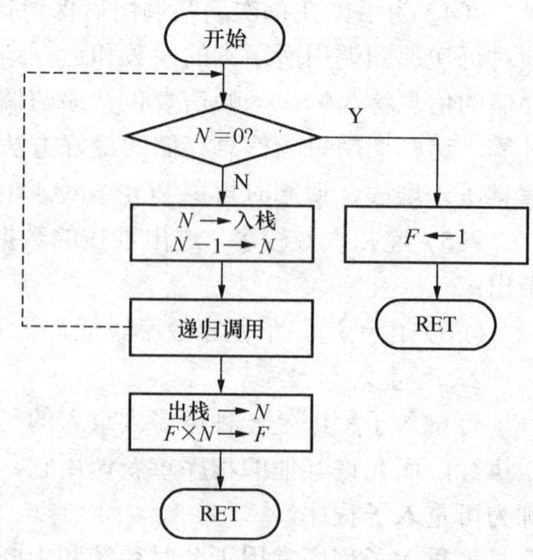

图 5.15　递归子程序流程图

图 5.15 为本例递归子程序流程图。

源程序：

```
DATA    SEGMENT
NUM     DB   5
FNUM    DW   ?
DATA    ENDS
STACK   SEGMENT
DB      100 DUP (?)
STACK   ENDS
```

```
CODE    SEGMENT
        ASSUME  CS: CODE,DS: DATA,SS: STACK
BEGIN:  PUSH    DS
        MOV     AX,0
        PUSH    AX
        MOV     CX,1
        PUSH    CX
        MOV     AH,0
        MOV     AL,NUM
        CALL    FACTOR
        MOV     FNUM,AX
        POP     CX
        MOV     AX,4C00H
        INT     21H
                                        ;阶乘子程序：FACTOR
                                        ;入口参数：AL＝5,出口参数 AX＝5!
FACTOR  PROC
        CMP     AL,0
        JNZ     NEXT
        MOV     DL,1
        RET
NEXT:   PUSH    AX
        DEC     AL
        CALL    FACTOR
BACK:   POP     CX
        XOR     AX,AX
MULT:   ADD     AL,DL
        LOOP    MULT
        MOV     DX,AX
        RET
FACTOR  ENDP
CODE    ENDS
        END     BEGIN
```

子程序中的乘法运算（$F \leftarrow F \times N$）是用累加运算实现的，也可以用乘法指令直接实现，但是累加运算可以节省运行时间。

子程序的设计是程序设计中广泛使用的一种方法。它的使用方式较多，运用十分灵活，涉及方面较广。因此，首先应掌握好基本子程序的设计方法再逐步学会其他子程序的使用。

5.6 具有模块结构的程序设计

前面各节所编写的程序，基本上都属于单模块程序设计，虽然在 4.3.4 中曾介绍过模块通信伪指令，但要编写由多个模块构成的程序时，还有一些特殊的问题需要解决。本节将对多模块的程序设计进行说明。

5.6.1 概述

通常，在需要解决的问题比较简单，程序又不大时，可以将程序编写在一个模块中。但对于功能复杂，任务较多的设计任务仍用一个模块设计就不合适了，应采用模块化的设计方法。

模块化设计的是采用自顶向下、逐步求精的设计方法。把一个大的任务划分为若干个独立的模块，每个模块承担一定的功能任务。通常是一个主模块和多个子模块，并且规定各模块间的调用关系和要传递的参数以及参数的传递方式。各个模块可以单独编程、单独调试，在各个模块分别编写和调试成功后，最后将它们连接成为一个整体的目标模块。若对整体模块调试不成功时，比较容易查找是哪个模块存在错误，此时只要修改相关的模块就可以了。

模块化程序设计不但可以方便大程序的设计和调试，而且还可以根据需要，使用不同的高级语言编程，实现高级语言和汇编语言的混合编程，这样可以加速编程进度和提高程序的可靠性。

模块化程序设计划分模块的一般可以采用如下原则：

（1）把大任务划分为多个子任务，其中有一个是主模块，其他为子模块。主模块完成各子模块间的调用关系，实现总体功能。

（2）划分子模块任务应该适中。模块过大，给编程和调试带来一定困难，模块过小，使整体性变差和造成时间和空间上的浪费。

（3）当某些功能程序段为多个模块公用时，应将它们单独分立出来，作为公用子程序模块，以提高系统的效率。

（4）各模块间应在功能上分开，逻辑上独立，不用使用转移语句在模块间转移，造成逻辑上的混乱。

（5）每个模块接口要简单，减少传递参数，减少公用符号名。

（6）每个模块的结构最好设计为单入口、单出口的形式，便于调试和阅读。

5.6.2　模块的组合方式

根据汇编程序的规定，每个模块是一个汇编的单位。因此，多模块就被汇编为多个目标模块。将这些目标模块进行连接时，需要进行段间的组合，经简化程序结构。

段之间的组合主要由段定义伪指令 SEGMENT 来指明。

指令格式：

```
段名 SEGMENT  [定位] [组合] [段字] ['类别名']
```

指令说明请参看 4.3.4。

5.6.3　模块的组合方式

由于模块是单独编写和调试的，而模块间的信息交换就成为模块间联系的重要方式了。把本模块中定义又被其他模块所访问的符号名称为全局符号名；而在本模块中未进行定义但要在本模块中进行引用的符号名称为外部符号名。对于全局符号名要用伪指令 PUBLIC 进行说明，对外部符号名要用伪指令 EXTRN 进行说明。

（1）全局符号说明伪指令 PUBLIC。

格式：`PUBLIC 符号[, …]`

符号可以是符号常量、变量、标号，过程名，它所定义的符号名可为其他模块所访问。

（2）外部符号说明为指令 EXTRN。

格式：`EXTRN 符号：类型[, …]`

EXTRN 指明的符号是由其他模块定义的，并由 PUBLIC 语句说明过的，符号在本模块被引用。符号的含义与 PUBLIC 相同，应明确给出类型，类型可以是 BYTE、WORD、DWORD、NEAR、FAR、ABS（常量）等。

5.6.4 模块化程序设计举例

【例 5.33】 完成二个无符号数的乘运算，使用模块化结构程序设计。

分析：设计两个模块，主模块完成数据存放，子模块完成乘积运算。

源程序：

```
        NAME     MOD1
        EXTRN    MMMUL: FAR
STACK   SEGMENT PARA     STACK    'STACK'
        DW       100 DUP (?)
STACK   ENDS
DATA    SEGMENT 'DATA'
NUM1    DW       0202H
NUM2    DW       2200H
RES     DW       2 DUP (?)
DATA    ENDS
CODE    SEGMENT PARA     'CODE'
        ASSUME   CS: CODE,DS: DATA,SS: STACK
BEGIN:  MOV      AX,DATA
        MOV      DS,AX
        MOV      AX,NUM1
        MOV      BX,NUM2
        CALL     MMMUL
        MOV      RES,DX
        MOV      RES+2,AX
        MOV      AH,4CH
        INT      21H
CODE    ENDS
        END      BEGIN
        NAME     MOD2
CODE    SEGMENT PARA     'CODE'
MMMUL   PROC     FAR
        ASSUME   CS: CODE
        PUBLIC   MMMUL
        MUL      BX
        RET
MMMUL   ENDP
CODE    ENDS
                 END
```

过程名是通过 EXTRN 及 PUBLIC 完成通信交互的。本例两个模块经连接程序连接后，形成四个程序段：模块一的代码段、模块二的代码段、模块一的数据段和模块一的堆栈段。

如果把模块一和模块二的代码段均定义为下面形式：

```
CODE    SEGMENT PARA     PUBLIC    'CODE'
```

则模块一和模块二的代码段将组合为一个代码段，那程序经连接后为三个程序段：即代码段、数据段和堆栈段。

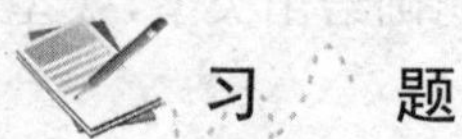

习　题

5.1　已知两个 8 位无符号数 x 和 y，分别存放在 BUF 和 BUF＋1 单元中，且 $x>y$。请编程序计算 $x-y$，结果存回 BUF 单元。

5.2　已知 DAT 单元存有一个数 x。现要求编程将 x 的低四位变为 1010，最高位 D_7 置为 1，其他三位不变。

5.3　DAT 单元的内容拆成高、低各四位，然后分别存于 DAT＋1 及 DAT＋2 的低四位。

5.4　已知某班学生的英语成绩按学号（从 1 开始）从小到大的顺序排列在 TAB 表中，要查的学生的学号放在变量 NO 中，查表结果放在变量 ENGLISH 中。

5.5　从键盘键入 0 至 9 中任一自然数 X，求其立方值。

5.6　试编一程序，求三个带符号字数据中的最大值，并将最大值存入 MAX 字单元中。设三个带符号数分别在三个字变量 X、Y、Z 中存储。

5.7　已知在 DAT 单元内有一带符号数 x。试编一程序，根据 x 的具体情况进行如下处理：

若 x 为正奇数，则将 x 与 BUF 单元内容相“加”；

若 x 为正偶数，则将 x 与 BUF 单元内容相“与”；

若 x 为负奇数，则将 x 与 BUF 单元内容相“或”；

若 x 为负偶数，则将 x 与 BUF 单元内容相“异或”。

以上四种情况运算的结果都送回 BUF 单元。零作为正偶数处理。

5.8　累加器 AL 中有一个字符，用 ASCII 码表示。当其为“A”时，程序转移到 LPA 处；如为“B”，则转移到 LPB 处；如为“E”，则转移到 LPE 处，否则，均转向 LPN 处。

5.9　在 DATA 单元有一个二进制数 x，要求编程完成运算：

$$y=\begin{cases} x+1 & x>0 \\ x & x=0 \\ x-1 & x<0 \end{cases}$$

5.10　已知 X 是单字节带符号数，请设计计算下列表达式的程序。

$$Y=\begin{cases} X+20 & X\geqslant 0 \\ |X| & X<0 \end{cases}$$

5.11　假设某企业有十类人员，对每类人员的工资各有不同的处理方法和计算程序。对于一类人员应执行程序段 CLASS1，二类人员应执行程序段 CLASS2，……，十类人员应执行程序段 CLASS10。

5.12　设内存中有三个互不相等的无符号字数据，分别是放在 ARG 开始的字单元中，编制程序将其中最大值存入 MAX 单元。

5.13　试编一个程序，测出字单元 BUF 中所含 1 的个数，并存入 COUNT 单元中。

5.14　已知有三个 8 位无符号数 x，y，z 分别存放于 NUMB，NUMB＋1 和 NUMB＋2 单元。要求编一程序实现 $2x+3y+5z$，并要求将运算结果送 RES 单元和 RES＋1 单元中。

5.15　在数据段定义首地址为 A 的 10 个字符，将这 10 个字符以相反次序传送到附加段首地址为 B 的内存单元中。

5.16 求从 NUM 开始的 12 个无符号字节数的和，结果放在 SUM 字单元中。

5.17 从 NUMB 单元起有 100 个数，其值在 0～100。试编程实现以下数据统计：

（1）有多少个大于等于 60 的数？统计结果存于 COUNT 单元。

（2）有多少个为 100 的数？统计结果存于 COUNT＋1 单元。

（3）有多少个为 0 的数？统计结果存于 COUNT＋2 单元。

（4）当小于 60 的数超过 10 个，则结束统计，同时置 COUNT 单元为 0FFH。

5.18 已知有 *n* 个元素存放在以 BUF 为首址的字节存储区中，试统计其中负元素的个数。

5.19 将 BUF 单元开始的 50 个字节数，区分出奇、偶数。将奇数在前，偶数在后，仍存回原数据区。

5.20 通过寄存器传递参数，将数据块 BUF1 中的内容传递到数据块 BUF2 中。

5.21 编写一个延时 50ms 的子程序。

5.22 将一个给定的二进制数按位转换成相应的 ASCII 码字符串，送到指定的存储单元并显示。如二进制数 10010011 转换成字符串为'10010011'。要求将转换过程写成子程序，且子程序应具有较好的通用性，而必须能实现对 8 位和 16 位二进制数的转换。

5.23 从键盘输入一字符串存放在以 BUF＋2 开始的存储单元中，现要求将字符串传送到以 BUF＋10 开始的存储单元，存储区有重叠，试编写程序。

5.24 在 BUF 缓冲区中存放着一组无符号字，要求采用模块化程序设计技术，将这组数据由小到大排序并输出。

第6章 应用程序设计

应用汇编语言编制各种应用程序时，往往会遇到两类问题：分别是算术运算问题和非数值处理问题。

数值与非数值的区别在于：数值是指数，非数值指的数之外的数据，如字符、字串、代码、记录和表格等。对它们的操作方式也不完全相同，数值主要是数学计算，非数值主要是数据处理，如代码转换、字符处理、检索排序等。但在实际应用中，往往运算中有处理，处理中有运算。

6.1 算术运算程序设计

算术运算主要是加、减、乘、除等四则运算问题。使用高级语言很容易实现，但在使用汇编语言时就不那么容易了，因为汇编语言的指令语句所提供的运算位数是有限的。当处理多字节的加、减运算和各种字节长度的乘、除法运算时，需要通过一定的算法来实现。算术运算有定点数运算及浮点数运算，由于数的表达方式不同，它们的运算方法也不同，本节仅对定点数的运算问题进行讨论。

6.1.1 定点数运算的概念

在计算机中，无论数据、指令、符号等，均用二进制代码表示，因此计算机中使用的数也要用二进制代码表示。那么二进制代码，如何表示一个整数？如何表示一个小数？又如何表示一个正数或负数？程序设计者必须对这些问题有较清楚的了解，才能正确地编写出算术运算程序。

在生活中，进行算术运算时，小数点的位置是由人们表示出来的，是根据需要来定位的。比如 123.45，整数是 123，小数是 45。它在计算时，可以直接参加运算，一般不必做什么变动。

在计算机中，表示二进制数字节的位，只能用来表示数，很难用来表示一个小数点。如果小数点也占一位，则会给运算带来很多麻烦。因此，一般小数点不作为一个单独的信息存放在某一位中，而是由程序设计者认定在字节中的某处有一个小数点，但又不用任何信息表示。但这种定位在任意位置的方法，使用起来既不方便也不规范。因此，计算机中通常采用下面两种方法，一种是把小数点的位置放在符号位后，使数据成为一个纯小数；另一种方法是把小数点的位置放在所有数据之后，使数据成为一个纯整数。不管哪种表示方法，对于负数均要使用补码表示。对后一种表示方法来说，若是 8 位无符号数，可表示 0～255 的数值；若是 8 位有符号数，可表示－128～＋127 的数值。

使用定点数运算，单个字长所表示的数值范围有限，对较大的数值，则要用多字节运算。特别是带有小数的运算，常使编程变得复杂和十分不便，为此可以使用浮点数运算。

在 8086 系统中，采用把小数点位置定在最低位之后，并把运算数分为有符号数和无符号数。两者的差别表现在有无符号位上，有符号数可利用表示数的最高位来表示数的正、负，并且用 0 表示正数，用 1 表示负数；而无符号数，则不需符号位，最高位仍然用来表示数值。

在 8086 系统的汇编语言中，对加、减法运算，有、无符号数均使用同样的加、减运算指令，这就要求程序设计者应该明确所进行的运算是有符号数还是无符号数。对乘、除法运算，则区分为有符号数和无符号数的乘、除法运算指令，在使用中应加以区别。

6.1.2 定点数加法运算

用定点数表示数，使用多字节数运算，可以保证数的足够精度。在设计定点数加法运算程序时，要充分考虑参与运算数的大小，以避免存储单元不足造成运算结果溢出而出现错误。

若参与运算的数据是十进制数，由于汇编没有单独使用的十进制数运算指令，只能通过二进制运算，然后经过十进制调整指令转换为十进制数的方式来实现。十进制数可表示为压缩型十进制数和非压缩十进制数，压缩型十进制数是每个字节放两个 BCD 码，高、低 4 位各放一个十进制数，高位为高位数；而非压缩十进制数是每个字节在低 4 位放一个 BCD 数，高 4 位为 0。不论压缩型和非压缩型的十进制数都是无符号的十进制数，压缩型十进制数不能直接进行乘、除法运算，而非压缩十进制数可进行加、减、乘、除运算，但要使用 BCD 码调整指令进行调整后，才能获得正确的十进制结果。

【例 6.1】 编制多字节压缩型十进制数加法运算程序。

要求：如有两个多字节的压缩型十进制数存于 A、B 单元开始的数据区中，试将其相加并将十进制数的结果存于 CC 单元起的数据区中。设压缩十进数字节长度 N 为 10。

分析：十进制加法运算与二进制数加法运算是相同的，所不同的是，在每次字节相加后，应该使用十进制调整指令 DAA 进行二进制—十进制调整操作，使相加的结果仍为十进制数。

源程序：

```
DATA  SEGMENT
  A    DB  22H,23H,34H,56H,28H,79H,88H,12H,21H,09H   ；压缩十进制数
  B    DB  32H,43H,54H,65H,23H,09H,80H,62H,22H,01H   ；压缩十进制数
  CC   DB  11 DUP (?)
  N    EQU  10                                        ；运算数据个数
DATA  ENDS
CODE  SEGMENT
      ASSUME   CS:CODE,DS:DATA
START:MOV   AX,DATA
      MOV   S,AX
      MOV   SI,OFFSET  A                              ；置数据地址指针
      MOV   DI,OFFSET  B
      MOV   BX,OFFSET  CC                             ；置结果地址指针
      MOV   CX,N
      CLC
NEXT: MOV   AL,[SI]                                   ；取数
      ADC   AL,[DI]                                   ；相加
      DAA                                             ；十进制调整
      MOV   [BX],AL                                   ；存结果
      INC   SI                                        ；调整指针
      INC   DI
      INC   BX
      LOOP   NEXT
```

```
        MOV   AL,0                          ；考虑两个十进制加法结果的进位
        ADC   AL,0
        INC   BX
        MOV   [BX],AL
        MOV   AH,4CH
        INT   21H
CODE    ENDS
        END   START
```

对于非压缩十进制数加法，仍然使用二进制加法运算，但应该进行非压缩 BCD 码加法调整，以得到正确的非压缩十进制数。

【例 6.2】 编制多字节非压缩型十进制数加法运算程序。

要求：在存储单元 A、B 分别有 10 个非压缩十进制数，相加后结果仍放在 B 单元起的 11 个单元中。

分析：为了运算方便，仍把十进制数的低位放在低字节处，其结果也是低字节数在低位。因此输出时应注意高位数的位置，考虑到相加的结果可能有进位，因此每个数据区均多提供了一个存储单元，用来存放进位值。

本程序的运算数使用 ASCII 码表示，但仍使用二进制加法指令，为得到正确结果，要使用非压缩的 BCD 码加法调整指令，所以调整后是非压缩的十进制数。在输出显示时，仍要将其变为 ASCII 码，才能显示。

源程序：

```
DATA  SEGMENT
   A  DB  06,08,09,06,08,09,06,08,09,06
   B  DB  07,03,05,02,08,08,05,02,03,06
   N  EQU 10                            ；运算数据个数
DATA  ENDS
CODE  SEGMENT
      ASSUME  CS:CODE,DS:DATA,ES:DATA
START:MOV   AX,DATA
      MOV   DS,AX
      MOV   ES,AX
      MOV   SI,OFFSET  A                ；置数据地址指针
      MOV   DI,OFFSET  B
      MOV   CX,10                       ；置字节计数器
      CLC
      CLD
NEXT: LODSB                             ；取数
      ADC   AL,[DI]                     ；相加
      AAA                               ；非压缩 BCD 码加法调整
      STOSB                             ；存回 B 数据区
      LOOP  NEXT                        ；未加完，转 NEXT
      JNC   NCF                         ；判断 CF，运算有否进位
      MOV   BYTE  PTR[DI],1             ；有进位，存回
NCFv: INC       DI
      MOV   AH,2                        ；显示运算结果
      MOV   CX,11
```

```
 LP: DEC    DI
     MOV    DL,[DI]
     OR     DL,30H
     INT    21H
     LOOP   LP
     MOV    AH,4CH
     INT    21H
CODE ENDS
     END    START
```

本例的数据使用的是ASCII码表示的数，目的是使输出均可按十进制输入和输出。实际上，也可以直接使用非压缩的十进制数作输入、输出数据，两者的运算结果是一致的。例中使用了存/取数字符串操作指令，目的是使程序简练。注意，在使用字符串指令时，一定要给出字符串处理的方向，即用CLD定义正向操作。

6.1.3 定点数减法运算

对于定点二进制数加法或减法运算，运算时对于带符号数，参加运算的数一律用补码表示。关于补码的概念请参阅1.3。

两个带符号数的相加，其位数既可以相等，也可以不相等。当两个带符号的数长度不相等时，必须把字节长度短的数据转换为与字节长的数据在长度上一致。对于无符号数，则在字节少的数前面补上全0字节，并使其与字节多的数具有相同的长度。对于有符号数，则应对正数在字节少的数前面补上全0字节；对于负数则在字节少的数前补上全1字节，且均应使它们与字节多的数具有相同的字节长度。这样处理后，就可以看作是两个等长的字节数相加了。对负数，应将整个多字节数以补码形式表示，有符号数的运算结果仍为有符号数。

定点数减法运算与定点数加法运算具有完全相同的运算方式。此时只要把加法程序中的加法指令改为减法指令就可以了。同样，对于多字节的减法运算，减法指令应该使用带借位的减法指令，以便从高字节中减去在低字节的减法运算中所产生的借位。

在减法运算中，如果运算数为有符号数，就有出现溢出的问题。当两个异号数相减，就可能出现溢出。在8086指令系统中，有溢出条件转移指令，它可以直接对运算结果进行判断，以转向相应的程序段进行处理。

对无符号数减法运算，可能会出现不够减的情况，此时将产生借位。而使CF标志为1，此时表明不够减，结果为负。

【例6.3】 编制多字节二进制减法运算程序。

要求：编写一个多字节二进制减法子程序SUBBER，设被减数和减数及运算结果均在调用程序的数据区中，低字节在前，高字节在后。本例不要求对运算结果产生溢出或借位进行处理。

分析：利用子程序完成多字节减法运算，通过寄存器传递有关参数。因为是多字节减法，使用带借位的减法指令SBB。

入口参数：SI，DI寄存器分别指向被减数和减数的低字节地址，BX寄存器指向结果地址，CX存放二进制数字节长度。

出口参数：运算结果存在结果地址单元中。

源程序：

```
SUBBER  PROC    FAR
        AND     AL,AL                   ；清 CF
    LP: MOV     AL,[SI]                 ；取数
        SBB     AL,[DI]                 ；减操作
        MOV     [BX],AL                 ；存结果
        INC     SI                      ；调整指针
        INC     DI
        INC     BX
        LOOP    LP                      ；未减完，循环
        RET
SUBBER  ENDP
        END
```

本子程序在被调用时，由调用程序加载 SI、DI、BX、CX 四个寄存器值（分别为被减数、减数、结果地址指针和运算字节数初值），然后调用本子程序。调用程序段为

```
MOV    SI,OFFSET   A
MOV    DI,OFFSET   B
MOV    BX,OFFSET   C
MOV    CX,N
CALL   SUBBER
```

十进制减法运算，可使用一般二进制减法运算方法。在减法运算之后，再用十进制调整指令调整，以得到正确的十进制数结果。十进制数如使用压缩型 BCD 码表示，相减后用 DAS 指令调整；十进制数如使用非压缩型 BCD 码表示，相减后用 AAS 指令调整。

【例 6.4】 编制多字节十进制数减法运算程序。

要求：在 A、B 开始的单元中，各有一组压缩型十进制数。相减后结果存入 CC 开始的单元中。设字节长为 10H。

分析：可以使用字节减法指令 SBB，从低位数开始相减，减后使用压缩 BCD 码减法调整指令 DAS 进行调整。然后循环实现对高位数相减，直至所有数减完为止。如不够减，则出现借位，使进位标志 CF 置 1。要求给定的两个运算数应具有等长的字节数。

源程序片段如下：

```
      LEA    SI,A                       ；置数据区地址指针
      LEA    DI,B
      LEA    BX,CC                      ；置结果地址指针
      MOV    CX,16                      ；置计数器值
      CLC
LOP:  MOV    AL,[SI]                    ；取数
      SBB    AL,[DI]                    ；减操作
      DAS                               ；十进制调整
      MOV    [BX],AL                    ；存结果
      INC    SI                         ；调整地址
      INC    DI
      INC    BX
      LOOP   LOP                        ；未减完循环
```

6.1.4 定点数乘法运算

8086提供了乘法运算指令，但仅能作字节或字的数据乘运算。因此对于多字节的乘运算，还要通过编程实现。

乘法指令分为无符号数乘法指令和有符号数乘法指令，对它们的处理是不相同的，所以不能等同使用。

【例6.5】 编制16位有符号数乘法程序。

要求：将字单元A与字单元B所表示的有符号数相乘，其乘积存入CC开始的字单元中。

分析：16位有符号数可以存放在一个字单元中。其结果长度加倍，将存入两个字单元中。

源程序：

```
DATA  SEGMENT
  A   DW 7890
  B   DW 120AH
  CC  DW 2 DUP (?)
DATA  ENDS
CODE  SEGMENT
      ASSUME   DS:DATA,CS:CODE
ST:   MOV   AX,DATA
      MOV   DS,AX
      MOV   AX,A
      IMUL  B                    ; A×B→DX:AX
      MOV   CC,AX
      MOV   CC+2,DX
      MOV   AH,4CH
      INT   21H
CODE  ENDS
      END   ST
```

非压缩十进制数可以实现乘法运算。它是先进行二进制数乘法运算，然后再进行乘积的十进制调整。当有多位的十进制数运算时，则应进行逐位相乘。

多位非压缩十进制数乘法，与一般乘法运算相似。由下面的算式可以看出乘法运算的一般规则：

进位	3450
被乘数	569
乘数	×6
乘积	3414

上述规则完全适于非压缩十进制数的乘法运算。值得注意的是在每次乘完成后，一定要用非压缩十进制数乘法调整指令进行调整，才成为十进制数的结果。同样，在进行乘积的低位与进位相加后（二进制加法指令）还要进行非压缩十进制数的加法调整，才能得到正确的十进制数。

【例6.6】 编制一个非压缩十进制数相乘程序。

要求：在A单元开始有多位非压缩十进制数与B单元的一位非压缩十进制数相乘，结果存于CC单元开始的地址中。A单元开始非压缩十进制数的位数用符号常量N表示。

源程序：

```
DATA  SEGMENT
   A   DB   2,6,3,7                      ; 被乘数（低位数在前）
   N   EQU  $-A
   B   DB   6                            ; 乘数
   CC  DB   N+1 DUP (?)                  ; 结果单元
DATA  ENDS
CODE  SEGMENT
      ASSUME  CS:CODE,DS:DATA,ES:DATA
ST:   MOV    AX,DATA
      MOV    DS,AX
      MOV    ES,AX
      CLD                                ; 清 DF
      MOV    SI,OFFSET A                 ; 置数据地址指针
      MOV    DI,OFFSET CC                ; 置乘积地址指针
      MOV    CX,N
      MOV    BYTE PTR [DI],0             ; 置进位初值
LOP:  LODSB                              ; 取低位被乘数
      MUL    B                           ; 相乘
      AAM                                ; 乘法十进制调整
      ADD    AL,[DI]                     ; 加低位乘进位
      AAA                                ; 非组合十进制加法调整
      STOSB                              ; 存低位乘积
      MOV    [DI],AH                     ; 存进位值
      LOOP   LOP                         ; 未完，转 LOP
      MOV    AH,4CH
      INT    21H
CODE  ENDS
      END    ST
```

由于乘法运算其乘积的结果位长将增加，一般可取被乘法的位长加上乘数的位长之和值。故在程序设计时，乘积的存放单元取值为 N+1。在程序中，部分积单元 CC 除了用于存放部分乘积外，还用来作为乘法运算过程中的进位值。因为逐位相乘后，总是把部分积的高位当作下次运算的进位值。所以一般程序中没有单独设置存放进位值的单元。

实际应用中，经常使用的是多位的十进制数相乘。此时只要分别多次利用［例 6.6］中的程序就可以得到每一位乘数与多位被乘数的乘积，而乘数的高位乘被乘数的结果较相邻的低位乘被乘数的结果要高 1 位，所以要将它们相加时，则在高位乘积的低位补上一个字节的 0，然后再与低位的乘积相加，就得出两位乘数的乘积。如果乘数的位数更多的话，可依次类推，得出两个多位数相乘的结果来。

借用数学式说明如下：

$$659\times59=659\times50+659\times9=(659\times5)\times10+(659\times9)=A\times10+B \tag{6.1}$$

A 和 B 均可用同一子程序实现，但 A 为高位，故应将 A 补一字节为 0 的低位，使其值为 A×10，然后再与 B 相加，即得到乘积。高位乘积低位补 0 字节的操作，只要在数据安排上留出低位字节值为 0 的单元即可。

【例 6.7】 编制两个多位的十进制数相乘程序。

要求：在 A 单元开始有多字节的非压缩 BCD 型被乘数，在 B 单元开始有非压缩型多字

节的 BCD 乘数，求其积存在以 CC 开始的单元中。一般存放规律是高位数在高地址端。

分析：程序中设定，低位乘积结果存放在以 CC 开始的地址单元中，高位乘积结果存放在 D 起的地址单元中，最后的乘积结果存放在以 D 开始的地址单元中。乘积的高位规定放在高地址端。在部分乘积相加后，应使用非压缩加法调整指令进行调整以获得正确的非压缩十进制数乘积结果。

源程序：

```
DATA  SEGMENT
  A    DB    2,6,3,7,5                  ; 被乘数 57362
  B    DB    6,5                        ; 乘数 56
  CC   DB    7 DUP (0)                  ; 低位部分积存放单元
  D    DB    7 DUP (0)                  ; 高位部分积存放单元
  N1   EQU   5                          ; 按位乘计数值
  N2   EQU   7                          ; 按位加计数值
DATA  ENDS
CODE  SEGMENT
      ASSUME    CS:CODE,DS:DATA,ES:DATA
START:MOV   AX,DATA
      MOV   DS,AX
      MOV   ES,AX
      MOV   SI,OFFSET  A                ; 置地址指针
      MOV   DI,OFFSET  CC               ; 置结果地址指针
      MOV   CX,N1
      MOV   BL,B                        ; 取乘数低位
      CLD
      CALL  SM                          ; 调用非压缩十进制乘法子程序
      MOV   SI,OFFSET  A                ; 进行高一位乘，调用子程序前
      MOV   DI,OFFSET  D+1              ; 做数据入口参数准备工作
      MOV   CX,N1
      MOV   BL,B+1                      ; 取乘数高位
      CLD
      CALL  SM                          ; 进行高一位乘法调用
      MOV   SI,OFFSET CC                ; 实现二位乘积结果的加法运算
      MOV   DI,OFFSET D                 ; 做入口参数准备工作
      MOV   CX,N2
      CLD
      CLC
      CALL  SA                          ; 调用非压缩十进制加法子程序
      MOV   AH,4CH
      INT   21H
      ; 非压缩十进制数乘法子程序
      ; 入口参数:SI 为被乘数地址指针，DI 为部分积地址指针
      ; CX 为按位乘计数器，BL 为乘数寄存器
      ; 出口参数:在 DI 指向的存储区中有运算结果
SM    PROC
      MOV   BYTE  PTR[DI],0
LOP:  LODSB                             ; 取低位被乘数
      MUL   BL                          ; 乘法运算
      AAM                               ; 乘法十进制调整
      ADD   AL,[DI]                     ; 加低位进位
```

```
        AAA                     ; 加法十进制调整
        STOSB                   ; 存结果
        MOV   [DI],AH           ; 存进位
        LOOP  LOP               ; 未乘完，转 LOP
        RET
SM      ENDP
        ; 非压缩十进制数加法子程序
        ; 入口参数:      SI 为非压缩十进制加数地址指针
        ;                DI 为非压缩十进制被加数地址指针
        ;                CX 为加法运算位数
        ; 出口参数:      加法结果在 DI 指向的存储区中
SA      PROC
LP:     LODSB
        ADC   AL,[DI]
        AAA
        STOSB
        LOOP  LP
        RET
SA      ENDP
CODE    ENDS
        END   START
```

上面讨论的是非压缩的 BCD 数乘法，这是因为系统只提供了非压缩的十进制调整指令，所以编写非压缩十进制数的乘法很方便。似乎压缩型的十进制数乘法就无法实现了，的确，直接进行压缩的 BCD 数乘法是无法实现的，但乘法的实现是加法的累加，因此，可以通过累加的方法实现压缩型 BCD 数的运算。

【例 6.8】 编制两个压缩 BCD 数相乘程序。

要求：A、B 单元各有两位压缩型 BCD 码，求其乘积并存于 CC 单元中。

分析：CC＝A×B，A、B 单元各为两位 BCD 数，其乘积可为 4 位 BCD 数，故 CC 单元处应有 2 个字节单元用以存放乘积。由于没有压缩型 BCD 数的乘法调整指令，故使用被乘数累加的方法求乘积，累加的次数由乘数值决定。每累加一次，乘数减 1，直到累加到乘数值所规定的次数到为止。

源程序：

```
 DATA  SEGMENT
    A   DB   35H                        ; 乘数
    B   DB   26H                        ; 被乘数
   CC   DB   2 DUP (?)                  ; 乘积单元
 DATA        ENDS
 CODE        SEGMENT
             ASSUME   CS:CODE,DS:DATA
START: MOV      AX,DATA
       MOV      DS,AX
       MOV      BL,A                    ; BL 中为乘数
       MOV      CL,B                    ; CL 中为被乘数
       MOV      DX,0                    ; DX 存乘积,初值为 0
AGAIN: MOV      AL,DL                   ; 累加被乘数
       ADD      AL,CL
```

```
        DAA                             ；十进制数调整
        MOV     DL,AL
        MOV     AL,DH                   ；进位处理
        ADC     AL,0
        DAA
        MOV     DH,AL                   ；存高位乘积
        MOV     AL,BL
        SUB     AL,1                    ；乘数减 1
        DAS
        MOV     BL,AL
        OR      AL,AL                   ；判乘数是否为 0
        JNZ     AGAIN                   ；非零，转 AGAIN
        MOV     BX,OFFSET  CC           ；为零，存乘积
        MOV     [BX],DX
        MOV     AH,4CH
        INT     21H
CODE    ENDS
        END     START
```

程序中所使用加减法运算均为二进制数运算指令，要用十进制数的调整指令，才能得到十进制数结果，所以在每个加、减指令后，都跟有十进制调整指令。

6.1.5 定点数除法运算

同乘法一样，除法指令也分为无符号除法和有符号除法指令。当进行除法时，无论是无符号除法还是有符号除法，只要除数为 0 或商的结果超出寄存器允许存放的范围，就会产生一个内部类型为 0 的中断。为此可以在程序中设置溢出判断处理，结束程序的运行，然后由程序设计者自行查找产生错误的原因。

要对 AX 中两个非压缩型十进制数相除时，要先进行十进制调整，然后再进行二进制数除法运算，其结果才为未组合的十进制的商和余数。压缩型十进制数相除，没有相应的十进制调整指令。因此通过其他方式实现压缩十进制数的除法运算。

【例 6.9】 试编制压缩型 BCD 数除法程序。

要求：把在 A 单元开始的 8 位压缩 BCD 被除数与 B 单元开始的 4 位压缩 BCD 除数相除，结果的 BCD 商值存入以 C 开始的存储单元中，BCD 余数存入以 D 开始的存储单元中。

分析：本例实际为 8 位压缩 BCD 数除 4 位压缩的 BCD 数，规定结果为 4 位 BCD 商和 4 位 BCD 余数。如果除数为 0 或商值超过寄存器允许的存放范围，则将产生除数为 0 溢出中断。本程序利用二进制除法实现，因此要先把运算数转换为二进制数，它们是利用 BCDTOB 子程序实现的。在进行二进制除法后，把运算结果再转换为压缩 BCD 数，本例中是利用子程序 BTOBCD 实现的。BCD 数除法是由子程序 BCDDIV 子程序实现的，它分别调用 BCDTOB 和 BTOBCD 子程序。

BCDTOB 子程序是把存于 AX 中的 4 位 BCD 数转为 16 位二进制数，存于 AX 寄存器中，它是利用子程序 SHAD 完成这一转换操作的。首先将 AX 中每位 BCD 数移到 DI 中，然后将高位 BCD 数乘 10 再加上低位 BCD 数，从而完成一位 BCD 数向二进制数的转换操作。经过 4 次 SHAD 子程序的调用，就使所有的 BCD 数转换为二进制数并累加到 AX 寄存器中，AX 中即为转换后的二进制数。

BTOBCD 子程序是把 AX 中的二进制数转为 4 位 BCD 数，存于 AX 寄存器中。它先对给定的二进制数进行判定，是否大于 9999，如大于，则置 CF=1，不进行转换；否则，可进行转换。转换方法是将 AX 中的二进制数分别除以 1000、100 和 10，每次所得的商分别为 BCD 数的千位、百位和十位数，余数即为个位数。分别将转换的 BCD 数移入 DX 寄存器中，最后送 AX 寄存器。

源程序：

```
DATA    SEGMENT
   A    DW  1246H,2187H          ; 被除数，高位数在前
   B    DW  2536H                ; 除数
   CC   DW  0                    ; 商
   D    DW  0                    ; 余数
DATA    ENDS
STACK   SEGMENT  PARA  STACK  'STACK'
        DB  200 DUP (?)
STACK   ENDS
CSEG    SEGMENT  PARA  PUBLIC  'CODE'
EXTRN   BCDDIV:FAR
        ASSUME  CS:CSEG,DS:DATA,SS:STACK
START:  MOV     AX,DATA
        MOV     DS,AX
        MOV     AX,STACK
        MOV     SS,AX
        MOV     DX,A                ; 取被除数
        MOV     AX,A+2
        MOV     BX,B                ; 取除数
        CALL    BCDDIV              ; 调 BCD 除法子程序
        MOV     CC,AX               ; 存结果
        MOV     D,DX
        MOV     AH,4CH
        INT     21H
CSEG    ENDS
        END     START
        NAME    BCDDIV
        ; 子程序名:BCDDIV
        ; 入口参数:DX，AX=8 位压缩型 BCD 被除数（DX 为高位数）
        ;          BX=4 位压缩型 BCD 除数（BH 为高位数）
        ; 出口参数:AX=4 位压缩型 BCD 商
        ;          DX=4 位压缩型 BCD 余数
        PUBLIC  BCDDIV
        EXTRN   BCDTOB:FAR,BTOBCD:FAR
CSEG    SEGMENT  PARA  PUBLIC  'CODE'
        ASSUME   CS:CSEG
BCDDIV  PROC     FAR
        PUSH     BX                 ; 保护寄存器
        PUSH     CX
        PUSH     SI
        PUSH     AX
        MOV      AX,BX              ; 取除数
        CALL     BCDTOB             ; 转为二进制数
```

```
        MOV     BX,AX           ; 存回 BX
        MOV     AX,DX           ; 取高位被除数
        CALL    BCDTOB          ; 转为二进制数
        MOV     CX,10000        ; 高位乘 10000
        MUL     CX              ; 结果在 DX:AX 中
        MOV     SI,AX           ; 暂存 AX
        POP     AX              ; 取低位被除数
        CALL    BCDTOB          ; 转为二进数
        ADD     AX,SI           ; 低位二进制数相加
        ADC     DX,0            ; 高位数加进位
        DIV     BX              ; 二进制除法，高位存 AX，余数存 DX
        MOV     CX,AX           ; 暂存商
        MOV     AX,DX           ; 置余数到 AX
        CALL    BTOBCD          ; 转二进制余数为 BCD 数
        MOV     DX,AX           ; 存 BCD 余数
        MOV     AX,CX           ; 置商到 AX
        CALL    BTOBCD          ; 转商为 BCD 数，结果在 AX 中
        POP     SI              ; 恢复寄存器
        POP     CX
        POP     BX
        RET
BCDDIV  ENDP
CSEG    ENDS
        END
        NAME    BCDTOB
        ; 子程序名:BCDTOB
        ; 入口参数:AX 为压缩型 BCD 数
        ; 出口参数:AX 为 16 位二进制数
        PUBLIC    BCDTOB
CSEG    SEGMENT   PARA  PUBLIC   'CODE'
        ASSUME    CS:CSEG
BCDTOB  PROC    FAR
        PUSH    CX
        PUSH    DI
        PUSH    SI
        MOV     SI,AX           ; 取 BCD 数
        SUB     AX,AX           ; AX 清 0
        CALL    SHAD            ; 完成高位数乘 10 运算并加低位数
        CALL    SHAD            ; 然后转为二进制数
        CALL    SHAD
        CALL    SHAD
        POP     SI
        POP     DI
        POP     CX
        RET
BCDTOB  ENDP
        ; 子程序名:SHAD
        ; 功能:完成高位数乘 10 加低位数，并变为二进制数
        ; 入口参数:SI 为 4 位 BCD 数，AX 为高位数的初值
        ; 出口参数:AX 为每位 BCD 数转换后的二进制数
SHAD    PROC    NEAR
```

```
        MOV DI, 0
        MOV     CX,4
    LP: SHL     SI,1                ; 移BCD高位到DI中，作转换准备
        RCL     DI,1
        LOOP    LP
        MOV     CX,10
        MUL     CX                  ; AX×10→AX
        ADD     AX,DI               ; 加低位BCD数，AX中为转换的二进制数
        RET
SHAD    ENDP
SCEG    ENDS
        END
        NAME   BTOBCD
        ; 子程序名:BTOBCD
        ; 功能:二进制数转为BCD数子程序
        ; 入口参数:AX为16位二进制数
        ; 出口参数:AX为4位BCD数，当CF=1，因数大不转换
        ;            AX中仍为未转换的二进制数
        PUBLIC  BTOBCD
   CSEG SEGMENT  PARA  PUBLIC  'CODE'
        ASSUME  CS:CSEG
BTOBCD  PROC  FAR
        CMP  AX,9999                ; 判断数大于9999吗?
        JBE  CONTN
        STC                         ; 大于，置CF=1
        JMP   EXIT
CONTN:  PUSH    CX
        PUSH    DX
        SUB     DX,DX
        MOV     CX,1000             ; 二进制数除1000
        DIV     CX                  ; DX，AX/CX→AX（商），DX（余）
        XCHG    AX,DX               ; 商、余交换
        MOV     CL,4
        SHL     DX,CL               ; 千位数左移4位
        MOV     CL,100              ; 二进制余数除100
        DIV     CL                  ; AX/CL→AL（商），AH（余）
        ADD     DL,AL               ; 加入百位数
        MOV     CL,4
        SHL     DX,CL               ; 千、百位左移4位
        XCHG    AL,AH               ; 商、余交换
        SUB     AH,AH               ; 清AH
        MOV     CL,10               ; 二进制余数除10
        DIV     CL                  ; AX/CL→AL（商），AH（余）
        ADD     DL,AL               ; 加入十位数
        MOV     CL,4
        SHL     DX,CL               ; 千、百、十位左移4位
        ADD     DL,AH               ; 加入个位数
        MOV     AX,DX               ; 转换后的BCD数存AX作出口参数
        POP     DX
        POP     CX
```

```
  EXIT:RET
BTOBCD  ENDP
  CSEG  ENDS
        END
```

【例6.10】 试编制多字节非压缩型BCD数除法程序。

分析：除法指令只能完成32位或16位的除法运算。当有更多位的字节数要进行除法运算时，就应该通过其他方法予以实现。为了实现多字节的非压缩型BCD码除法运算，可以回顾一下手工除法的运算规则，会发现可以把被除数分解为各个单独位，分别用除数去除，并且从高位被除数开始。如先除被除数的高位，其商值存储单元的高位中，而余数作下次运算的被除数的高位。如此循环，除完被除数的所有位后，其结果的商值就存放在商的存储区了。

源程序：

```
DATA   SEGMENT
   A   DB  8,8,7,5,4                  ; 十进制被除数88754
   B   DB  6                          ; 十进制除数6
   CC  DB  5 DUP (0)                  ; 商值单元
   N   EQU 5                          ; 被除数位数
DATA   ENDS
CODE   SEGMENT
       ASSUME    CS:CODE,DS:DATA,ES:DATA
START:MOV   AX,DATA
       MOV   DS,AX
       MOV   ES,AX
       CLD
       LEA   SI,A                ; 置被除数地址指针
       LEA   DI,CC               ; 商值地址指针
       MOV   CX,N                ; 单位除法次数计数器
       MOV   AH,0                ; 清AH
LP1:   LODSB                     ; 取高位被除数→AL
       AAD                       ; 对AX作十进制调整
       DIV   B                   ; AX/B→AL（商），AH（余）
       STOSB                     ; 存商高位
       LOOP  LP1                 ; 对被除数各位除操作
       MOV   CX,N                ; 显示除运算结果
       LEA   DI,CC
LP2:   MOV   DL,[DI]
       ADD   DL,30H
       MOV   AH,2
       INT   21H
       INC   DI
       LOOP  LP2
       MOV   AH,4CH
       INT   21H
CODE   ENDS
       END   START
```

在8086系统的汇编语言中，没有与压缩型BCD数除法运算相对应的压缩型十进制调整指令，因此不能直接使用压缩型BCD数的除法运算。为实现压缩型BCD除法运算，可以通

过减法来实现，因为减法可以使用压缩型减法调整指令实现十进制数运算。

【例 6.11】 试编制多字节压缩型 BCD 数的除法程序。

要求：在 A、B 开始的存储单元中，各有一组压缩型十进制数，要求实现 A/B，结果余数存 A 开始的存储单元中，商值存 CC 开始的存储单元中。

分析：这是一组压缩型十进制数除法运算，不能直接使用除法指令实现。现使用减法指令，采用逐次减，用累加减法次数为商的方法实现除法运算。

源程序：

```
DATA    SEGMENT
  A     DB      59H,12H,38H,29H,38H,32H,44H,59H,22H,39H  ；被除数(低位数在前)
  B     DB      44H,33H,55H,0,0,0,0,0,0,0                ；除数（低位数在前）
  CC    DB      10 DUP (0)                  ；商值单元
  N     EQU     10                          ；运算数字节数
DATA    ENDS
STACK   SEGMENT  PARA  STACK 'STACK'
        DB  200 DUP (?)
STACK   ENDS
CODE    SEGMENT
        ASSUME  CS:CODE,DS:DATA,SS:STACK
START:  MOV     AX,DATA
        MOV     DS,AX
LP:     LEA     SI,A                        ；置被除数地址指针
        LEA     DI,B                        ；置除数地址指针
        MOV     CX,N                        ；置减法字节长计数器
        CALL    SUBR                        ；调用减法子程序
        JC      DEND                        ；不够减，转 DEND
        MOV     CX,N－1                     ；够减，实现部分商加 1 操作
        LEA     BX,CC
        MOV     AL,[BX]                     ；取商低位
        ADD     AL,1                        ；商加 1
        DAA
        INC     BX
NEXT:   MOV     AL,[BX]                     ；取部分商
        ADC     AL,0                        ；实现进位操作
        DAA
        MOV     [BX],AL                     ；存部分商
        INC     BX
        LOOP    NEXT
        JMP     LP
DEND:   LEA     SI,A                        ；置旧余数地址指针
        LEA     DI,B                        ；除数地址指针
        MOV     CX,N
        CLC
ADCB:   MOV     AL,[SI]                     ；还原余数
        ADC     AL,[DI]
        DAA
        MOV     [SI],AL
        INC     SI
        INC     DI
```

```
        LOOP   ADCB
        MOV    AH,4CH
        INT    21H
        ；子程序名：减法子程序 SUBR
        ；入口参数：SI 为被减数地址指针
        ；          DI 为减数地址指针
        ；          CX 为运算数字节长
        ；出口参数：减结果在被减数存储单元中
SUBR    PROC
        PUSH   AX
        CLC
CLP:    MOV    AL,[SI]
        SBB    AL,[DI]
        DAS
        MOV    [SI],AL
        INC    SI
        INC    DI
        LOOP   CLP
        POP    AX
        RET
SUBR    ENDP
CODE    ENDS
        END    START
```

程序中所指余数，是指被除数经过除数相减后，就变成下次减的余数。而当减到有借位时，表明不够减，此时应再加回减数（即除数），使其成为除后的真正的余数值。

本例要求除数与被除数存放的字节数要等长。除数小时，则高位字节补零。这样做，是为了减法和加法运算时，实现从低到高字节运算操作的通用程序设计。

对于定点数算术运算要想编制出一个好的程序，必须熟悉各种不同进制和不同格式数据的运算指令及其编程方法。同时，还应能从众多设计方法中选择出较优的算法，以获得较高的运行效率，所以，在每编写一个程序之前，应先分析、研究算法，然后再编程。这样才能写出一个较好的程序。

6.2 非数值处理程序设计

在实际中，不仅有大量的数值运算问题，而且也会有大量的非数值处理问题。非数值处理在管理程序、文字处理和过程控制中都具有广泛的应用。

6.2.1 代码转换

计算机在通信、管理、控制等各类应用中，使用着各种不同的代码，它们因使用的要求不同而相异，所以说代码转换是必需的。例如，当从键盘上输入一个数字，而机器中接收到的是该数字的 ASCII 码值。如果这个数字要参加二进制运算，则要先将其转换成二进制；如果要参加十进制运算，则要先将其转换成 BCD 码。如果内存中的二进制数要在屏幕（打印机）上以十进制形式显示（打印）出来，则首先要将其转换成十进制数，再转换成 ASCII 码才能输出；如果要用数码管显示器 LED 显示，则要将二进制转换成 LED 显示码。一般来讲，在具有操作系统管理程序的计算机中，有些代码转换程序已在系统管理软件中编好，而在实际应用中，有些代码转换程序需要根据使用要求编程完成。

在计算机系统中，常用的代码有：二进制、八进制、十进制、十六进制、BCD 码、ASCII 码和七段显示码等。本节主要讨论十六进制数与 ASCII 码、二进制数与 BCD 码、ASCII 码与 BCD 码之间的相互转换、二进制数转换成七段显示码等问题。

1．十六进制与 ASCII 码间的相互转换

（1）十六进制转换成 ASCII 码。由于一位十六进制数在内存中是 4 位二进制数，这种转换就是将 4 位二进制数转换成一个十六进制字符的 ASCII 码。若 4 位二进制数的值为 0～9，则转换成字符“0”～“9”，即加 30H；若 4 位二进制数的值在 10～15，则转换成字符“A”～“F”，即加 37H。

【例 6.12】 将存储单元 DAT 中存放着的一位十六进制数（存在 DAT 单元的低半字节中）转换成 ASCII 码，并送 CRT 显示。

分析：十六进制数据不能作为一个整体进行显示，要先将其分解为各个字符的 ASCII 码，然后再调用 DOS 系统功能调用的 2 号子功能完成各个字符的显示。

源程序：

```
DATA      SEGMENT
DAT       DB  5DH
DATA      ENDS
STACK1    SEGMENT  PARA  STACK 'STACK'
STA       DB  100  DUP (?)
STACK1    ENDS
CODE      SEGMENT
          ASSUME  CS:CODE,DS:DATA,SS:STACK1
START:    MOV     AX,DATA
          MOV     DS,AX
          MOV     AL,DAT
          AND     AL,0FH        ; 屏蔽高 4 位
          CMP     AL,9
          JA      AD37
          ADD     AL,30H        ; 小于等于 9 则加 30H，转换为数字（0～9）的
                                ; ASCII 码
          JMP     DISP
AD37:     ADD     AL,37H        ; 大于 9 则加 37H，转换为数字（A～F）的 ASCII 码
DISP:     MOV     DL,AL
          MOV     AH,2          ; 送 CRT 显示
          INT     21H
          MOV     AH,4CH        ; 返回 DOS
          INT     21H
CODE      ENDS
          END     START
```

（2）ASCII 码转换成十六进制。将一个十六进制字符的 ASCII 码转换成 4 位二进制数，若字符为“0”～“9”的 ASCII 码（30H～39H），则减去 30H 得“0000”～“1001”；若字符为“A”～“F”的 ASCII 码（41H～46H），则减去 37H 得“1010”～“1111”；若字符

为“a”～“f”的ASCII码（61H～66H），则减去57H得“1010”～“1111”。

【例6.13】 在数据区BUFF单元开始有50个ASCII字符，将其中的0～9或A～F的ASCII字符转换成十六进制数后仍存回原单元。

分析：数字0～9的ASCII码表示为30H～39H，要将其转换为十六进制数，只需要屏蔽其高4位即可；而A～F的ASCII码表示为41H～46H，要转换成与其相对应的十六进制数可以采用先加9，再屏蔽其高4位的方法来实现。

源程序：

```
DATA        SEGMENT
BUFF        DB  'ACE89ErfFISK12008…'
DATA        ENDS
STACK1      SEGMENT  PARA  STACK  'STACK'
STA         DB  100  DUP (?)
STACK1      ENDS
CODE        SEGMENT
            ASSUME  CS:CODE,DS:DATA,SS:STACK1
START:      MOV     AX,DATA
            MOV     DS,AX
            MOV     CX,50
            MOV     BX,OFFSET BUFF
LOP:        MOV     AL,[BX]
            CMP     AL,30H
            JB      NEXT                    ；小于30H则判断下一个字符
            CMP     AL,39H
            JBE     KKK                     ；小于等于39H则转换
            CMP     AL,41H
            JB      NEXT                    ；小于41H则判断下一个字符
            CMP     AL,46H
            JA      NEXT                    ；大于46H则判断下一个字符
            ADD     AL,09H
KKK:        AND     AL,0FH                  ；屏蔽高4位
            MOV     [BX],AL
NEXT:       INC     BX
            LOOP    LOP
            MOV     AH,4CH                  ；返回DOS
            INT     21H
CODE        ENDS
            END     START
```

2. BCD码与其他码的转换

（1）BCD码转换为ASCII码。对于一个组合型BCD码数，高4位清0，再加上30H，可得个位字符的ASCII码；原数据逻辑右移四位，再加上30H，可得十位字符的ASCII码。

【例6.14】 编写程序在CRT上自动输出0～98的十进制数。

分析：要显示两位十进制数，可以将待输出的两位十进制数当作字符串看待，将其存入缓冲区中，通过系统调用的9号子功能完成。

源程序：

```
DATA    SEGMENT
BUF     DB  3  DUP (?)                  ；定义存放字符器的缓冲区
DATA    ENDS
STACK1  SEGMENT  PARA  STACK  'STACK'
STP     DB  100  DUP (?)
STACK1  ENDS
CODE    SEGMENT
        ASSUME CS:CODE,DS:DATA,SS:STACK1
START:  MOV   AX,DATA
        MOV   DS,AX
        MOV   BL,-1
        PUSH  BX                        ；保护 BL
LOP:    MOV   SI,OFFSET BUF
        MOV   DL,0DH                    ；输出回车
        MOV   AH,2
        INT   21H
        MOV   DL,0AH                    ；输出换行
        MOV   AH,2
        INT   21H
        POP   BX                        ；恢复 BL
        MOV   AL,BL
        INC   AL
        DAA
        CMP   AL,99H
        JA    OVE                       ；若数字大于 99，结束程序
        MOV   BL,AL
        PUSH  BX                        ；保护 BL，作为下个循环的基数
        MOV   DL,AL                     ；暂存入 DL，作为 ASCII 码转换备用
        MOV   CL,4
        SHR   AL,CL                     ；右移四次
        OR    AL,30H                    ；高位十进数转成 ASCII 码
        MOV   [SI],AL                   ；存到缓冲区
        INC   SI
        MOV   AL,DL                     ；恢复原十进制数
        AND   AL,0FH
        OR    AL,30H                    ；低位十进制数转成 ASCII 码
        MOV   [SI],AL
        INC   SI
        MOV   AL,'$'
        MOV   [SI],AL                   ；$存入缓冲区，这是 9 号调用所要求的
        MOV   DX,OFFSET BUF
        MOV   AH,9
        INT   21H                       ；缓冲区数据输出显示
        MOV   CX,0000H
AGAIN:  DEC   CX                        ；延时后再显下一个数
        JNE   AGAIN
        JMP   LOP
OVE:    MOV   AH,4CH
        INT   21H
```

```
CODE     ENDS
         END   START
```

（2）ASCII码转换为BCD码。对于两个十进制数字的ASCII码，个位数字的高4位清0，十位数字左移4位，然后将两者相加，可得到其组合型BCD码。

【例6.15】 若在内存BUF1开始的缓冲区中，已有若干个用ASCII码表示的十进制数据。现要求把它转换为相应的BCD码，且把两个相邻单元的十进制数码的BCD码合并在一个存储单元中，且地址高的放在前4位，存放在BUF2开始的单元。

分析：首先判断ASCII码的个数是奇数还是偶数，若为偶数，则两个相邻单元的ASCII码数转换后，合并为组合BCD码，存放在BUF2开始的第一个单元；若为奇数，则先把地址最低的一个ASCII码转换为BCD码（高四位为0），并将转换结果单独存放在BUF2开始的第一个单元，然后把剩下的按偶数个ASCII码进行处理。

源程序：

```
DATA    SEGMENT
BUF1    DB  31H,33H,35H,37H,39H,32H,34H,36H,38H,30H
COUNT   EQU  $-BUF1
BUF2    DB   5  DUP (?)
DATA    ENDS
STACK1  SEGMENT  PARA  STACK 'STACK'
STP     DB  100  DUP (?)
STACK1  ENDS
CODE    SEGMENT
        ASSUME  CS:CODE,DS:DATA,ES:DATA,SS:STACK
START:  MOV  AX,DATA
        MOV  DS,AX
        MOV  ES,AX
        MOV  SI,OFFSET  BUF1
        MOV  DI,OFFSET  BUF2
        MOV  CX,COUNT
        ROR  CX,1              ；判断ASCII数的个数，若为偶数则转移
        JNC  NEXT
        ROL  CX,1
        LODSB                  ；奇数个，先转换第一个数，取一数进AL，
                               ；指针SI＋1
        AND  AL,0FH            ；转换成BCD码
        STOSB                  ；送入内存单元，指针DI＋1
        DEC  CX                ；数据个数减1
        ROR  CX,1              ；数据个数除2
 NEXT:  LODSB
        AND  AL,0FH
        MOV  BL,AL             ；转换一个ASCII码到BCD码
        LODSB
        PUSH CX                ；保护CL的内容
        MOV  CL,4
        SAL  AL,CL             ；再转换一个ASCII码到BCD码存入高四位
        POP  CX
        ADD  AL,BL             ；两个BCD码合为一个字节
        STOSB
```

```
        LOOP NEXT
        MOV  AH,4CH
        INT  21H
CODE    ENDS
        END  START
```

（3）BCD 码转换为二进制数。在程序设计中，常会遇到这样的问题：输入数据为 BCD 码，并且要进行算术运算，结果以二进制数形式输出。此时可用 BCD 码直接运算的方法，也可先将 BCD 码转换为二进制数并以二进制数据进行运算，结果再转换为 BCD 码的形式输出。

【例 6.16】 将 BUF 单元开始的三个字节非压缩 BCD 码（低位数存放在低地址单元）转换为二进制数，结果存于 DX 寄存器。

分析：根据题意，只要将百位 BCD 码乘 100 的值加上十位 BCD 码乘 10 的值，最后再加上个位 BCD 码即可得到二进制数。

源程序：

```
DATA      SEGMENT
BUF       DB  3,4,5
L1        DB  100
L2        DB  10
DATA      ENDS
STACK1    SEGMENT  PARA  STACK  'STACK'
STA       DB  100  DUP (?)
STACK1    ENDS
CODE      SEGMENT
          ASSUME  CS:CODE,DS:DATA,SS:STACK1
START:    MOV    AX,DATA
          MOV    DS,AX
          LEA    BX,BUF
          MOV    AX,0
          MOV    DX,0
          MOV    DL,[BX]                 ；取个位数
          INC    BX
          MOV    AL,[BX]
          MUL    L2                      ；十个数乘 10
          ADD    DX,AX                   ；与个数 BCD 相加
          INC    BX
          MOV    AL,[BX]
          MUL    L1                      ；百个数乘 100
          ADD    DX,AX                   ；与十位、个位转换的结果相加
          MOV    AH,4CH                  ；返回 DOS
          INT    21H
CODE      ENDS
          END    START
```

（4）二进制数转换为 BCD 码。当计算机完成二进制数运算后，输出时先要将其转换为 BCD 码。

【例 6.17】 将 BUF 字节单元中的有符号二进制整数转换为非压缩 BCD 码，存入 BUF＋1 起的 4 个存储单元，高位在前。

分析：对给定的一个字节带符号二进制数，其最大表示范围是[－128，＋127]。转换后为 4 位 BCD 码，它们是符号位、百位、十位和个位。故首先应检查给定数的符号位，以决定其正负。若是负数，应先求补，得到原码，然后再将其转换成十进制数。最简单的转换办法是首先将其除 100，商即为百位，再用余数除 10，商即为十位，余数即为个位。

源程序：

```
DATA      SEGMENT
BUF       DB   －69H
          DB   4 DUP (?)
L1        DB   100
L2        DB   10
DATA      ENDS
STACK1    SEGMENT  PARA  STACK  'STACK'
STA       DB   100  DUP (?)
STACK1    ENDS
CODE      SEGMENT
          ASSUME  CS:CODE,DS:DATA,SS:STACK1
START:    MOV    AX,DATA
          MOV    DS,AX
          LEA    BX,BUF
          MOV    AL,[BX]
          INC    BX
          OR     AL,AL
          JNS    PLUS                   ；判断是否正数
          NEG    AL                     ；负数求补
          MOV    AH,'－'
          MOV    [BX],AH
          JMP    NEXT
PLUS:     MOV    AH,'＋'
          MOV    [BX],AH
NEXT:     INC    BX
          MOV    AH,0
          DIV    L1                     ；除以 100，求商和余数
          MOV    [BX],AL                ；商为百位 BCD 码
          INC    BX
          MOV    AL,AH
          MOV    AH,0
          DIV    L2                     ；余数除以 10，再求商和余数
          MOV    [BX],AL                ；商为十位 BCD 码
          INC    BX
          MOV    [BX],AH                ；余数为个位 BCD 码
          MOV    AH,4CH                 ；返回 DOS
          INT    21H
CODE      ENDS
          END    START
```

3. 二进制与十进制的相互转换

（1）十进制数据转换为二进制数据。程序运行时往往需要读取用户的键盘输入数据，这种读取是通过 DOS 的 10 号功能调用完成的，所读取的是 ASCII 码串，这时就需要将这串字符转换为二进制数据。转换的算法（设最多只有万位数字）如下：

①将全部十进制字符的 ASCII 码各减 30H，转换成对应数字。

②再按下式转换成一个二进制数：

$$\text{万位数字}\times10000+\text{千位数字}\times1000+\text{百位数字}\times100+\text{十位数字}\times10+\text{个位数字} \tag{6.2}$$

由于上式不便于用循环程序设计，故常用如下改进形式：

$$((((0\times10+\text{万位数字})\times10+\text{千位数字})\times10+\text{百位数字})\times10+\text{十位数字})\times10+\text{个位数字} \tag{6.3}$$

③若符号位为负，对②所得数据求补。

（2）二进制数据转换为十进制数据。当用户输入的所有十进制数据都转换为对应的二进制数据后，就可以对其运算。运算完后，结果可能需要显示在屏幕上，这时可用 DOS 的 9 号功能调用完成，但 9 号功能调用要求显示的内容必须为字符串，所以，又把二进制数转换为十进制数。转换的算法（设转换后最高只产生万位数字）如下：

①先检查二进制数（补码）的符号位，若为 0，符号位字符为“＋”；若为 1，符号位字符为“－”，并求原数的补码，转换为对应的正数。

②将①所得二进制数先除 10000，所得商即为万位数；再将余数除以 1000，所得商即为千位数；依次类推，求出百位数、十位数和个位数。

同样，为了便于使用循环程序实现，上述过程常变形为：二进制数除以 10，所得余数为个位数，再将高除以 10，所得余数为十位数，再将商除以 10，所得余数为百位数，依次类推。

③将②所得的所有数字各加 30H，转换为 ASCII 码，并按符号位、万位、千位、百位、十位和个位的顺序依次显示在屏幕上。

【例 6.18】 编程实现从键盘读取两个十进制数据，然后求出其和，显示在屏幕上。（假设用户输入的十进制数据不超过 5 位，即含 1 位符号位和 1～4 位数据位。）

分析：首先提示用户输入一个数，读取后将其转换为二进制数并入栈保存；然后，再读取用户输入的下一个数，并将其转换为二进制数放在 AX 中；最后，将这两个二进制数相加，将和再转换为十进制数 ASCII 码串并显示在屏幕上。

源程序：

```
DATA        SEGMENT
INMESSAGE   DB    0AH,0DH,      '请输入一个数（≤5 位，以正负号开头）:$'
INBUF       DB    6
            DB    ?
            DB    6 DUP (?)
OUTMESSAGE  DB    0AH,0DH,'此二数和为:$'
OUTBUF      DB    6 DUP (?),'$'
DATA        ENDS
CODE        SEGMENT
            ASSUME     CS:CODE,DS:DATA
ASCTOBIN    PROC
            MOV    CL,INBUF+1
            MOV    CH,0
            DEC    CL
            LEA    BX,INBUF+3
            PUSH   BX
            PUSH   CX
```

```
L1:          AND     BYTE  PTR  [BX],0FH
             INC     BX
             LOOP    L1
             POP     CX
             POP     BX
             MOV     AX,0
             MOV     SI,10
L2:          MUL     SI
             ADD     AL,[BX]
             ADD     AH,0
             INC     BX
             LOOP    L2
             CMP     INBUF+2,'+'
             JZ      L3
             NEG     AX
L3:          RET
ASCTOBIN     ENDP
BINTOASCII   PROC
             MOV     OUTBUF,'+'
             CMP     AX,0
             JGE     L4
             NEG     AX
             MOV     OUTBUF,'-'
L4:          MOV     CX,4
             MOV     BX,5
             MOV     SI,10
L5:          CWD
             DIV     SI
             ADD     DL,30H
             MOV     OUTBUF[BX],DL
             DEC     BX
             LOOP    L5
             ADD     AL,30H
             MOV     OUTBUF+1,AL
             RET
BINTOASCII   ENDP
DISPINPUT    PROC
             MOV     DX,OFFSET  INMESSAGE
             MOV     AH,9
             INT     21H
             MOV     DX,OFFSET  INBUF
             MOV     AH,10
             INT     21H
             RET
DISPINPUT    ENDP
START:       MOV     AX,DATA
             MOV     DS,AX
             CALL    DISPINPUT
             CALL    ASCTOBIN
```

```
                PUSH    AX
                CALL    DISPINPUT
                CALL    ASCTOBIN
                POP     BX
                ADD     AX,BX
                CALL    BINTOASCII
                MOV     DX,OFFSET  OUTMESSAGE
                MOV     AH,9
                INT     21H
                MOV     DX,OFFSET  OUTBUF
                MOV     AH,9
                INT     21H
                MOV     AH,4CH
                INT     21H
        CODE    ENDS
                END     START
```

4. 二进制数转换成七段显示码

七段显示器常作为简单的输出设备，可以显示数字和某些字符。其结构如图 6.1（a）所示。其每段均为一个发光二极管，将 7 个发光二极管按“8”字形摆放。当二极管加有电压时则发光，否则不发光。控制 7 个发光二极管，使有的段亮，有的段不亮，从而显示一个数字或字母或特定符号。为了实现这种控制，设置一个字节单元，每段占 1 位，七段被安排在字节的低 7 位，最高位不用，如图 6.1（b）所示。可以假设某位为 0，该位对应的段亮，为 1 则不亮。这样，组成一个可以显示数字或字母段码，称为七段显示码。十进制数与其相应的七段代码关系如图 6.1（c）所示。

【例 6.19】将 BUF 单元中的无符号二进制数转换成七段显示码并存于 BUF＋1 开始的三个存储单元。低位存低地址单元中。

分析：单字节二进制数表示范围为 0～255。要将其显示在七段显示器上，首先要将二进制数转换成 BCD 码，再转换成七段显示码才能在七段显示器上输出。将二进制数转换为 BCD 码前面已经介绍过。从图 6.1（c）中可以看出，二进制数与显示码之间不存在算术与逻辑上的规律，不能使用算术或逻辑变换的方法进行转换。所以，采用查表法，将七段码按顺序列表，根据十进制数从表中查找相应的七段显示码。

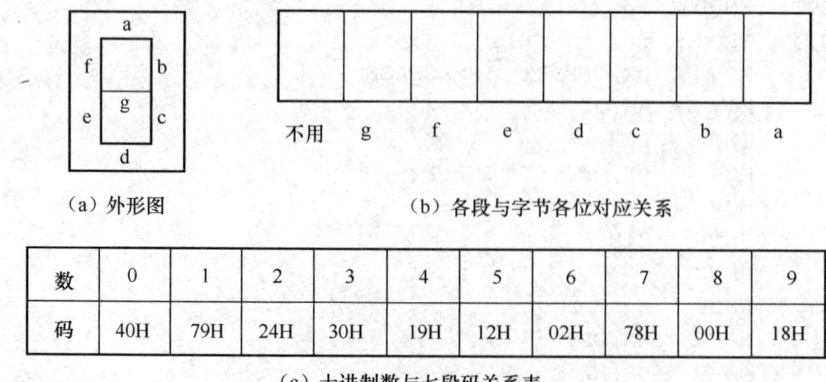

（a）外形图　　（b）各段与字节各位对应关系

数	0	1	2	3	4	5	6	7	8	9
码	40H	79H	24H	30H	19H	12H	02H	78H	00H	18H

（c）十进制数与七段码关系表

图 6.1　七段显示器及显示码表

源程序：

```
DATA    SEGMENT
BUF     DB  35
        DB  3 DUP (3)
TABLE   DB  40H,79H,24H,30H,19H,12H,02H,78H,00H,18H
DATA    ENDS
STACK1  SEGMENT  PARA  STACK 'STACK'
STA     DB  100  DUP (?)
STACK1  ENDS
CODE    SEGMENT
        ASSUME  CS:CODE,DS:DATA,SS:STACK1
START:  MOV   AX,DATA
        MOV   DS,AX
        LEA   BX,BUF
        MOV   AX,0
        MOV   AL,[BX]                ；取二进制数
        ADD   BX,3
        MOV   CL,100
        DIV   CL
        MOV   [BX],AL                ；存百位BCD码
        MOV   AL,AH
        MOV   AH,0
        DEC   BX
        MOV   CL,10
        DIV   CL
        MOV   [BX],AL                ；存十位BCD码
        DEC   BX
        MOV   [BX],AH                ；存个位BCD码
        MOV   SI,BX
        LEA   BX,TABLE               ；送表首地址
        MOV   CX,3
        MOV   AH,0
NEXT:   MOV   AL,[SI]                ；循环完成百位、十位和个位BCD
                                     ；码到七段显示码的
        ADD   BX,AX                  ；转换并存回相应存储单元
        MOV   AL,[BX]
        MOV   [SI],AL
        INC   SI
        LOOP  NEXT
        MOV   AH,4CH                 ；返回DOS
        INT   21H
CODE    ENDS
        END   START
```

6.2.2 字符数据处理

在应用程序的设计中，经常会遇到各种字符或字符串的处理，所以字符数据处理是计算机的重要应用。字符处理通常包括字符的比较、检索、插入、删除和统计等。

1. 字符串比较

【例 6.20】 在数据区 BUF1 和 BUF2 地址开始分别有一字符串，长度均为 14 字节。试比较这两个字符串，若相同，则给 RES 单元置 0；若不同，则给 RES 单元置 0FFH，并将失配字节地址送 RES＋1 开始的两个存储单元中。

分析：利用字符串操作指令 CMPSB 与重复前缀可以简单实现。但要注意的是在比较之前，必须将源串首地址、目的串首地址和串长度分别送 SI、DI 和 CX 寄存器。

源程序：

```
DATA      SEGMENT
BUF1      DB   'I am a student'
BUF2      DB   'I am a studant'
RES       DB   3 DUP (?)
NUMBER    EQU  14
DATA      ENDS
STACK1    SEGMENT  PARA  STACK  'STACK'
STA       DB   100  DUP (?)
STACK1    ENDS
CODE      SEGMENT
          ASSUME  CS:CODE,DS:DATA,ES:DATA,SS:STACK1
START:    MOV    AX,DATA
          MOV    DS,AX
          MOV    ES,AX
          LEA    BX,RES
          LEA    SI,BUF1
          LEA    DI,BUF2
          MOV    CX,NUMBER
          CLD
          REPE   CMPSB                          ；重复比较
          JNZ    UNSAME
          MOV    AX,0
          MOV    [BX],AL
          MOV    DL,[BX]
          JMP    OVER
UNSAME:   MOV    AX,0FFH
          MOV    [BX],AL
          INC    BX
          DEC    DI
          MOV    [BX],DI                        ；送不相同的字节地址
OVER:     MOV    AH,4CH                         ；返回 DOS
          INT    21H
CODE      ENDS
          END    START
```

2. 字符串检索

字符串检索就是在一个字符串中寻找一些关键字符或关键字符（串）。

【例 6.21】 在内存数据区有一数据块，首地址 BUF，长度为 50 字节。检索其中是否有与内存单元 KEYWORD 中相同的字符。若有则记录第一个遇到的关键字地址；若无则 DI 赋 0。

分析：利用 SCAS 指令加重复前缀可以简单完成关键字的检索。按指令的要求先将数据

块首地址送DI寄存器，数据块长度送CX寄存器，利用ZF标志判断是否检索到。

源程序：

```
DATA      SEGMENT
KEYWORD   DB   50H
BUF       DB   20H,34H,98H,78H,…
RES       DW   ?
DATA      ENDS
STACK1    SEGMENT  PARA  STACK  'STACK'
STA       DB   100  DUP (?)
STACK1    ENDS
CODE      SEGMENT
          ASSUME  CS:CODE,DS:DATA,ES:DATA,SS:STACK1
START:    MOV    AX,DATA
          MOV    DS,AX
          MOV    ES,AX
          MOV    AL,KEYWORD
          LEA    DI,BUF
          MOV    CX,50
          CLD
          REPNE  SCASB              ；重复搜索
          JZ     FOUND
          MOV    DI,0
          JMP    OVER
FOUND:    DEC    DI
          MOV    RES,DI             ；送第一个遇到的关键字地址
OVER:     MOV    AH,4CH             ；返回DOS
          INT    21H
CODE      ENDS
          END    START
```

3. 字符插入与删除

字符的插入和删除是字符运用的主要形式。

（1）字符插入。

【例6.22】假设从BUF1地址开始有一个长度为100的字符串，串长度存于LONG单元。现要求在第一个“E”字符后插入一个字符串，其长度6。该字串存于BUF2单元开始的存储区中。若进行插入，SIGN单元置1，否则置0。

分析：由于插入的是一个字符串，所以首先找到该字符，并将被搜索的字符向后移动的单元数刚好是插入字符串的长度，如果插入的是单个字符，则只要向后移动一个单元，以空一个单元存放插入的字符。上述过程可以分成两步进行：第一步先后移字符串；第二步再完成插入，这两步实际上都是数据块的传送操作。但需要注意的是，在传送过程应为减量传送。

源程序：

```
DATA      SEGMENT
LONG      DB   100
BUF1      DB   'ABCDEFGADE……'
FREEDOM   DB  6  DUP (?)
BUF2      DB   'INSERT'
SIGN      DB   ?
```

```
DATA     ENDS
STACK1   SEGMENT  PARA  STACK  'STACK'
STA      DB   100  DUP (?)
STACK1   ENDS
CODE     SEGMENT
         ASSUME  CS:CODE,DS:DATA,ES:DATA,SS:STACK1
START:   MOV    AX,DATA
         MOV    DS,AX
         MOV    ES,AX
         MOV    CL,LONG
         LEA    DI,BUF1
         MOV    AL,'E'
         CLD
         REPNE  SCASB                         ；重复搜索
         JZ     FOUND
         MOV    SIGN,0
         JMP    OVER
FOUND:   MOV    SI,OFFSET FREEDOM－1          ；剩余子串源末址
         MOV    DI,OFFSET FREEDOM＋5          ；剩余子串目的末址
         STD
         REP    MOVSB                         ；DI 将指向插入块目的末址
         LEA    SI,BUF2＋5                    ；插入块的源末址
         MOV    CX,6
         STD
         REP    MOVSB
         MOV    SIGN,1
OVER:    MOV    AH,4CH
         INT    21H
CODE     ENDS
         END    START
```

（2）字符删除。

【例 6.23】 假设从 BUF 地址开始有一个字符串，串长度存于 LONG 单元。现要求删除所有的“D”字符并要求修改字符长度并存入 LONG 单元中。

分析：字符删除首先要找到该字符，然后将该字符后面的字串向前移动一个单元即可。子串前移的目的地址就是被删除的字符位置，源地址就是被删除字符的下一个字符的地址，传送的字符长度就是 REPNE SCASB 指令执行后的 CX 值。需要注意的是，因为还要继续查找下一字符，所以要注意保护 CX 的值。

源程序：

```
DATA     SEGMENT
LONG     DB  100
BUF      DB   'ABCDEFGADE……'
DATA     ENDS
STACK1   SEGMENT  PARA  STACK  'STACK'
STA      DB   100  DUP (?)
STACK1   ENDS
CODE     SEGMENT
         ASSUME  CS:CODE,DS:DATA,ES:DATA,SS:STACK1
START:   MOV    AX,DATA
```

```
        MOV    DS,AX
        MOV    ES,AX
        MOV    CL,LONG
        LEA    DI,BUF
        MOV    BL,CL                    ；字符串原长度存在BL
        MOV    AL,'D'
NEXT:   CLD
        REPNE  SCASB
        JZ     FOUND
        JMP    OVER
FOUND:  MOV    SI,DI
        DEC    DI
        PUSH   DI                       ；保存继续查找的首地址
        PUSH   CX                       ；保存继续查找的次数
        CLD
        REP    MOVSB
        DEC    BL
        POP    CX
        POP    DI
        JMP    NEXT
OVER:   MOV    LONG,BL                  ；将删除后的串长度送BUF
        MOV    AH,4CH
        INT    21H
CODE    ENDS
        END    START
```

4. 字符统计

【例 6.24】 在数据区 STRING 地址开始存有一字符串，以“$”作为结尾标志，长度不超过 250 个。统计该字符串的长度，并存于 LENG 单元中。

分析：从给定字符串的首地址开始，将串中字符与“$”字符逐个比较，如不是“$”字符，则串长计数器加 1；若是“$”字符，则比较结束，将计数器值送 LENG 单元。

源程序：

```
DATA    SEGMENT
STRING  DB   'ABCDEFGHIJKLM……$'
LENG    DB   ?
DATA    ENDS
STACK1  SEGMENT  PARA  STACK  'STACK'
STA     DB   100  DUP (?)
STACK1  ENDS
CODE    SEGMENT
        ASSUME  CS:CODE,DS:DATA,SS:STACK1
START:  MOV    AX,DATA
        MOV    DS,AX
        MOV    CX,0
        LEA    DI,STRING
        MOV    AL,'$'
NEXT:   CMP    AL,[DI]
        JZ     OVER                     ；是'$'字符，则结束
```

```
        INC     DI
        INC     CX                  ；不是'$'字符，则计数器加 1
        JMP     NEXT
OVER:   MOV     LENG,CL             ；字符串长度送 LENG
        MOV     AH,4CH
        INT     21H
CODE    ENDS
        END     START
```

6.2.3 表处理

表的应用很广泛，如有平方表、转移表、换码表等。表中可以存放一系列供机器执行的任务、一系列相关联的数据及执行结果，以供在各种情况下使用。

1. 表查询

表查询有直接表查询、顺序表查询、折半表查询和散列值表查询等。本节只介绍直接表查询。

直接表查询需要查询的内容正是表内要查项的地址，因而不用比较，直接取该地址的内容。如果该地址内容为非空则查找成功，否则为查找失败。这种查表法查找速度快，但要求表中各项内容是连续有序的。所以在设计表格时，应尽量满足这个要求。

【例 6.25】 将存于 BUF 开始的三个字节非压缩 BCD 码转换为七段显示码，并存回原存储单元。

分析：利用换码指令 XLAT 来实现。在使用此指令之前，应先建立一个表格，也就是七段显示码表。表格首地址预先存入 BX 寄存器，需要查表转换的代码相对于表格首地址的位移量也要预先放在 AL 中，表格的内容则是所要转换的代码。执行换码指令后就可以在 AL 中得以转换后的代码。

源程序：

```
DATA    SEGMENT
TABLE   DB  40H,79H,24H,30H,19H
        DB  12H,02H,78H ,00H,18H
BUF     DB  3,4,5
DATA    ENDS
STACK1  SEGMENT  PARA  STACK  'STACK'
STA     DB  100  DUP (?)
STACK1  ENDS
CODE    SEGMENT
        ASSUME  CS:CODE,DS:DATA,SS:STACK1
START:  MOV     AX,DATA
        MOV     DS,AX
        MOV     CX,3
        LEA     BX,TABLE            ；七段显示码表首地址送 BX
        LEA     DI,BUF
NEXT:   MOV     AL,[DI]
        XLAT    TABLE               ；查表取回相应的七段显示码
        MOV     [DI],AL
        INC     DI
        LOOP    NEXT
OVER:   MOV     AH,4CH
```

```
        INT    21H
CODE    ENDS
        END    START
```

【例 6.26】 从键盘输入一个数字（0~9），将其加密后存入 RESULT 单元。

分析：为了使输入的数据能够保密，可以建立一个密码表，利用换码指令将数据加密。如密码表为：

原数字：0，1，2，3，4，5，6，7，8，9

密码字：3，8，6，7，2，4，5，0，9，1

源程序：

```
DATA      SEGMENT
TABLE     DB  '3867245091'
RESULT    DB  ?
DATA      ENDS
STACK1    SEGMENT  PARA  STACK  'STACK'
STA       DB   100  DUP (?)
STACK1    ENDS
CODE      SEGMENT
          ASSUME  CS:CODE,DS:DATA,SS:STACK1
START:    MOV    AX,DATA
          MOV    DS,AX
          MOV    AH,1
          INT    21H                    ；从键盘接收一个数字（ASCII 码）
          AND    AL,0FH
          LEA    BX,TABLE               ；加密表首地址送 BX
          XLAT   TABLE                  ；查表取回加密码
          MOV    RESULT,AL
          MOV    AH,4CH
          INT    21H
CODE      ENDS
          END    START
```

2. 表插入和删除

表的插入和删除类似于 6.2.3 中的第 3 部分，这里不再赘述。

6.2.4 检索

检索是在计算机数据处理中，特别是管理软件中经常使用的一种操作。检索就是在一组数据中寻找出需要的数据项。检索的过程，就是在数据组中找出具有给定关键字的过程。当找到时，称为检索成功；找不到，称检索失败。

实际使用的数据项，通常是一个记录，它包含有多个数据项。关键字不过只占用其中的一个或几个域。它能唯一地将各记录区别开。一般来说，无论哪个方面的检索系统，其信息量都是很大的。所以检索过程是很费时间的，所以检索算法的优劣将直接影响检索的速度。

1. 顺序检索

顺序检索是一种简单的检索方法。这种检索方法是使用给出的关键字与数据序列中的各项关键字逐个进行比较，直到整个数据序列结尾。如果找到则检索成功，否则检索失败。

顺序检索常用来对无序数据序列进行检索。因为无序序列中关键字的排列没有任何规律，所以，必须从头开始逐一向后检索，以获得所要检索的项。

【例 6.27】 编程检索英文缩写字词典，以获得缩写字的解释词。如缩写字为“OS”，其解释词为“OPERATING SYSTEM”。已知数据结构设计为：缩写字最长为 5 个字符，以无序方式存于 BUF1 为起始地址的存储区内，形成一个缩写字表。假设共有 10 个缩写字。与缩写字排列顺序对应的解释词则在以 BUF2 地址开始的单元中，每个解释词定长 30 字符，形成解释词表。要检索的关键字放在 BUF3 地址开始的 5 个字节单元。缩写表、关键字和解释词长度不足规定长度时，均在字符后以空格补足。若检索成功，置 SIGN 标志单元为 0，并将解释词地址存入 RESULT 起的两个单元中；否则，置 SIGN 标志单元为 0FFH。

分析：解释词地址的确定，取决于关键字处于缩写表的位置。比如，关键词处于缩写表的第 5 个位置，则其相应解释词的起始地址为 BUF2＋（5－1）×30＝BUF2＋120。也就是说可以按以下公式：

$$X = A + (N-1) \times B \tag{6.4}$$

其中，X 为解释词的起始地址；A 解释词表首地址；B 为解释词定长；N 为关键字在缩写字表的位置。

源程序：

```
DATA      SEGMENT
BUF1      DB  'PC    ','OS    ','ASCII',…… 'CPU '
BUF2      DB  'PERSONAL COMPUTER………………'
          DB  'OPERATING SYSTEM…………………'
          DB  'AMERICAN STANDARD CODE………'
          ………………………………………………………………
          DB  'CERTRAL PROCESSING UNIT………'
BUF3      DB  'CPU'
RESULT    DW  ?
SIGN      DB  ?
M         EQU 30
DATA      ENDS
STACK1    SEGMENT  PARA  STACK  'STACK'
STA       DB  100  DUP (?)
STACK1    ENDS
CODE      SEGMENT
          ASSUME  CS:CODE,DS:DATA,ES:DATA,SS:STACK1
START:    MOV   AX,DATA
          MOV   DS,AX
          MOV   ES,AX
          MOV   CX,10              ; 缩写字表项数送 CX
          MOV   AL,0               ; 置检索标志
          MOV   SIGN,AL
          LEA   DI,BUF1            ; 置缩写字表首地址
          LEA   BX,BUF2            ; 置解释字表首地址
NEXT:     PUSH  CX                 ; 保护缩写字表剩余长度
          MOV   AL,0
          LEA   SI,BUF3            ; 置关键字首地址
          CALL  SEARCH
          POP   CX                 ; 取回缩写字表剩余长度
```

```
        CMP   AL,0             ；判断检索标志
        JE    FOUND
        LOOP  NEXT
        MOV   SIGN,0FFH        ；检索失败
        JMP   OVER
FOUND:  MOV   AX,10            ；计算解释词首地址
        SUB   AX,CX
        MOV   BL,M
        MUL   BL
        ADD   AX,BX
        MOV   RESULT,AX        ；存解释词首地址
OVER:   MOV   AH,4CH
        INT   21H
SEARCH  PROC
        MOV   CX,5             ；检索关键字计数器
        CLD
        MOV   DX,DI
        REPE  CMPSB            ；比较关键字
        JE    DONE             ；找到，返回
        MOV   DI,DX
        ADD   DI,5             ；未找到，DI 指向下一个缩写字第一个字符
        MOV   AL,0FFH          ；置检索标志为 0FFH
DONE:   RET
SEARCH  ENDP
CODE    ENDS
        END   START
```

2. 折半检索

折半检索也称二分检索，主要用于对已排序好的数据序列进行检索。其检索过程大致如下：设有一升序数据序列，首先用要检索的关键字与该数据序列的中间一项进行比较，如果相等则检索成功；如果不等则判断关键字是否小于中间项值，若小于则要查找的项位于数据序列前半部分，否则在后半部分。然后再在可能含有关键字的部分中间取一项与关键字比较，相等则检索成功，不等则重复上述操作，直至整个数据序列检索完毕。由于这种检索方法每次都将范围缩小一半，故称折半检索。折半检索完成一次成功的查找平均进行的比较次数为 LOG_2N-1。显然要比顺序检索法速度快得多。

在折半检索中，确定中间项是关键。下面讨论中间项的确定方法。

设一个数据序列包含 N 个数据，其第一个数据为下限数据，序号为 1，用下限序号指针 L 表示。最后一个数据为上限数据，序号为 N，用上限序号指针 H 表示。中间项数据序号 M 则可以由公式 M＝INT（（L＋H）/2）得到。其中 INT 表示取整操作。当关键字与中间项比较之后，如果关键字包含在前半部分，则上限指针改为 H＝M－1，下限指针不变。如果关键字包含在后半部分，则上限指针不变，下限指针改为 H＝M＋1。然后再根据上、下限的指针确定新的中间项。如此不断地确定中间项与关键字进行比较，直到找到或确知无此关键字为止。此时 L＞H。

【例 6.28】 在数据区 BUF 地址起有一组升序数据，长度为 10 字节。KEYWORD 单元中为已知关键字。检索其在数据序列中的序号。若检索成功，序号送 RESULT 单元，否则 RESULT 单元置 0FFH。

分析：可以根据上述的折半检索方法进行处理。

源程序：

```
DATA      SEGMENT
BUF       DB    09H,23H,45H,68H,90H
          DB    0A0H,0ABH,0C8H,0D7H,0F8H
N         DB    10
KEYWORD   DB    90H
RESULT    DB    ?
DATA      ENDS
STACK1    SEGMENT  PARA  STACK  'STACK'
STA       DB   100  DUP (?)
STACK1    ENDS
CODE      SEGMENT
          ASSUME  CS:CODE,DS:DATA,SS; STACK1
START:    MOV    AX,DATA
          MOV    DS,AX
          MOV    BL,1                  ；置下限指针
          MOV    BH,N                  ；置上限指针
          LEA    DI,BUF
          MOV    CL,KEYWORD
NEXT:     MOV    AH,0
          MOV    AL,BH                 ；取上限指针值
          ADD    AL,BL                 ；取下限指针值
          SHR    AL,1                  ；取中间项
          MOV    CH,AL                 ；暂存中间项
          ADD    AX,DI                 ；取中间项地址
          MOV    SI,AX
          CMP    CL,[SI]               ；与关键字比较
          JZ     FOUND                 ；找到，转 FOUND
          MOV    AL,CH                 ；取回中间值
          JA     BIG                   ；高转 BIG
          DEC    CH                    ；低于，修改上限指针
          MOV    BH,CH
          JMP    LOW1
BIG:      INC    CH                    ；高于，修改下限指针
          MOV    BL,CH
LOW1:     CMP    BL,BH                 ；比较上下限指针
          JA     OVER                  ；下限指针大于上限指针，转结束
          JMP    NEXT                  ；继续检索
FOUND:    MOV    RESULT,CH
          JMP    OVER1
OVER:     MOV    RESULT,0FFH
OVER1:    MOV    AH,4CH
          INT    21H
CODE      ENDS
          END    START
```

6.2.5 排序

排序，是指对给定的一组元素，按规定的顺序进行排列。排序的目的就是为了检索提供方便。排序的方法很多，有交换排序、选择排序、插入排序、快速排序等。下面仅对交换排

序进行说明。

所谓的交换排序就是将相邻的两个数进行比较，如果它们不是按规定的顺序排列，则交换它们的位置，否则就不交换。

一种典型的交换排序法称为气泡排序法，又称冒泡排序法。对有 n 个元素的数组，若原来数组的顺序是 a_1，a_2，…，a_{n-1}，a_n，首先比较 a_{n-1} 与 a_n，若 a_n 小于 a_{n-1}，则按升序排列的原则，应将 a_n 与 a_{n-1} 交换位置，否则不交换；然后再将 a_{n-1} 与 a_{n-2} 相比较，用同样的方法确定它们是否进行交换。这样一直进行到 a_2 与 a_1 比较和交换为止。由于下一次比较时，总是让上一次的小的数与这次的数相比较，因此，就将这 n 个数中的最小的数位置交换到 a_1 原来的位置。形象地说，最小的数像气泡一样由下面冒上来升到顶部，故称为“冒泡”排序法。但是以上操作，并没有完成所有的数的排序，而只是对最小的数进行了排序。如果反复进行上述操作，每次都找出一个最小的数，进行次 $n-1$ 比较后，就可使数据按从小到大的顺序排列整齐。

例见第 5 章［例 5.23］。

习 题

6.1 已知有两个压缩 BCD 数 BCD1 和 BCD2，其在内存存放形式为(BCD1)＝34；(BCD1＋1)＝18；(BCD2)＝89；(BCD2＋1)＝27，高位字节为高位数。要求编程将 BCD1 和 BCD2 相加，结果送 BCD3 开始的存储单元。

6.2 在寄存器 AX、BX 中分别已存放四位压缩 BCD 数，现要求用 AX 内容减 BX 内容，结果放在 AX 中。

6.3 已知在寄存器 AX、BX 中分别存放有一个非压缩 BCD 数，要求编程将 BX 加到 AX 中。设结果小于等于 99。

6.4 已知在寄存器 AX、BX 中分别存放有一个非压缩 BCD 数，要求编程计算 AX－BX 的值，将结果存在 AX 中。

6.5 从 DAT 地址起有 50 个带符号字节数，计算相邻两数的乘积，结果存回原乘数和被乘数单元。

6.6 在 A 址处有一个 32 位（双字）的被除数，在 B 址处有一个 16 位（字）的除数。求两数相除后的商与余数，分别存于 C 址和 D 址处，并说明运算数为有符号数或无符号数时，在运算处理上有何区别。

6.7 试编写一程序计算以下表达式的值。

$$w=(v-(x\times y+z-540))/x$$

式中 x、y、z、v 均为有符号字数据，设 x、y、z、v 的值存放在字变量 X、Y、Z、V 中，结果存放在双字变量 W 之中。

6.8 在 AX 中存放有两字节 4 位十六进制数，试编写程序将其转换成 4 字节的 ASCII 码存放在以 ASCBUF 为首址的 4 个字节单元中。

6.9 在以 ASCBUF 为首址的内存中存放 4 个字节 ASCII 码，试编写程序将其转换成两字节 4 位十六进制数，存在 HEXBUF 的字单元中。

6.10 在 BCDBUF 字单元中存放有 4 位 BCD 码。编写程序将其转换成十六进制数后，存放在以 BIRBUF 为地址的字单元中。

6.11 在 BIRBUF 的字单元中存放有一个 16 位二进制数。编写程序将其转换成 4 位 BCD 码，存放在以 BCDBUF 为地址的字单元中。

6.12 在内存单元以 AHEX 为首地址的数据区中存放两个用 ASCII 码表示的十六进制数。试编写程序将其转换成一字节二进制数存放在同一数据区的 RESULT 单元中。

6.13 在内存单元以 BINA 为地址的数据区中存放一字节的二进制数。试编一个程序，将其转换成两位 ASCII 码表示的十进制数，存放在 ABCD 为首地址的两个连续字节单元中。

6.14 从 BUF 单元起有 10 个十进制数，试将其转换为 7 段显示码，并存于 OUTDAT 开始的单元中。

6.15 编一程序，从以 STRING 开始的单元中查找第一个非空字符，找到后将第一个非空格字符的地址保存在 STRBUF 单元中。

6.16 在数据区 STRING 首址开始存放一段大写字母的英文信息，最后以“$”为结束标志，编一个程序，分别统计其中各字母出现的次数。

6.17 在 SENT 单元开始存放有一英文句子，编一个程序，将句子中的各个英文字母按字典顺序排序。

6.18 通过平方表，完成下式运算 $x = a^2 + b^2$，式中 a、b 为 1～9 的数。试编程加以实现。

第7章　输入、输出和中断程序设计

7.1 概　　述

输入和输出设备是计算机系统的重要组成部分。程序、数据和各种现场采集到的信息要通过输入装置输入至计算机。计算结果或各种控制信息要输出到各种输出设备，以便显示、打印和实现各种控制操作。因此，CPU 与输入/输出设备之间的信息交换也是计算机系统中非常重要和十分频繁的操作。

输入过程：输入设备把数据送到接口，由 CPU 执行输入程序把接口中的数据读入 CPU，再根据需要放入存储器或寄存器中。处理程序完成对数据的处理并将处理结果放入指定的寄存器或存储器中。

输出过程：CPU 执行输出程序，将存储器或寄存器中等待输出的内容送到输出接口中，然后启动输出设备，将接口中的数据通过输出设备输出。

输入/输出的基本条件：连接 CPU 与外设的接口电路和相应的软件——驱动程序。

7.1.1 I/O 端口与端口地址

计算机的外部设备和大容量存储设备都是通过接口连接到系统上的，每个接口由一组寄存器组成，这些寄存器都分配有一个称为 I/O 端口的地址编码。计算机的 CPU 和内存就是通过这些端口和外部设备进行通信的。

I/O 接口部件中一般有三种寄存器：一是用作数据缓冲的数据寄存器；二是用作保存设备和接口的状态信息，供 CPU 对外设进行测试的状态寄存器；三是用作保存 CPU 发出的命令以控制接口和设备操作的命令寄存器。这些寄存器都分配有各自的端口号，CPU 就是通过不同的端口号来选择各种寄存器的。

计算机 I/O 端口编址一般分两种方法：一种是将 I/O 与内存单元统一编址，其优点是节省了输入/输出指令，但缺点是占用了内存单元的有效地址空间；另一种是将 I/O 独立编址。在 80x86 微机中，I/O 端口编址在一个独立的地址空间中，这个 I/O 空间允许设置 64 K（65536）个 8 位端口或 32 K（32768）个 16 位端口，这些端口地址实际上只用了其中很小一部分，因为系统中一般只有十几个外部设备和大容量存储设备与主机相连。对不同型号的计算机，I/O 端口的编号有时不完全相同。表 7.1 列出了部分端口地址（以十六进制形式表示）。

表 7.1　　部分端口地址对照表

端口地址	端口设备或接口芯片	端口地址	端口设备或接口芯片
00H～0FH	DMA 控制器	200H～20FH	游戏适配器
20H～21H	中断控制器	2F8H～2FEH	COM1
40H～43H	时钟/定时器	320H～32FH	硬盘控制器
60H～63H	可编程外围接口芯片	378H～37AH	2 号并行口（打印机适配器）

续表

端口地址	端口设备或接口芯片	端口地址	端口设备或接口芯片
3B0H～3BFH	单色显示及 1 号并行口	3F0H～3F7H	软盘控制器
3D0H～3DFH	彩色/图形适配器	3F8H～3FEH	COM2

7.1.2　I/O 指令

对于一个 I/O 和存储器分离的地址空间系统，80x86 有专门的 I/O 指令与端口进行通信。在第 3 章已介绍了 8086 的 I/O 指令 IN 和 OUT，这两条指令既可以传送字节也可以传送字，并且都有直接端口寻址和间接端口寻址两种方式。

```
IN      AL,PORT         ; (AL) ← (PORT)
IN      AX,PORT         ; (AX) ← (PORT+1, PORT)
IN      AL,DX           ; (AL) ← ((DX))
IN      AX,DX           ; (AX) ← ((DX) +1, (DX))
OUT     PORT,AL         ; (PORT) ← (AL)
OUT     PORT,AX         ; (PORT+1, PORT) ← (AX)
OUT     DX,AL           ; ((DX)) ← (AL)
OUT     DX,AX           ; ((DX) +1, (DX)) ← (AX)
```

以上 IN 和 OUT 指令的前两种方式是直接端口寻址方式，端口地址 PORT 是一个 8 位的立即数，其范围是 0～255。两组指令中的后两种格式是间接寻址方式，端口地址 DX 中，其范围为 256～65 535，这种方式通过对 DX 寄存器的增量可以处理几个连续端口地址的输入输出。

应注意，指令中使用的数据寄存器必须是 AL 或 AX，间接寻址的寄存器必须是 DX。

用 IN 指令可以从一个数据寄存器输入数据或从状态寄存器输入端口和外设的状态。例如，下面两条指令能把一个字从端口地址 28H 和 29H 传送到存储器的 DATA 单元中。

```
IN      AX,28H
MOV     DATA,AX
```

例如，测试某状态寄存器（端口地址为 27H）的第 2 位是否为 1，若为 1，则转移到 ERROR 进行处理。其指令序列为

```
IN      AL,27H
TEST    AL,00000100B
JNZ     ERROR
```

同样，OUT 指令用来输出数据或给一个指定的 I/O 端口传送命令信息。例如，某接口的命令寄存器（端口地址为 126H）的第 7 位控制成组数据传送，那么下面的指令序列将发出成组传送命令：

```
MOV     DX,126H
IN      AL,DX
OR      AL,80H
OUT     DX,AL
```

I/O 指令是 CPU 与外部设备进行通信的最基本途径，即使使用 DOS 功能调用或 BIOS 中断服务程序，其中断服务程序本身也是用 IN 和 OUT 指令与外部设备进行数据交换的。例如，当程序请求从键盘输入字符时，程序中安排了一条中断指令 INT 16H，当执行这条指令时，

系统将调用 ROM BIOS 的一个键盘中断服务程序，在这个中断服务程序中就有一条 IN 指令从端口 60H 输入一个字符到 AL 寄存器。

使用 I/O 指令对端口地址进行直接的输入或输出，比调用 DOS 功能或 BIOS 中断服务程序更能提高数据的传送速度和吞吐量，但也要求程序员对计算机的硬件结构有所了解，其程序对硬件的依赖性也大。因此，对于一般的程序设计，还是尽可能使用 DOS 或 BIOS 功能调用。

7.1.3　CPU 与外设的信息交换方式

各种不同的输入/输出设备要求的输入信息和其接口都不同，而计算机内部通信是通过标准的三总线进行的，因此，外设和 CPU 相连接必须通过一个硬件接口或控制器来完成。例如，硬磁盘通过硬盘控制器（硬盘适配器）和 CPU 连接；显示器通过显示适配器（显卡）和 CPU 连接。这些接口和控制器在计算机中都有指定的操作地址，CPU 通过输入/输出指令 IN 和 OUT 与外部设备交换信息。这些信息包括控制、状态和数据三种不同性质的信息。

1. 控制信息

控制信息有控制输入/输出装置的启停信号，工作方式、工作规约及格式选择信息等。例如，CPU 向 I/O 接口发出启动信号或停止信号以控制外设的启停。

2. 状态信息

状态信息从 I/O 接口输入到 CPU，表示 I/O 设备当前所处的状态。对于输入设备，通常用准备好（READY）信号来表示外设已准备好输入数据。对于输出设备，通常用忙（BUSY）信号表示设备是否处于空闲状态。如为空闲状态，外设则接收 CPU 送来的信息；如为忙状态，CPU 则要等待。

3. 数据信息

数据信息是 I/O 设备和 CPU 真正要交换的信息。数据通常为 8 位或 16 位，可分为三种基本类型：数字量、模拟量和开关量。一般地，由键盘、光电输入机等提供的二进制形式的信息为数字量数据。电机的启停、开关的开合等可用两个状态表示的量，即用一位二进制数表示，这样的量称为开关量；由传感器等提供的信号往往是模拟量，它需先经模/数（A/D）转换后再输入到计算机中。例如，温度、电压等信号。CPU 与外设进行数据传送的方式有串行传送（一位一位传送）和并行传送（*n* 位同时传送）两种方式，但都要经过 I/O 指令实现。串行方式比较经济，但速度受限，而并行方式则速度较快，成本较高。

值得指出的是，控制信息和状态信息与数据信息是不同性质的，必须要分别传送。但它们都通过 IN 和 OUT 指令在数据总线上进行传送，所以通常采用分配不同端口的方法将它们加以区别。

I/O 设备与主机之间进行数据交换有多种方式，概括起来可以分为程序直接控制方式、程序中断方式、直接存储器访问（DMA）方式和通道传输方式（IOP）。

7.2　输入、输出程序设计

7.2.1　程序直接控制方式

1. 直接输入/输出方式

直接输入/输出方式，也称无条件传送方式或称同步方式。这种传送方式使用较少，只有在外部控制过程的各个动作时间是固定的，且是已知的条件下才能够应用。它不考虑外设的状态，输入时，就只给出 IN 指令；输出时，也只给出 OUT 指令。这种传送方式的优点是程序编写容易，硬件电路简单，调试方便。

【例 7.1】 一个无条件传送的例子如图 7.1 所示，图中 10H、11H、20H 是来自地址总线的端口地址信号。要求编程完成采集不同的模拟量。

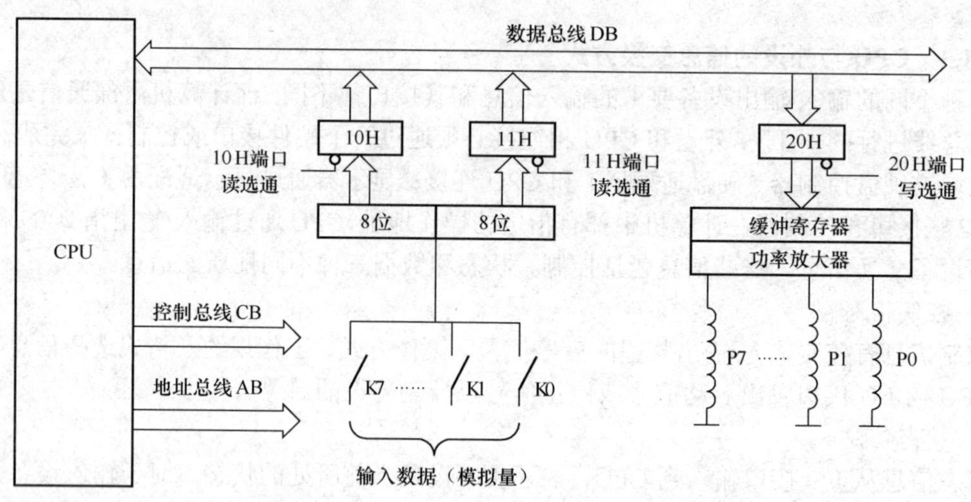

图 7.1 无条件传送示例图

分析：这是一个同步的数据采集系统。被采样的数据是 8 个模拟量，由继电器绕组 P0、P1、P2、…、P7 控制触点 K0、K1、K2、…、K7 逐个接通，用一个 4 位（十进制数）数字电压表测量，把被采样的模拟量转换成 16 位 BCD 代码，高 8 位和低 8 位通过两个不同的端口输入，它们的地址分别为 10H 和 11H。CPU 通过端口 20H 输出控制信号，以控制继电器的吸合，从而实现采集不同的模拟量。数据采集过程可用下列程序实现：

```
START:   MOV   DX,0100H          ; 01→DH，设置合第一个继电器代码
                                 ; 00→DL，设置断开所有继电器代码
         LEA   BX,DSIOK          ; 输入数据缓冲区的地址偏移量→BX
         XOR   AL,AL             ; 清 AL 及进位标志
AGAIN:   MOV   AL,DL
         OUT   20H,AL            ; 断开所有继电器线圈
         CALL  NEAR DELAY1       ; 模拟继电器触点的释放时间
         MOV   AL,DH
         OUT   20H,AL            ; 使 P0 吸合
         CALL  NEAR DELAY2       ; 模拟触点闭合及数字电压表的转换时间
         IN    AX,10H            ; 输入
         MOV   [BX],AX
         INC   BX
         INC   BX
         RCL   DH, 1             ; DH 左移一位，为下一个触点闭合做准备
         JNC   AGAIN             ; 8 个模拟量未输入完，循环此段程序
```

2. 查询输入/输出方式

查询输入/输出方式，也称条件传送方式或称异步方式。当 CPU 与外部操作同步时，采用无条件传送是很方便的。但如果两者不同步时，就很难确保其正确性。为解决这个问题，可以采用查询输入/输出方式。在传送数据前，先查询一下外设的状态，当外设准备好以后再进行传送。这样就要求 CPU 与外设之间的接口部分除了传送数据的端口以外，还必须设置传送状态信号的端口。端口数据一般是 8 位（或 16 位）的，而状态信息往往是 1 位的。这样，不同的外设状态信息可以使用同一端口，只要使用不同的位就可以了。查询输入/输出方式解决了高速 CPU 与慢速外设之间传送数据的问题，并能够保证传送的正确性。查询输入/输出方式的工作过程如下所述。

（1）查询输入工作过程。当输入装置的数据已准备好后应发一个信号给 CPU，送出要传送数据的同时给出“准备好”（READY）信号。数据与状态是由不同的端口输入至 CPU 数据总线。当 CPU 要由外设输入信息时，CPU 先输入状态信息，检查数据是否已准备好，当数据已经准备好后，才输入数据，读入数据的命令，使状态信息清“0”。读入的数据是 8 位的，而读入的状态信息往往是 1 位（比如用 D7 位），如图 7.2 所示。所以，不同外设的状态信息，可以使用同一个端口的不同位。这种查询输入方式的程序流程图如图 7.3 所示。

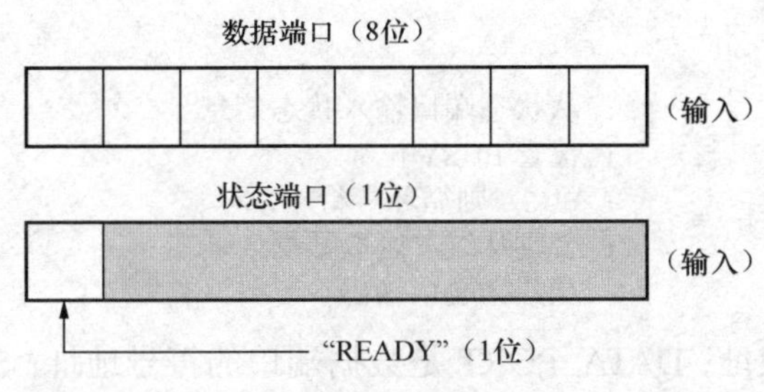

图 7.2　查询式输入的数据和状态信息

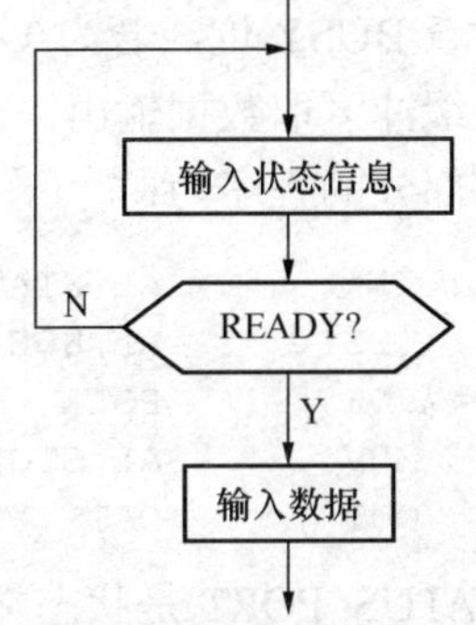

图 7.3　查询式输入程序流程图

工作过程描述如下：

①从状态端口读入状态信息；

②测试 READY 位是否为 1，若不为 1 则转①操作，循环等待；若为 1 则向下运行；

③从数据端口读入数据到 AX 寄存器。

```
POLL: IN        AL,STATUS_PORT       ; 从状态端口输入状态信息
      TEST      AL,80H               ; 检查 READY 是否是 1
      JE        POLL                 ; 未准备好，循环
      IN        AL,AATA_PORT         ; 准备好，从数据端口输入数据
```

这种 CPU 与外设之间状态信息的交换方式，称为应答式，状态信息称为“联络”（HandShake）信息。

（2）查询输出工作过程。在输出时 CPU 必须了解外设的状态，看外设是否为空（即外设若不是正处在输出状态，或外设的数据寄存器是空的就可以接收 CPU 输出的信息）。若为空，则 CPU 执行输出指令，否则就等待。输出接口电路的端口信息可设置为数据端口 8 位、状态信息 1 位。如图 7.4 所示。查询式输出的程序流程图如图 7.5 所示。

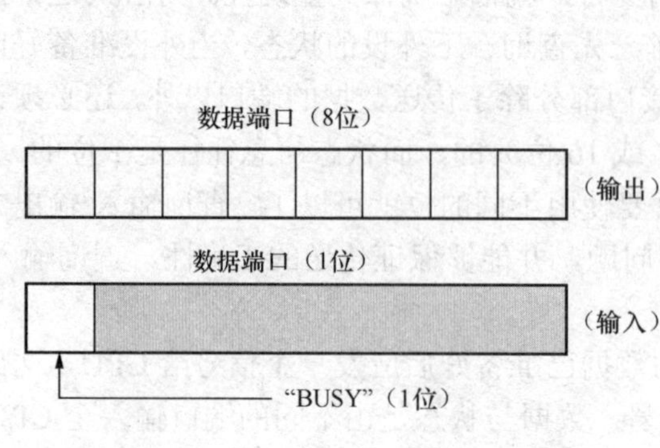

图 7.4 查询式输出的端口信息图

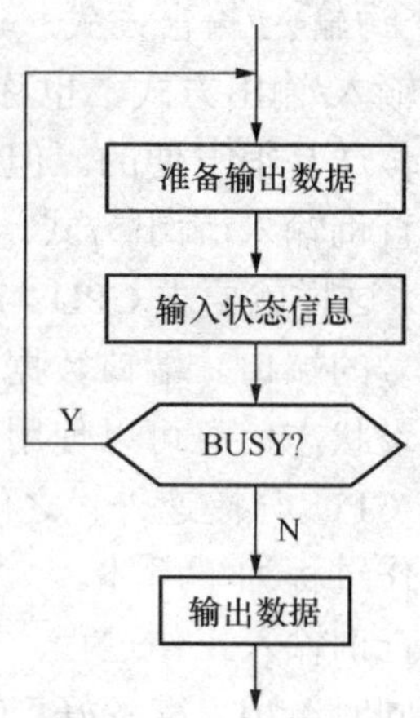

图 7.5 查询式输出程序流程图

工作过程描述如下：

①从状态端口读入状态信息；

②检查 BUSY 位，若为 1，则转①操作，否则继续；若为 0 则向下运行；

③从缓冲区取数据输出。

查询部分的程序为：

```
POLL: IN        AL,STATUS_PORT          ; 从状态端口输入状态信息
      TEST      AL,80H                  ; 检查 BUSY 位
      JNE       POLL                    ; BUSY 则循环等待
      MOV       AL,STORE                ; 否则从缓冲区取数据
      OUT       DATA_PORT,AL            ; 从数据端口输出
```

其中，STATUS_PORT 是状态端口的符号地址；DATA_PORT 是数据端口的符号地址；STORE 是内存数据单元的地址。

查询方式的优点：可以用程序安排几个输入/输出设备的先后优先次序，最先查询的设备，其工作的优先级也最高。修改程序中的查询次序，实际上也就修改了设备的优先级。

查询方式的缺点：程序直接控制传送方式中，由于 CPU 需要不断地执行 IN 指令查询外设工作状态，故浪费了大量的 CPU 时间。特别是如键盘、打印机等的外设的工作速度相对于 CPU 都很慢，在 CPU 和外设之间进行数据传送过程中，CPU 需要花费大量时间等待，不能进行其他操作。

3. 举例

【例 7.2】 一个有 8 个模拟量输入的数据采集系统如图 7.6 所示。要求使用查询方式与 CPU 交换信息。

8 个模拟量，经过多路开关选通后送入 A/D 转换器，多路开关由端口 4 输出的 3 位二进制码（对应于 D0、D1、D2 位）控制。000 相应于选通 A0 输入，001 相应于选通 A1 输入，002 相应于选通 A2 输入，……，依次类推，111 相应于选通 A7 输入。每次只送出一个模拟量至 A/D 转换器，同时由端口 4 输出的 D4 位控制 A/D 转换器的启动与停止。A/D 转换器的 READY 信号由端口 2 的 D0 送至 CPU 数据总线，经 A/D 转换后的数据由端口 3 送至数据总线。因此，这样的一个数据采集系统，需要用到 3 个端口，它们有各自的端口地址。

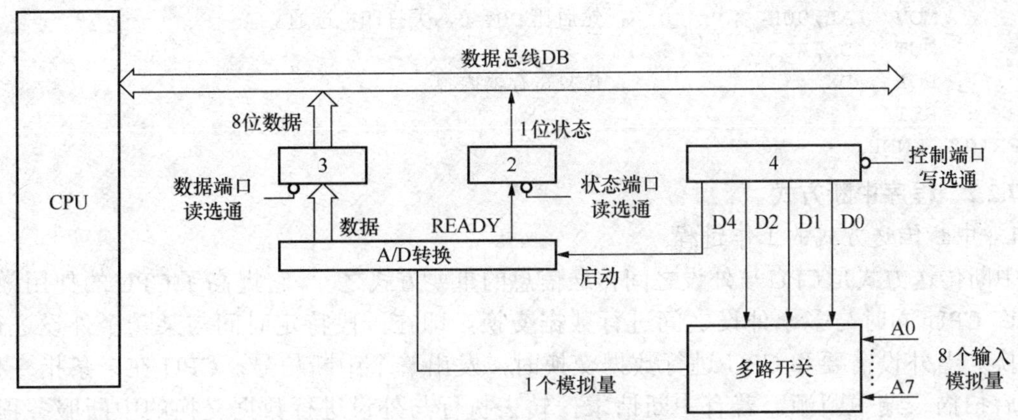

图 7.6　查询式数据采集系统

```
POLL: IN    AL,2                ；输入状态信息
      SHR   AL,1
      JNC   POLL                ；若未 READY，程序循环等待
      IN    AL,3                ；否则，输入数据
      STOSB                     ；送至内存
      INC   DL                  ；修改多路开关控制信号，指向下一个模拟量
      LOOP  POLL                ；8 个模拟量未输入完，继续
      …
```

【例 7.3】 编程使用查询方式实现将寄存器 AL 中的字符送打印机输出。打印机数据端口地址为 380H，状态端口地址为 381H，控制端口地址为 382H。

用查询方式输出字符到打印机的编程步骤：

（1）需输出字符送打印机数据端口；

（2）查询打印机状态端口。若忙则等待，否则，执行第（3）步；

（3）选通字送打印机控制端口，将数据端口的内容送至打印机输出。

源程序：

```
PRINT PROC NEAR
      PUSH  AX
      PUSH  DX                  ；保护所用寄存器内容
                                ；以下程序段实现输出数据的功能
      MOV   DX,380H             ；数据端口地址 380H
      OUT   DX,AL               ；输出要打印的字符
                                ；以下程序段实现检查打印机状态的功能
      MOV   DX,381H             ；状态端口地址 381H
WAIT1:IN    AL,DX               ；读打印机状态
      TEST  AL,80H              ；检查“BUSY”位，在状态端口的 D7 位，D7＝0
                                ；表示忙
      JZ    WAIT1
                                ；以下程序段实现选通打印机的功能
      MOV   DX,382H             ；控制端口地址 382H
      MOV   AL,01H              ；选通位在控制端口的 D0 位，先让 D0＝1，选
                                ；通打印机
      OUT   DX,AL
```

```
        MOV   AL,00H             ；然后让 D0=0，关打印机选通
        OUT   DX,AL
        POP   DX                 ；恢复寄存器内容
        RET
PRINT  ENDP
```

7.2.2 程序中断方式

1. 中断传送方式的工作过程

中断传送方式是CPU与外设之间传送信息的重要方式之一。它提高了CPU的使用效率，并允许CPU同时与多个外设之间进行数据交换，即在一段特定时间与某一个外设进行信息交换。当外设需要和CPU进行数据交换时，发出一个中断信号。CPU在一条指令执行完成后扫描一遍中断源。若有中断请求，转去执行与外设进行数据交换的中断服务程序。中断服务程序处理完后，外设启动，CPU恢复中断现场，CPU与外设开始并行工作。利用中断方式进行CPU和外设之间进行数据传送，减少了CPU的查询等待时间，提高了工作效率。

2. 举例

【例 7.4】 编程完成一个打字机输出功能。利用中断方式，自设定一个中断服务子程序，类型为70H。设打字机数据端口地址为380H；状态端口地址为381H，状态为第7位，为1时忙；控制端口地址为382H。

分析：在［例 7.3］中，是采用程序查询方式解决此问题。对于这个问题，也可以用中断方式来解决。根据题目要求，可在主程序中设定子程序的入口，并将中断向量送入中断向量表，然后使用INT 70H中断指令处理中断处理子程序，在子程序中判断、输出字符。

源程序：

```
STACK1   SEGMENT  PARA  STACK 'STACK'
STA      DB   100  DUP(?)
STACK1   ENDS
CODE     SEGMENT
         ASSUME  CS:CODE,SS:STACK1
PRINT0   PROC  FAR
         STI
         PUSH  ES
         PUSH  DI
         PUSH  DS
         PUSH  DX
         PUSH  CX
         PUSH  BX
         PUSH  AX
         MOV   DX,378H
         OUT   DX,AL                ；输出字符
         INC   DX
         SUB   BX,BX
WAIT1:   IN    AL,DX                ；读状态
         TEST  AL,80H               ；判忙/闲
         JNZ   ALL                  ；闲
         JMP   WAIT1
```

```
ALL:      MOV    AL,0DH
          INC    DX                     ; 形成控制端口地址
          OUT    DX,AL                  ; 置选通位
          MOV    AL,0CH
          OUT    DX,AL                  ; 清选通位
          POP    AX
          POP    BX
          POP    CX
          POP    DX
          POP    DS
          POP    DI
          POP    ES
          IRET
PRINT0    ENDP
MAIN:     MOV    AX,STACK1
          MOV    SS,AX
          CLD
          MOV    AX,0
          MOV    ES,AX
          MOV    DI,4*70H
          MOV    AX,OFFSET PRINT0
          STOSW
          MOV    AX,SEG PRINT0
          STOSW
          MOV    AL,'A'
          INT    70H
          MOV    AH,4CH
          INT    21H
CODE      ENDS
          END    MAIN
```

7.2.3　直接存储器存取（DMA）方式

直接存储器存取（DMA）方式是数据输入/输出的一种。这种传送方式不通过 CPU，而是由 DMA 控制器来管理内存与外设之间的数据交换。DMA 方式的突出优点是速度快，特别适用于高速外设的成批数据传送。

1. DMA 方式的引入

中断传送方式从根本上改变了程序查询方式所存在的问题，保证了对外设的快速响应。在中断方式下，每传送一个数据（如一个字节或一个字）都需要有中断请求、中断响应与中断处理，CPU 完成保护现场、交换数据、恢复现场等工作过程，这些对设备的服务是由软件完成的，对需要高速存取的外部设备（例如磁盘）来说，仍显得速度不够快，不能完全满足高速块设备的传送需要。诸如磁盘类的块存取设备不仅数据传输率很高，而且当它们与 CPU 进行数据交换时往往是成批进行的。

为此，可采用 DMA 的方式。DMA 方式的基本思想是在主存储器与 I/O 设备间直接进行批量数据的直接高速交换，通过硬件控制实现主存与 I/O 设备间的直接数据传送，在传送过程中无需 CPU 程序干预。目前，微机中广泛使用的 DMA 方式就是采用一种专用硬件来完成外部设备和存储器之间的高速数据传送，这种专用硬件被称为直接存储器存取控制

器 DMAC。

2. 直接存储器存取控制器 DMAC

DMAC 具有独立访问存储器的能力，它可以提供内存地址和必要的读写控制信号，提供外设与存储器之间直接交换信息的通路，而不必像程序查询或中断传送方式那样需要通过 CPU 用 I/O 指令交换。但是由于 DMAC 与 CPU 共享系统总线，通常系统总线由 CPU 控制，因此当需要以 DMA 方式传送数据、由 DMAC 掌管系统总线时，DMAC 需要产生一个请求信号，要求 CPU 暂停工作让出系统总线，交由 DMAC 控制总线完成数据传送。只有编程对 DMAC 进行了初始化，才可进入 DMA 方式。DMAC 在数据传送期间，CPU 可以继续进行其他不需要总线的操作。

3. DMA 方式

在执行一次 DMA 传送时，CPU 放弃对系统总线的控制，它对数据、地址、控制总线的输出端均呈高阻态。这时，系统总线由 DMA 控制器进行控制，占用一个或几个 CPU 外部访问周期，完成一次 DMA 操作，即“周期窃取方式”。

（1）DMA 方式的特点如下：

①以“周期窃取”方式暂停 CPU 对系统总线的控制，在 I/O 设备与主存之间直接传送数据，占用时间很少；

②传送时，源与目的地址均直接由硬件逻辑指定；

③主存中需要开辟相应的数据缓冲区、定数据块长、计数由硬件完成；

④在一批数据传送结束后，一般通过中断方式通知 CPU 进行后处理；

⑤CPU 与 I/O 设备可并行工作，用于高速、批量数据的简单传送。

通过以上讨论可以看出，DMA 方式数据传送的绝大部分工作由 DMAC 硬件自动完成，编程人员需要做的工作只是对 DMAC 进行初始化等少量事情。

（2）DMA 工作过程如下：

①初始化：完成各种程序准备。例如，准备数据，数据缓冲区等；

②DMA 请求：当接口准备好输入数据或已做好从主存接收新数据的准备时，接口通过有关逻辑向 DMA 发出请求信号；

③DMA 响应：CPU 接收到 DMA 请求，在当前总线周期操作结束后，暂停对系统总线的控制，发出 DMA 应答信号，并将总线控制权交 DMA 控制器；

④DMA 传送：DMA 控制器接收到应答信号后，窃取总线控制权，完成一次 DMA 传送。传送结束后可暂时清除 DMA 请求，接口再次准备发出请求信号。重复进行，完成整个数据传送过程；

⑤结束处理：传送完数据后，进行数据处理。

7.2.4 通道传输方式

通道是一种专用控制器，主要通过执行通道程序进行 I/O 操作的管理，为主机与 I/O 设备提供一种数据传输通道，故称通道方式。通道有自己的通道指令，利用这些通道指令可以编制通道程序，存放在存储器中。当需要进行 I/O 操作时，CPU 按约定格式准备好命令和数据，然后启动通道。通道启动后执行相应程序，完成数据传送。

有了通道，I/O 设备就可以连接在通道上，用通道来控制外设和内存间的信息传送。通道本身就是处理机，可以执行通道程序。通道减轻了 CPU 与输入/输出设备直接通信的负担，并且 CPU 的计算工作可以与输入/输出工作并行进行，不必因等待外设完成输入/输出操作而浪费时间。

通道有三种类型：字节多路通道、成组多路通道和选择通道，用以实现同时执行几项 I/O 操作。

I/O 设备有两种工作方式：成批交换及字节交换。选择通道只有一个子通道，并且在每一时刻只可以有一台 I/O 设备传送信息，I/O 设备总是以成批方式交换信息。这些通常用于高速外设，如磁盘、磁带等。

多路通道就是在其中接有若干子通道（能独立执行一个 I/O 操作的通道），每一子通道接一台 I/O 设备。它可以使多台设备并行工作。多路通道又分为字节多路通道和成组多路通道两种。接在成组多路通道上的 I/O 设备总是以成批交换方式工作。

字节多路通道，能以字节和成批方式进行数据传送。在字节交换方式时，若干 I/O 设备可以在各自独立的子通道上并行工作。在成批交换方式时，通道上只有一个 I/O 设备可以传送数据。

从输入/输出程序设计的要求来看，还应知道 CPU、通道及外设是如何协调一致地进行 I/O 操作的。它们工作的大致过程如下：

（1）编制通道执行程序，称为通道程序。

（2）CPU 与通道约定一个存储单元，存放通道程序的起始地址，称为通道地址字（CSW）。

（3）CPU 执行输出指令，启动通道去执行通道地址字指示的通道程序，此时通道和 CPU 可以并行操作。

（4）通道通过中断系统向 CPU 发出中断请求，并将通道执行通道程序的状态存放在通道状态字（CSW）单元中，供 CPU 分析。

7.3 8086 中断系统

7.3.1 中断的概念

1. 中断的引入

当 CPU 在进行输入、输出操作时，为避免等待外设某一状态所造成的 CPU 的时间浪费，可以考虑使用以下两种方法进行工作。

（1）当 CPU 在启动一次输入、输出操作后，并不进入仅为等待外设操作结束状态的查询操作，而是利用外部设备进行输入、输出操作所需时间，CPU 去进行其他处理工作。CPU 在处理工作进行了一段时间后，“估计”外部设备可能结束输入、输出操作时，就去查询外部设备的状态，以决定是否进行下一次的输入、输出操作。如未准备好，就查询外设状态，直到设备准备好。这种方法是在外设输入、输出操作所需要的时间内，CPU 并不完全用来等待，而是争取一部分时间用于其他处理工作。虽然这种方法比单纯查询输入、输出方式在效率上有了提高，但它不能满足某些有实时要求的外设。当用于实时工作的设备时，一旦设备状态有所变化，就立刻需要系统对它进行处理。如果用上述方式工作，就不可能立即响应，这是不符合实时要求的。

（2）CPU 在启动外部设备工作后，不再等待外设工作完成，就去处理其他工作。当外设完成一次输入、输出操作后，可以自动地向 CPU“请求报告”（如用中断概念表示，称作中断请求），表示完成了交给的任务，"请求"新的任务。当CPU收到"报告"后，就停止原来的工作（称为中断响应），马上转去处理本次请求要做的操作（称为中断处理），即专门执行一个为这个外设输入、输出后所要完成的任务而编写的程序（称为中断处理程序或中断服务程序）。执行完程序后，又回到原来被中断的地方继续处理工作（称为中断返回）。把这种工作方式称为中断方式。它把等待外设状态的时间全部变为CPU处理其他操作的时间，所以极大地提高了CPU的使用效率。

2. 中断源

中断源是指能引起中断的原因或发出中断申请的来源。通常中断源有以下四种。

（1）输入、输出设备。键盘、打印机和磁盘等外设。外设可以发出中断请求，以便请求新的输入、输出。

（2）实时时钟。计算机经常会遇到时间控制问题。为了实现定时，可由时钟电路在CPU的控制下启动定时，定时结束时，就向CPU发出中断请求信号以实现定时控制。

（3）故障源。计算机在工作过程中，遇到故障时，可以通过中断请求，进行处理。如在系统工作过程中，电源突然掉电（大约几毫秒时间），就可以通过发出中断请求，由计算机迅速进行现场保护，以便当恢复供电后，可以恢复断电时的现场，从断电处继续运行程序。避免由于断电，使断电前CPU所做的工作全部作废。中断还可以用于运算中的溢出处理，以保证不产生错误的运行结果。

（4）为调试程序则设置中断源。在程序调试时，为了检查中间结果以及寻找发生错误的原因，常常希望程序运行中能停在某个地方，以便对寄存器及存储器的内容进行检查，或通过单步执行指令以查找出错的原因。这些工作也需要中断来完成。

3. 中断工作方式优点

中断已成为计算机不可缺少的组成部分，它具有以下优点。

（1）并行操作。CPU可命令多个外设同时进行工作，CPU可以运行自己的程序，当外设需要与CPU交互时，则通过中断功能来实现。CPU与外设实现一定程度上的并行工作，提高了CPU的利用率，同时也提高了输入/输出的速度。

（2）实现实时处理。计算机用于实时处理时，现场的各个参数、信息可以在任何时刻发出中断请求信号，要求CPU立即响应处理，这时CPU可以暂时中止正在执行的程序，转去执行中断服务程序，实现实时处理。这种实时处理功能是程序查询方式做不到的。

（3）故障处理。计算机运行过程中，常会出现事先无法预料的硬件或软件故障，如电源掉电、存储出错和运算溢出等，此时计算机可以利用中断功能自行处理。

4. 中断系统的功能

为了实现中断方式工作，具有中断性能的计算机系统应具有如下功能。

（1）实现中断及返回。当某一中断源发出中断请求时，CPU将根据中断标志位IF的状态决定是否响应这个中断请求。该标志位可用中断指令STI和CLI置位或清除。若允许响应中断，CPU在响应中断时必须有自动保护断点的能力。因为中断请求是随机发生的，中断响应可能发生在执行程序的任何一条指令之后，所以一定要把断点处程序地址（即下一条应该执行的指令地址）保护到堆栈中，进行断点保护。然后，CPU自动地转到中断处理程序的入口，进行中断处理。在执行完中断处理后，自动恢复断点（从堆栈中弹回断点地址），使CPU返回断点处，继续执行原程序。

（2）实现优先级处理。通常一个系统中可有多个中断源。可能会出现两个或多个中断源同时提出中断请求的情况。为了解决 CPU 先响应哪一个中断源的中断请求问题，就应明确中断源的中断优先级。应该根据任务的轻重缓急，为每一个中断源确定一个中断优先级。级别高的中断请求首先得到响应，在 CPU 为优先级高的中断源服务完后，再响应级别低的中断源。

（3）中断嵌套。当 CPU 响应某一中断源的请求，进行中断处理时，如果出现级别更高的中断源发出的中断请求，高优先级中断请求可以中断正进行的低优先级的中断处理，转去响应更高优先级的请求，并执行高优先级中断源所对应的中断处理程序，这种工作方式称为中断嵌套。在中断嵌套的过程中，同样应当保护低优先级的处理程序的断点，以便在高优先级的中断处理程序结束后，再返回到断点处，继续执行被中断的低优先级的处理程序。如果新中断请求的中断源优先级与正在处理中的中断源优先级同级或级别更低时，则 CPU 就不响应这个中断请求，直到正在处理的中断处理程序执行完后，才去处理新的中断请求。

7.3.2 8086 中断系统

1. 中断源

8086 系统设有如下的中断源。

（1）外部中断。可屏蔽中断 INTR、不可屏蔽中断 NMI。

（2）内部中断。除法错中断、溢出中断、软中断、单步中断。

中断源间的逻辑关系如图 7.7 所示。

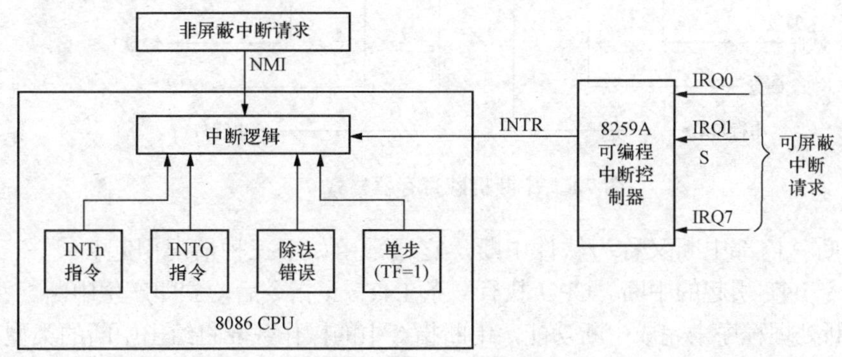

图 7.7 中断源间的逻辑关系

2. 中断的分类

8086 的中断可分为外部中断和内部中断两类。

（1）外部中断。外部中断又称为硬中断，它来自处理机的外部条件，如 I/O 设备或其他处理机等，以完全随机的方式中断现行程序而转向中断处理程序。从图 7.7 可见，外部中断有两个来源，非屏蔽中断 NMI 和可屏蔽中断 INTR。

NMI 中断直接连在 CPU 上，CPU 不能禁止 NMI 线上的中断请求，即如果系统中发生了非屏蔽中断，CPU 必须做出响应。在 8086 中，非屏蔽中断请求在三种条件下出现：系统板上的 RAM 在读写时产生奇偶校验错；I/O 通道中的扩展条出现奇偶错；协处理器 8087 有异常中断请求。系统复位信号 RESET 将屏蔽 NMI 的请求，这是因为复位过程中，RAM 中的信息是杂乱无章的，奇偶校验的结果必须出错。因此，必须在系统复位和经过自检，已能正常工作之后，才能开放 CPU 对 NMI 的请求。

INTR 用于外部设备的中断请求。CPU 是否响应 INTR 的中断请求，受标志位 IF 的控制：如 IF＝0，为关中断状态，此时 CPU 不响应外部中断请求 INTR，且屏蔽所有的外部中断；如 IF＝1，为开中断状态，CPU 将响应外部中断请求。系统复位时，由于 IF＝0，所以，在使用可屏蔽中断前，先用指令 STI 设置 IF＝1。当 CPU 要关中断时，可用指令 CLI 将 IF 清 0。在 8086 系统中，外部中断请求是通过可编程中断控制器 8259A 再向 CPU 发出可屏蔽的中断请求的。8259A 将外部中断源分为 8 个中断级，0 级最高，7 级最低。中断源的请求信号分别与 8259A 的 8 个中断请求输入端 IRQ0 至 IRQ7 相连。IRQ0 是系统板上定时器/计数器 8253 中通道 0 输出的电子钟时间基准。IRQ1 是键盘输入接口电路送来的中断请求信号。另外 6 个信号是由扩展选件板产生。包括异步通信、硬磁盘、软磁盘及打印机发出的中断请求。当这些外设发出的中断请求，CPU 是否做出响应除了 CPU 是否允许响应中断外，还有一个控制条件决定是该外设的中断请求是否被屏蔽，两个条件是由 8259A 中的中断屏蔽寄存器（IMR）进行控制。中断屏蔽寄存器格式如图 7.8 所示。如果上述两个条件都满足，则 CPU 在执行完一条指令就响应中断请求，并将中断响应输入信号 INTA 送到 8259A，将 8259A 请求中断的最高优先权的中断类型码送至数据总线，接着就进入中断服务。

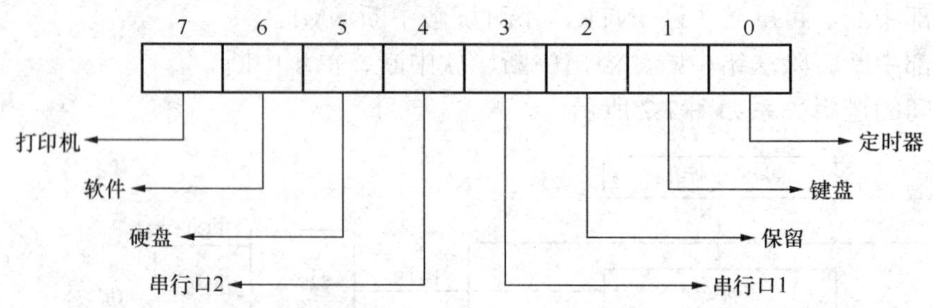

图 7.8 中断屏蔽寄存器格式

（2）内部中断。内部中断又称为软件中断，它通常由如下三种情况引起。

①由中断指令 INT 引起的中断。CPU 执行一条 INT n 指令后，立即产生中断，并且调用系统中相应的中断处理程序来完成中断功能，中断指令中的操作数 n 将给出中断的类型。

②处理 CPU 某些错误的中断。CPU 在执行程序时，为了及时处理运算中的错误，可用中断的方式中止正在运行的程序，待程序员改正错误后，再重新运行程序。

除法错中断。在执行除法指令时，若发现除数为 0 或商超过了寄存器可能表达的范围，则立即产生一个类型为 0 的中断。

溢出中断。如果溢出标志位 OF 置 1，有一条专用指令 INTO 来中断发生溢出的算术操作；如 OF 为 0，则 INTO 指令不产生中断。溢出中断处理程序的主要功能为打印出错信息，并在处理程序执行结束后，不返回原程序，而是把控制权交给操作系统。

③调试程序（DEBUG）设置的中断。在调试程序时，为检查中间结果或寻找程序中存在的问题，往往要在程序中设置断点或进行单步工作，这些功能都是由中断系统实现的。

单步中断。当标志位 TF 置 1 时，每条指令执行后，CPU 自动产生一个类型为 1 的中断，即单步中断。单步中断是一种很有用的程序调试方法。使用单步中断，可以逐条指令地跟踪程序的流程，观察 CPU 每执行一条指令后寄存器及有关存储单元的变化，从而找出产生错误的原因。

断点中断。在调试程序时，可将程序按功能分为几段，然后每段设置一个断点。当 CPU 执行到断点时便产生中断，这时程序员可以检查各寄存器及有关存储单元的内容以判断程序执行是否正确。所谓设置断点，就是把一条中断指令 INT 3 插入程序中，CPU 每执行到 INT 3 处便产生一个中断。断点可以设置在程序的任何地方。

在上述内部中断中，除单步中断和断点中断外，均为非屏蔽中断。

80386～Pentium 处理机大大丰富了内部中断的功能，把许多执行指令过程中产生的错误情况也纳入了中断范围，这类中断称为异常中断，简称异常。从总体上分，异常分为失效（Faults）、陷阱（Traps）和终止（Abort）三类。

（1）失效。某条指令启动之后，真正执行之前被检测到异常，而且中断服务完成之后返回该指令，重新启动并且完成执行。

（2）陷阱。产生陷阱的指令在执行完成后才被报告，并且完成中断处理程序之后返回主程序的下一条指令。例如，中断指令 INT　n 产生的中断就属于该类型。

（3）终止。异常发生后无法确定造成异常指令的位置。因此原来的程序无法继续执行，中断服务程序往往重新启动操作系统。

3．中断向量表

（1）中断向量及中断向量表。每种中断都给安排一个中断类型号。8086 中断系统能处理 256 种类型的中断，类型号为 00H～0FFH。图 7.7 所示的中断源，系统时钟的中断类型为 08，键盘中断的类型号为 09，除法错误的中断类型为 0 等。每种类型的中断都由相应的中断处理程序来处理，中断向量表就是各类型中断处理程序的入口地址表。

8086 系统存储器的低 1.5KB，地址从 0000H～05FFH 为系统占用，其中最低的 1KB，地址从 0000H～03FFH 存放中断向量。中断向量表中的 256 项中断向量对应 256 种中断类型，每项占用 4 个字节。其中两个字节存放中断处理程序的段地址（16 位），另两个字节存放偏移地址（16 位）。因为各处理程序的段地址和偏移地址在中断向量表中按中断类型号顺序存放，如表 7.2 所示，所以每类中断向量的地址可由中断类型号乘以 4 计算出来。

表 7.2　　中 断 向 量 表

00000H～00003H	类型 0 中断处理程序入口地址
00004H～00007H	类型 1 中断处理程序入口地址
00008H～0000BH	类型 2 中断处理程序入口地址
……	……
000FCH～000FFH	类型 255 中断处理程序入口地址

例如：报警中断的中断类型为 4AH，它的中断向量地址为 4AH×4＝128H，即 128H 和 129H 两字节存放的是报警中断处理程序的偏移地址；12AH 和 12BH 两字节存放的是报警中断处理程序的段地址。取出段地址和偏移地址放入 CS 和 IP，CPU 就可以转入相应的中断处理程序。

在 8086 系统中，已经对各种中断程序的入口地址进行了划分。其安排如表 7.3 所示。

表 7.3 常用中断类型及其名称

中断类型号	中断名称	中断类型号	中断名称
0	除法错中断	0FH	打印机中断
1	单步中断	10H	显示驱动程序
2	不可屏蔽中断（NMI）	11H	设备测试程序
3	断点中断	12H	存储容量测试程序
4	溢出中断	13H	软盘驱动程序
5	屏蔽打印中断	14H	通信口驱动程序
6	保留	15H	盒带驱动程序
7	保留	16H	键盘驱动程序
8	时钟中断	17H	打印机驱动程序
9	键盘中断	……	
0AH	彩色图像接口	21H	DOS 系统功能调用
0BH	同步通信接口	……	
0CH	异步通信接口	60～67H	为用户保留软中断
0DH	硬盘中断	……	
0EH	软盘中断	0F1～0FFH	未用

（2）中断类型号的获取。除法错误、单步中断、不可屏蔽中断、断点中断和溢出中断均属于系统内部中断，当上述中断发生时，系统将自动提供 0～5 中断类型号，并自动地转到中断处理程序中去。

对于可屏蔽的外部中断 INTR，则是经过中断控制器 8259，在 CPU 中断响应的第二个周期，通过 INTA，将对应的中断类型号送到数据总线。

内部中断是通过 INT n 指令将中断直接告诉 CPU。

采用向量中断的方法，大大加快了中断处理的速度。因为计算机可直接通过中断向量表转向相应的处理程序，而不需要 CPU 去逐个检测和确定中断原因。

为了将一个中断处理程序的入口地址，送至对应的中断向量表中，如 4AH 号中断的中断处理程序的入口地址为 INTADD，则可以通过以下程序段来实现。

```
CODE     SEGMENT
MAIN     …
         MOV      AX,0
         MOV      DS,AX
         MOV      SI,4AH*4
         MOV      AX,OFFSET INTADD
         MOV      [SI],AX
         MOV      AX,SEG INTADD
         MOV      [SI+2],AX
```

```
        …
INTADD  PROC    FAR
        …
        STI
        IRET
INTADD  ENDP
CODE    ENDS
```

上述中置中断向量表也可以用下列程序实现：

```
MOV     AX,0
MOV     ES,AX
MOV     DI,4AH*4
MOV     AX,OFFSET INTADD
STOSW
MOV    AX,CS
STOSW
```

还可以使用 DOS 功能调用设置中断向量。

```
INTADD:  MOV     AX,SEG  INTADD     ；中断处理程序的段地址
         MOV     DS,AX
         MOV     DX,OFFSET  INTADD  ；中断处理程序的偏移地址
         MOV     AH,25H             ；利用 DOS 中断的 25H 号子
                                    ；功能实现
         MOV     AL,4AH
         INT     21H
```

4. 中断响应过程

一个中断源的中断请求被响应后，将进入中断响应周期。中断源将把中断类型号送数据总线，由 CPU 读回，并从中断向量表中获取相应的中断处理程序入口地址，从而转入中断处理程序。中断响应具体过程可以通过以下步骤来实现。

（1）取中断类型号 N；

（2）标志寄存器（PSW）内容压入堆栈；

（3）当前代码段寄存器（CS）内容压入堆栈；

（4）当前指令指针（IP）内容压入堆栈；

（5）禁止外部中断和单步中断（置 IF＝0，TF＝0）；

（6）从中断向量表中取 4×N 的字内容送 IP，取 4×N＋2 的字内容送 CS；

（7）转中断处理程序。

中断发生的过程很像子程序调用，不同的是在保护中断现场时，除了保护返回地址 CS:IP 之外，还保存标志寄存器 PSW 的内容。因为标志寄存器内容记录中断发生时程序指令运行的结果特征，当 CPU 处理完中断请求返回原程序时，需要保证原程序工作的连续性和正确性，所以中断发生时 PSW 的内容也要保存起来。另一个不同点是，在中断发生时 CPU 自动清除了 IF 和 TF，其目的是使 CPU 转入中断处理程序后，不允许再产生新的中断。如果在执行中断处理程序中，还允许外部中断，即还允许中断嵌套，可以通过 STI 指令再把 IF 置 1。

7.4 中断处理程序设计

利用软中断指令 INT，可以进入系统的各个中断处理程序中去。因此，用户程序可以通过 INT 指令使用系统程序提供的中断功能，同时可以利用中断向量表中保留的中断类型号，编写自己需要的中断处理程序。

7.4.1 中断处理程序结构

CPU 响应中断后，自动根据中断类型取中断向量，并转入中断处理程序。具体的工作由中断处理程序完成，外中断和软中断程序设计不尽相同。

1. 外中断处理程序

外设中断是随机发生的，在中断处理程序设计时必须考虑这一点。外中断处理程序的主要步骤如下：

（1）保护现场。保护通用寄存器内容和除 CS 之外段寄存器的内容，保护方法一般是压入堆栈；

（2）尽快完成中断处理，以免影响其他外设中断请求；

（3）恢复现场；

（4）中断返回。用 IRET 指令返回，请注意不是过程返回指令 RET。

2. 软中断处理程序

由中断指令引起的软件中断事件是不会随机发生的，只有 CPU 执行中断指令后，才会发生。因此，中断指令类似于子程序调用指令，相应的软中断处理程序在很大程度上类似于子程序，但并不等同于子程序。

（1）切换堆栈。因为软中断处理程序往往在开中断状态下执行，并且可能较复杂（要占用大量的堆栈空间），所以应该考虑切换堆栈。切换堆栈对实现中断嵌套等均较为有利；

（2）及时开中断。开中断后，CPU 就可响应可屏蔽的外设请求，或者说使外设中断请求及时得到处理。但要注意，如果该软件中断处理程序要被外设中断处理程序“调用”，则应另外考虑是否要开中断或者何时开中断；

（3）应该保护现场。应该保护中断处理程序中要重新赋值的寄存器的原有内容，这样在使用软中断时，可不必考虑有关寄存器内容的保护问题；

（4）完成中断处理。但不必过分追求速度上的高效率，除非它是被外设中断处理程序“调用”的；

（5）恢复现场。依次恢复被保护寄存器的原有内容；

（6）堆栈切换。如果在开始时切换了堆栈，那么也要再重新切换回原堆栈；

（7）利用 IRET 指令实现中断返回。

3. 中断处理程序的一般程序结构

```
INTPRG    PROC  FAR
          STI
          PUSH  DS
          PUSH  AX
          PUSH  BX
          PUSH  CX
```

```
        PUSH   DX
        PUSH   DI
        PUSH   EI
        STI
        …
        CLI
        POP    EI
        POP    DI
        POP    DX
        POP    CX
        POP    BX
        POP    AX
        POP    DS
        IRET
INTPRG  ENDP
```

7.4.2　中断程序设计举例

【例 7.5】 编写输出字符串“EXAMPLE FOR INT”的中断处理程序，设中断号为 5。主程序中需要设置中断向量，调用新中断。

源程序：

```
CODE      SEGMENT
          ASSUME    CS:CODE
MAIN      PROC   FAR
          PUSH   DS
          MOV    AX, 0
          PUSH   AX
          CLI                                ; 关中断
          MOV    AX,SEG NEWINT5
          MOV    DS,AX                       ; DS 指向代码段
          MOV    DX,OFFSET NEWINT5           ; DX 指向新中断入口地址
          MOV    AL,5                        ; 中断类型号 5
          MOV    AH,25H
          INT    21H                         ; 设置中断向量
          STI                                ; 开中断
          MOV    CX,10
L1:       INT    5H                          ; 测试新中断
          LOOP   L1
          RET
MAIN      ENDP
HELLO     DB     'EXAMPLE FOR INT'           ; 中断处理程序显示输出字符串
                                             ; 'EXAMPLE FOR INT'
NEWINT5   PROC   FAR                         ; 新中断处理程序
          PUSH   BX                          ; 保护通用寄存器
          PUSH   CX
          PUSH   AX
          MOV    BX,OFFSET HELLO
          MOV    CX,15
L2:       MOV    AL,CS:[BX]
          CALL   DISPCHAR                    ; 调用显示 AL 中字符子程序
          INC    BX
```

```
        LOOP    L2
        MOV     AL,0DH                          ; 换行
        CALL    DISPCHAR
        MOV     AL,0AH                          ; 回车
        CALL    DISPCHAR
        POP     AX
        POP     CX
        POP     BX
        IRET
NEWINT5 ENDP
DISPCHAR PROC   NEAR                            ; 显示AL中字符子程序
        PUSH    BX
        MOV     BX,0
        MOV     AH,14
        INT     10H
        POP     BX
        RET
DISPCHAR ENDP
        CODE    ENDS
        END     MAIN
```

【例 7.6】 利用空闲中断类型号 70H，编写软中断程序实现在屏幕上显示用户程序提供的一组字符串（长度不超过 256 字符）。

分析：入口参数 AX 中存放字符串首地址，出口参数 AX 中存放实际显示的字符数，当字符数超过 256 个时，则 AH 中值为 0FFH。

调用操作条件如下：

AL：写入中断类型号；

AH：写入中断向量的 DOS 系统调用号 25H；

DS：INT70H 软中断处理程序的段基址；

DX：INT70H 软中断处理程序的段内偏移量；

源程序：

```
DATA    SEGMENT
STRIN1  DB  'This is a test about soft interrupt.$'
STRIN2  DB  0AH,0DH,'ERROR!$'
DATA    ENDS
        EXTRN   INT70H:FAR
CODE    SEGMENT
        ASSUME      CS:CODE,DS:DATA
BEGIN:  MOV     AX,SEG  INT70H
        MOV     DS,AX
        MOV     DX,OFFSET  INT70H
        MOV     AX,2548H
        INT     21H
        MOV     AX,DATA
        MOV     DS,AX
        MOV     AX,OFFSET STRIN1
        INT     48H
        CMP     AH,0FFH
```

```
        JZ      ERR
        INT     21H
ERR:    LEA     DX,STRIN2
        MOV     AH,9
        INT     21H
        MOV     AH,4CH
        INT     21H
CODE    ENDS
        END     BEGIN
```

INT70H 处理程序:

```
SEG     SEGMENT
        ASSUME  CS:SEG
        PUBLIC  INT70H
INT70H  PROC    FAR
        PUSH    DX
        PUSH    CX
        PUSH    SI
        MOV     CX,0
        MOV     SI,AX
NEXT:   MOV     AL,[SI]
        CMP     AL,'$'
        JZ      OVER
        MOV     DL,AL
        MOV     AH,02H
        INT     21H
        INC     SI
        INC     CX
        JMP     NEXT
OVER:   MOV     AX,CX
        CMP     AH,0
        JZ      EDD
        MOV     AH,0FFH
EDD:    POP     SI
        POP     CX
        POP     DX
        IRET
INT70H  ENDP
SEG     ENDS
        END
```

【例 7.7】 编程使用中断方式实现打印机的输出。打印机数据端口地址为 380H、状态端口地址为 381H、控制端口地址为 382H。

分析：打印机的工作状态可以由控制端口控制字来确定，当控制字为 0CH 时，表示可对打印机进行读取和输出、启动打印机和未向打印机送数据；当控制字为 0DH 时，给打印机送数据，选通打印机。设中断类型为 70H。

源程序：

```
STACK1    SEGMENT PARA STACK 'STACK'
STA       DB   100  DUP(?)
STACK1    ENDS
```

```
CODE      SEGMENT
          ASSUME  CS:CODE,DS:DATA,SS:STACK1
PRINT     PROC     FAR
          STI
          PUSH   ES
          PUSH   DI
          PUSH   DS
          PUSH   CX
          PUSH   DX
          PUSH   BX
          PUSH   AX
          MOV    DX,380H 中          ；指向数据口
          OUT    DX,AL               ；送打印数据
          MOV    DX,381H             ；指向状态口
WAIT:     IN     AL,DX               ；读打印机状态
          TEST   AL,80H              ；检查“BUSY”位，在状态端口的 D7
                                     ；位，D7＝0 表示忙
          JNZ    NEXT
          JMP    WAIT
NEXT:     MOV    AL,0DH
          MOV    DX,382H             :指向控制口
          OUT    DX,AL
          MOV    AL,0CH
          OUT    DX,AL               ；送选通信号，选通打印机，使打印机
                                     ；从数据线上数据
          POP    AX
          POP    BX
          POP    DX
          POP    CX
          POP    DS
          POP    DI
          POP    ES
          IRET
PRINT     ENDP
MAIN:     MOV    AX,STACK1
          MOV    SS,AX
          MOV    AX,DATA
          MOV    DS,AX
          CLD
          MOV    AX,0
          MOV    ES,AX
          MOV    DI,4*70H
          MOV    AX,OFFSET PRINT
          STOSW
          MOV    AX,SEG PRINT
          STOSW
          MOV    AL,'A'
          INT    70H
          INT    21H
CODE      ENDS
          END    MAIN
```

7.5　BIOS 功能调用

7.5.1　BIOS 中断调用概述

BIOS（Basic Input/Output System）是驻留在 ROM 中的程序，提供了系统加电自检、引导装入，以及对主要 I/O 接口的控制等功能。对 I/O 接口的控制主要是对键盘、磁带、磁盘、显示器、打印机、异步串行通信接口等的控制，提供了最基本的系统硬件与软件间的接口。BIOS 在汇编语言一级上向用户或操作系统提供微机所带的一些主要外设的设备控制功能，包括开机自检，显示器、键盘和打印机的字符传送、图形发生等，主要是 I/O 设备的处理程序和许多常用例行程序，以中断处理程序的形式存在。这些操作均不需要用户考虑外设的 I/O 地址等细节。例如，负责显示输出的显示 I/O 中断为 10H 号中断，负责打印输出的打印 I/O 程序为 17H 中断等。BIOS 中断调用表如表 7.4 所示。

表 7.4　BIOS 中断调用表

中断类型号	功能	中断类型号	功能
10H	显示器 I/O 调用	18H	磁带 BASIC 入口
11H	设备检测调用	19H	自举程序入口
12H	存储器检验调用	20H	时间调用
13H	软盘 I/O 调用	21H	Ctrl-Break
14H	异步通信口调用	22H	定时处理
15H	磁带 I/O 调用	23H	显示器参数表
16H	键盘 I/O 调用	24H	软盘参数表
17H	打印机 I/O 调用	25H	字符点阵结构参数表

图 7.9 是用户程序和操作系统关系示意图，由图可见 BIOS 程序直接建立在硬件基础上，磁盘操作系统（DOS）和其他操作系统建立在 BIOS 基础上，各种高级语言则建立在操作系统基础上。用户程序可以使用高级语言，也可以调用 DOS 或其他操作系统，还可以调用 BIOS，甚至直接指挥硬件设备。

通常应用程序调用 DOS 提供的系统功能，完成输入/输出或其他操作，这样做用户可以少考虑硬件，实现起来容易。

应用程序直接对硬件编程的优点是程序的效率高，缺点是需要程序员对硬件性能有较深的了解。总的来说，编程复杂，所以一般不直接对硬件编程。

BIOS 中断程序处于 DOS 功能调用和硬件环境之间。和 DOS 功能调用相比其优点是效率高，缺点是编程相对复杂；和直接对硬件编程相比，优点是实现相对容易，缺点是效率相对低。

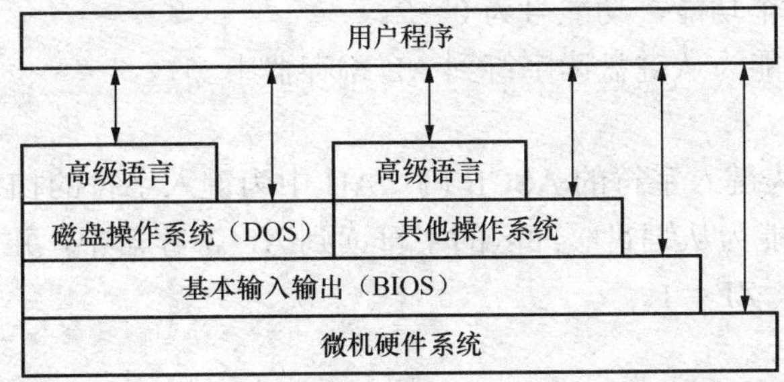

图 7.9　用户程序和操作系统关系示意图

在下列情况下可考虑使用 BIOS 中断：

（1）有些功能 DOS 没有提供，但 BIOS 提供了；

（2）有些场合无法使用 DOS 功能调用；

（3）其他原因。

7.5.2 BIOS 中断调用方法

BIOS 的调用实际上是利用每一台计算机中 BIOS 固有的 I/O 操作程序来实现，由于这些已经在计算机中了，故使用时不必再为它编写程序，只要指明它的操作位置就可以。

BIOS 调用方法：先设置入口参数，然后通过有关的软中断指令调用。BIOS 调用会遇到多个功能的问题，这时，要了解系统为各功能所设置的功能编号。当调用某种类型中的一个功能时，应该把功能号装入 AH 中，其操作与系统调用过程类似。具体步骤为：

（1）设置分功能号。按实现的操作功能的要求，给指定寄存器（通常为 AH）送入分功能号。

（2）设置入口参数。按操作要求，给寄存器填写相应参数的内容（某些调用无参数）。

（3）使用中断语句 INT n。执行调用的功能，其中 n 为中断号。

（4）分析出口参数。

例如：

```
MOV         AH,0            ；分功能号为 0
MOV         AL,10H          ；置入口参数
INT         1AH             ；1AH 为中断号，功能为读时间计数器的值
```

7.5.3 BIOS 中断调用与 DOS 功能调用的比较

BIOS 中断程序处于 DOS 功能调用和硬件环境之间，和 DOS 功能调用相比其优点是效率高，缺点是编程相对复杂；和直接对硬件编程相比，优点是实现相对容易，缺点是效率相对较低。

在一些情况下既能选择 DOS 中断也能选择 BIOS 中断来执行同样的功能。例如，打印机输出一个字符的功能，可用 DOS 中断 21H 的功能 5，也可用 BIOS 中断 17H 的功能 0。因为 BIOS 比 DOS 更靠近硬件。一般情况下，尽可能地使用 DOS 功能，但在少数情况下必须使用 BIOS 功能。例如，BIOS 中断 17H 的功能 2 为读打印机状态，DOS 就没有等效的功能。因此，对 BIOS 和 DOS 调用的选择原则是，无法使用 DOS 功能调用或 DOS 没有提供而 BIOS 提供了功能的情况下可以考虑使用 BIOS 中断。

7.5.4 常用 BIOS 调用

1. 键盘 I/O 中断调用（16H 中断调用）

16H 中断调用有三个功能，功能号为 0～2。

（1）AH＝0　本功能为从键盘读字符到 AL 寄存器中。

入口参数：AH＝0。

出口参数：AL 中为键入字符的 ASCII 码。AH 中为键入字符的扫描码。

（2）AH＝1　本功能为从键盘缓冲区的字符读到 AL 寄存器中，并置 ZF 标志位。当有键按过时，ZF＝0；否则，ZF＝1。

入口参数：AH＝1。

出口参数：若 ZF＝0，AL 中为输入的字符 ASCII 码。ZF＝1，缓冲区空。

（3）AH＝2　本功能为读取特殊功能键的状态。

入口参数：AH＝2。

出口参数：AL 为特殊功能键状态。当相应位置 1 时，表示：位 7 为插入（INS）有效，位 6 为大小写字母键（CAPS）有效，位 5 为数字键（NUM）有效，位 4 为滚动键（SCROLL）有效，位 3 为交替键（Alt）按下，位 2 为控制键（Ctrl）按下，位 1 为左边的上档键（Left-Shift）按下，位 0 为右边的上档键（Right-Shift）按下。

通过 INT 16H 的功能 2 可以查看上述 8 个键的状态，有关程序段如下：

```
        MOV AH,2
        INT     16H                  ; 取键盘状态送入 AL 中
        TEST    AL,10000000B         ; 测试键盘状态字节第 7 位
        JE      INS_OFF              ; 如果是 0，则转至 INS 处于 OFF 的程序段
INS_OFF:…
```

用户通过程序改变键盘状态字节的内容，等效于敲入了对应的键，下面 4 句汇编语句使 Insert 键置于 ON 状态。

```
MOV     AX,0
MOV     ES,AX
MOV     AL,10000000B
OR      ES:[417H],AL
```

【例 7.8】 从键盘读入 0～9 中任一数，根据不同数显示不同的字符串。要求用 BIOS 中断来接收键盘输入。

源程序：

```
STACK     SEGMENT   PARA    STACK
DB        256   DUP (?)
STACK     ENDS
DATA      SEGMENT   PARA  PUBLIC 'DATA'      ; 设每字符串长 30
THIRTY    DB     30
PARM      DB     128 DUP (0)
MESG0     DB     'I LIKE IBM PC…'
MESG1     DB     '8080   PROGRAMMING IS RUN…'
MESG2     DB     'TIME TO BUY MANY DISKETTES…'
MESG3     DB     'THIS PROGRAM WORKS…'
MESG4     DB     'TURN OFF THAT PRINTER! …'
MESG5     DB     'I HAVE MANY…'
MESG6     DB     'THE PSP CAN BE USEFUL…'
MESG7     DB     'BASIC WAS EASIER THEN THIS…'
MESG8     DB     'DOS IS INDISPEСABLE…'
MESG9     DB     'LAST MESSAGE OF THE DAY..'
ERRMESG   DB     'ERROR! INVALID PARAMETER!!!'
DATA      ENDS
CODE      SEGMENT    PARA    PUBLIC  'CODE'
          ASSUME     CS:CODE,DS:DATA,ES:DATA
START     PROC   FAR
BEGIN:    PUSH   DS
          MOV    AX,0
          PUSH   AX
```

```
          MOV    AX,DATA
          MOV    ES,AX
          MOV    DX,AX
          MOV    AH,0                          ; 功能号为 0
          INT    16H                           ; 键盘输入，字符在 AL 中
          SUB    AL;'0'                        ; 减去字符'0'的 ASCⅡ码
          JC     ERROR                         ; 键入字符编码小于 30H 转
          CMP    AL,9                          ; 是 9 吗
          JA     ERROR                         ; 大于 9 转，否则顺序执行
          MOV    BX,OFFSET MESG0               ; MSG0 位移送 BX
          MUL    THIRTY                        ; (AL) ×30
          ADD    BX,AX                         ; 计算输入信息在信息表中的位移
          CALL   DISPLAY                       ; 转子显示信息
          RET                                  ; 返回
ERROR:    MOV    BX,OFFSET ERRMESG             ; 出错显示信息位移送 BX
          CALL   DISPLAY                       ; 转子显示信息
          RET                                  ; 返回
DISPLAY   PROC   NEAR
          MOV    CX,30                         ; 显示字符个数
DISP1:    MOV    AL, [BX]
          CALL   DISPCHAR                      ; 专显示字符子程序
          INC    BX
          LOOP   DISP1
          MOV    DL,0DH                        ; 显示"回车"符
          CALL   DISPCHAR
          MOV    DL,0AH                        ; 显示换行符
          CALL   DISPCHAR
          RET
DISPLAY   ENDP
DISPCHAR  PROC   NEAR                          ; 显示 AL 中字符号程序
          PUSH   BX
          MOV    BX,0
          MOV    AH,14                         ; 14 号功能调用为输出字符
          INT    10H
          POP    BX
          RET
DISPCHAR  ENDP
START     ENDP
CODE      ENDS
END       BEGIN
```

2. 打印机 I/O 中断调用（17H 中断调用）

17H 中断调用有三个功能，功能号为 0～2。

（1）AH＝0　本功能为把 AL 中指定的字符在打印机上打印出来。

入口参数：AH 为功能号，AH＝0，DX＝打印机号（如果只有一台打印机，其编号为 0），AL 为要打印字符的 ASCII 码。

出口参数：AH 中为打印机状态信息。

（2）AH＝1　本功能为对指定的打印机初始化。

入口参数：AH＝1，DX＝打印机号。

出口参数：AH中为打印机状态信息。

（3）AH＝2　本功能为读取打印机的状态信息。

入口参数：AH＝2，DX＝打印机号。

出口参数：AH中为打印机状态信息。若各位置1时，位7为打印机忙，位6为应答状态，位5为无纸，位4为联机，位3为I/O有错，位0表示超时。位2、位1不用。

【例7.9】 打印机输出一字符，判I/O是否有错，如错，转错误处理程序段。

程序片段：

```
    MOV     DX,0
    MOV     AL,'A'
    MOV     AH,0
    INT     17H
    TEST    AH,08H
    JNZ     ERR
    …
ERR:
```

3. 时钟中断调用（1AH中断调用）

1AH中断调用有两个功能，功能号为0～1。

（1）AH＝0　本功能为读取时钟计数器当前值。

入口参数：AH＝0。

出口参数：CX:DX为当前时钟计数器值。CX中为高位字，DX中为低位字。

（2）AH＝1　本功能为设置时钟计数器当前值。

入口参数：AH＝1，CX中为高位字，DX中为低位字。

出口参数：按设定的时钟计数值，设置时钟计数器（计数率为每秒钟计数18.2次）。

【例7.10】 计算程序执行时间。

分析：利用1AH中断调用，获取程序运算时间，先设置时钟计数器初值为0，然后执行测试程序段，执行后再读取时钟计数器值，就可以得到该程序段执行所需要的计数值了。

1s对应计数值为18.2次；1min对应的计数值为1092次；1h对应计数值为65520次。

源程序：

```
DATA      SEGMENT
HOUR      DB     0
MINUTE    DB     0
SECOND    DB     0
HOURN     DW     65520
MINUTEN   DW     1092
SECONDN   DB     18
HASCH     DB     0
HASCL     DB     0
MASCH     DB     0
MASCL     DB     0
SASCH     DB     0
SASCL     DB     0
DATA      ENDS
```

```
CODE    SEGMENT
        ASSUME  CS:CODE,DS:DATA
START:  MOV   AX,DATA
        MOV   DS,AX
        MOV   CX,0
        MOV   DX,0
        MOV   AH,1
        INT   1AH
        CALL  TEST
        MOV   AH,0
        INT   1AH
        XCHG  AX,DX
        MOV   DX,CX
        MOV   CX,HOURN
        DIV   CX
        MOV   HOUR,AL
        MOV   AX,DX
        MOV   CX,MINUTEN
        XOR   DX,DX
        DIV   CX
        MOV   MINUTE,AL
        MOV   AX,DX
        MOV   CL,SECONDN
        DIV   CL
        MOV   SECOND,AL
        XOR   AH,AH
        AAM
        OR    AX,3030H
        MOV   SASCH,AH
        MOV   SASCL,AL
        XOR   AX,AX
        MOV   AL,MINUTE
        AAM
        OR    AX,3030H
        MOV   MASCH,AH
        MOV   MASCL,AL
        XOR   AX,AX
        MOV   AL,HOUR
        AAM
        OR    AX,3030H
        MOV   HASCH,AH
        MOV   HASCL,AL
        MOV   SI,OFFSET HASCH
        MOV   DL,[SI]
        MOV   AH,2
        INT   21H
        INC   SI
        MOV   DL,[SI]
        INT   21H
        MOV   DL,':'
        INT   21H
```

```
        INC    SI
        MOV    DL,[SI]
        INT    21H
        INC    SI
        MOV    DL,[SI]
        INT    21H
        MOV    DL,':'
        INT    21H
        INC    SI
        MOV    DL,[SI]
        INT    21H
        INC    SI
        MOV    DL,[SI]
        INT    21H
        MOV    AH,4CH
        INT    21H
CODE    ENDS
        END    START
```

4. 显示器中断调用（10H 中断调用）

显示器是微型机系统重要的输出设备。显示器与微型机之间的接口电路又称为显示适配器（显示卡）。显示卡的种类很多，有 MDA 卡、HGC 卡、CGA 卡、EGA 卡和 VGA 卡等。IBM-PC 和 PC/XT 单色显示器使用单色显示适配器 MDA（Monochrome Display Adapter）卡，它不支持图形方式，只支持 80 列×25 行的文本方式。文本方式又称为字符方式、字符/数字方式。IBM-PC 和 PC/XT 彩色显示器使用彩色/图形适配器 CGA（Color Graphics Adapter）卡，支持文本和图形两种方式且有单色、彩色两种显示。

有关显示输出的 DOS 功能调用不多，而 BIOS 调用（INT 10H）的功能很强，主要包括设置显示方式、设置光标大小和位置、设置调色板号、显示字符和显示图形等，见表 7.5。

（1）设置显示方式（0 号功能）。

入口参数：AH＝0，AL＝设置方式，见表 7.6。

出口参数：无。

表 7.5　　中断类型 10H 的功能调用操作

服务号	功　能	服务号	功　能
00H	设置显示方式	0DH	读像素
01H	设置光标大小	0EH	以 TTY 方式写字符
02H	设置光标位置	0FH	读取当前显示方式
03H	读取光标坐标	10H	显示寄存器控制
04H	读取光标位置	11H	字符发生器控制
05H	设置当前显示页	12H	替换选择
06H	屏幕初始化或上卷	13H	写字符
07H	屏幕初始化或下卷	14H	保留
08H	读光标位置的属性和字符	15H	保留

续表

服务号	功　能	服务号	功　能
09H	在光标位置显示字符和属性	1AH	读写显示合成卡
0AH	在光标位置仅显示字符	1BH	读取功能状态信息
0BH	设置四色调色板	1CH	存取显示状态
0CH	写像素		

表 7.6　　显示器工作方式

功能号	类型	分辨率	颜色	显示器系统
00H，01H	文本	40×25	16	CGA、EGA、VGA
02H，03H	文本	80×25	16	CGA、EGA、VGA
04H，05H	图形	320×200	4	CGA、EGA、VGA
06H	图形	640×200	2	CGA、EGA、VGA
07H	文本	80×25	单色	MGA、EGA、VGA
0DH	图形	320×200	16	EGA、VGA
0EH	图形	640×200	16	EGA、VGA
0FH	图形	640×350	单色	EGA、VGA
10H	图形	640×350	16	EGA、VGA
11H	图形	640×480	2	VGA
12H	图形	640×480	16	VGA
13H	图形	320×200	256	VGA

（2）设置光标类型（1 号功能）。

入口参数：AH＝1，CH＝光标开始行，CL＝光标结束行。

出口参数：无。根据 CX 给出光标的大小。

（3）设置光标位置（2 号功能）。

入口参数：AH＝2，BH＝页号，DH＝行号，DL＝列号。

出口参数：无。根据 DX 给出确定光标的位置。

（4）读当前光标位置（3 号功能）。

入口参数：AH＝3，BH＝页号。

出口参数：DH＝行号，DL＝列号，CX＝光标大小。

（5）初始窗口或向上滚动（6 号功能）。

入口参数：AH＝6，AL＝上滚行数（当 AL＝0 时，整个屏幕为空白），CX＝上滚窗口左上角的行、列号。DX＝上滚窗口右上角的行、列号。BH＝空白行的属性。

出口参数：无。当滚动后，顶部为空白输入行。

（6）初始窗口或向下滚动（7 号功能）。

入口参数：AH＝7，AL＝下滚行数（当 AL＝0 时，整个屏幕为空白），CX＝下滚窗口左上角的行、列号。DX＝下滚窗口右上角的行、列号。BH＝空白行的属性。

出口参数：无。当滚动后，底部为空白输入行。

（7）读光标位置的属性和字符（8 号功能）。

入口参数：AH＝8，BH＝页号。

出口参数：AL 为读出的字符，AH 为字符属性。

显示属性分为两种：黑白方式和彩色方式。黑白方式的显示属性字节如表 7.7 所示。彩色文本方式的显示属性如表 7.8 所示。表中背景颜色为 8 种，颜色属性如表 7.9 所示。前景颜色为 16 种，颜色属性如表 7.10 所示。

表 7.7　　黑白方式显示属性字节

显示方式	属性字节 7 6 5 4 3 2 1 0 BL R G B I R G B	字符颜色	背景颜色
正常显示	BL 0 0 0 I 1 1 1	白（绿）	黑
反相显示	BL 1 1 1 I 0 0 0	黑	白（绿）
不显示	BL 0 0 0 I 0 0 0	黑	黑
不显示（白框）	BL 1 1 1 I 1 1 1	白（绿）	白（绿）

注　BL＝0 为前景字符不闪烁，BL＝1 为前景字符闪烁；I＝0 为前景字符一般强度，I＝1 为前景字符高强度。

表 7.8　　彩色文本方式显示属性字节

位　号	7	6 5 4	3 2 1 0
属　性	BL	R G B	I R G B
字　节	闪烁选择	背景颜色	前景颜色

注　BL＝0 为前景字符不闪烁，BL＝1 为前景字符闪烁。

表 7.9　　背景颜色组合

RGB	颜色
000	黑
001	蓝
010	绿
011	青
100	红
101	品红
110	棕
111	白

表 7.10　　前景颜色组合

IRGB	颜色	IRGB	颜色
0000	黑	1000	灰
0001	蓝	1001	浅蓝
0010	绿	1010	浅绿
0011	青	1011	浅青
0100	红	1100	浅红
0101	品红	1101	浅品红
0110	棕	1110	黄
0111	白	1111	强度白

（8）在当前光标位置写字符和属性（9 号功能）。

入口参数：AH＝9，BH＝页号，AL＝字符的 ASCII 码，BL＝字符属性，CX＝写入字符数。

出口参数：无。在当前光标处，可连续写 CX 个字符。

（9）在当前光标位置写字符（属性不变）（10 号功能）。

入口参数：AH＝0AH，BH＝页号，AL＝字符的 ASCII 码，BL＝字符属性，CX＝写入字符数。

出口参数：无。

与 9 号功能的区别仅在于不置属性参数。

（10）设置彩色组或背景颜色（11 号功能）。

入口参数：AH＝0BH，BH＝0 或 1。当 BH 为 0 时，设置背景颜色。背景颜色取决于 BL 中的取值。可以有 16 种颜色供选择。当 BH 为 1 时，可设置颜色组，即为显示的像素点确定颜色组。颜色组分为两组，由 BL 取值决定。BL＝0，取 0 颜色组，其颜色为：绿、红、黄。BL＝1，取 1 颜色组，其颜色为：青、品红、白。

出口参数：无。

在彩色图形方式下，11 号功能调用可设置背景颜色（BH＝0），可取 16 种颜色之一（BL＝0～15），或设置彩色组（BH＝1），可取两种彩色组之一（BL＝0～1）。

利用 AH＝0BH，BH＝0，BL＝0～15，就可以设定某种颜色为背景颜色，其对应表如表 7.11 所示。

表 7.11　背景颜色组合表

BL	IRGB	颜色	BL	IRGB	颜色
0	0000	黑	8	1000	灰
1	0001	蓝	9	1001	浅蓝
2	0010	绿	10	1010	浅绿
3	0011	青	11	1011	浅青蓝
4	0100	红	12	1100	浅红
5	0101	品红	13	1101	浅品红
6	0110	棕	14	1110	黄
7	0111	白	15	1111	白

利用 AH＝0BH，BH＝1，BL＝0～1，就可以设定彩色组，彩色组分为两组，其分组情况如表 7.12 所示。

表 7.12　彩色分组

0 彩色组 BL＝0	彩色值	1 彩色组 BL＝1	彩色值
绿 红 黄	1 2 3	青 品红 白	1 2 3

背景颜色和彩色组可以通过 11 号功能调用确定。但对于每个像素点取彩色值，则应在已选定的彩色组中确定一种颜色。这就是彩色分组中彩色值的含义。它们将在写像素和读像素调用中运用。

（11）写像素（12 号功能）。

入口参数：AH＝0CH，DX＝行数，CX＝列数，AL＝彩色值（AL 的 D7 位为 1，则彩色值与当前点内容作“异或”运算）。

出口参数：无。

（12）读像素（13 号功能）。

入口参数：AH＝0DH，DX＝行数，CX＝列数。

出口参数：AL＝彩色值。

（13）写字符并移光标公位置（14 号功能）。

入口参数：AH＝0EH，AL＝写入字符，BH＝页号，BL＝前景颜色（图形方式）。

出口参数：无。显示字符，光标移到下一位置。

（14）读当前显示状态（15 号功能）。

入口参数：AH＝0FH。

出口参数：AL＝当前显示方式，BH＝页号，AH＝屏幕上字符列数。

【例 7.11】 在屏幕 10 行 20～24 列处显示五朵梅花，颜色各异，且要求中间一朵能够闪烁。

分析：首先要设置 80×25 彩色文本方式。根据需要，对每朵显示的梅花应该利用属性字节确定其前景颜色及背景颜色，并规定其是否闪烁。然后由写字符功能，在指定光标处显示彩色的梅花。为使图美观对称，分别确定字符属性为 6EH（棕底黄梅花）、52H（品红底绿梅花）、94H（蓝底红梅花）、52H、6EH。确定方法见前表。可以改变属性字节的内容，以使梅花显示出不同的颜色。

源程序：

```
DATA      SEGMENT
COUR      DB 6EH,52H,94H,52H,6EH
DATA      ENDS
STACK1    SEGMENT   PARA    STACK
          DB 256 DUP (?)
STACK1    ENDS
CODE      SEGMENT
          ASSUME  CS:CODE, DS:DATA,SS:STACK
START:    MOV    AX,DATA
          MOV    DS,AX
          MOV    AH,0
          MOV    AL,3
          INT    10H
          LEA    SI,COUR
          MOV    DI,5
          MOV    DX,0A13H
          MOV    AH,15
          INT    10H
LOP:      MOV    AL,5
          INC    DL
          INT    10H
          MOV    AL,5
          MOV    BL,[SI]
```

```
          MOV     CX,1
          MOV     AH,9
          INT     10H
          INC     SI
          DEC     DI
          JNZ     LOP
          MOV     AH,4CH
          INT     21H
CODE      ENDS
          END     START
```

【例 7.12】 在屏幕的中间建立一个 20 列宽、9 行高的窗口，然后把键盘输入的内容在这个窗口上显示出来。键入的字符将被显示在窗口的最下面一行，每当输入 20 个字符，该行就向上卷动，9 行字符输入完后，顶端行的内容消失。

分析：显示窗口字符，按 ESC 键结束程序。

源程序：

```
DATA        SEGMENT
ESC_KEY     EQU     1BH                   ; ESC 键的 ASCII 值
WIN_ULC     EQU     30                    ; 窗口的左上列数
WIN_ULR     EQU     8                     ; 窗口的左上行数
WIN_LRC     EQU     50                    ; 窗口的右下列数
WIN_LRR     EQU     16                    ; 窗口的右下行数
WIN_WIDTH   EQU     20                    ; 窗宽
DATA        ENDS
STACK1      SEGMENT    PARA    STACK
STA         DB  256 DUP(?)
STACK1      ENDS
CODE        SEGMENT
            ASSUME  CS:CODE, DS:DATA,SS:STACK1
MAIN        PROC    FAR
LOCATE:     MOV     AH,2                  ; 定位光标
            MOV     DH,WIN_LRR            ; DX←光标
            MOV     DL,WIN_ULC
            MOV     BH,0                  ; 0 页
            INT     10H                   ; 调用 BIOS
            MOV     CX,WIN_WIDTH          ; CX←窗宽
GET_CHAR:   MOV     AH,1                  ; 键入一个字符
            INT     21H                   ; 调用 DOS
            CMP     AL,ESC_KEY            ; ESC 键处理
            JZ      EXIT
            LOOP    GET_CHAR              ; 获取下一个字符
                                          ; 设置显示屏幕
            MOV     AH,6
            MOV     AL,1
            MOV     CH,WIN_ULR
            MOV     CL,WIN_ULC
            MOV     DH,WIN_LRR
            MOV     DL,WIN_LRC
            MOV     BH,7
            INT     10H                   ; 调用 BIOS
```

```
            JMP     LOCATE
EXIT:       MOV     AX,4C00H
            INT     21H
            MAIN    ENDP
            CODE    ENDS
            END     MAIN
```

程序中使用了几种 ROM 显示中断服务程序：清除屏幕、光标定位和上卷。如果在屏幕上同时有几个窗口工作，就要分别清除它们，这可通过设置不同的左上角坐标和右下角坐标来完成。

在 BIOS 功能调用中，还有其他中断，如通信口中断调用、软盘中断调用等，这里不再讲述。

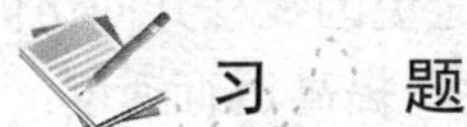

习　题

7.1　一般 I/O 接口部件中都有哪几种寄存器？各有什么作用？

7.2　用指令完成：①将一个字节数据输出到端口 60H；②从端口 400H 读取一个字节数据。

7.3　编写两台计算机利用程序查询方式进行串口通信的程序。设计算机串行数据端口地址为 3F8H，状态寄存器地址是 3FDH，状态寄存器的 D_0 位如果为 1，表示接收数据准备好；如果 D_0 位为 0，则说明接收数据还未准备好，需要等待。同样，输出数据到串行口，必须反复测试状态寄存器的 D_5 位，当 D_5 位为 0，表示在发送寄存器中有数据，需要等待；当 D_5 位为 1 时，表示在发送寄存器空。

7.4　从终端输入字符，保存在一个 64 字节的数组 BUFFER 中，当输入一个“回车”符或字符多于 62 个时，输入结束。如果输入的前 63 个字符没有发现“回车”符，则从终端输出信息“BUFFER　OVERFLOW”，否则自动在“回车”符后填入一个换行符。输入字节的第 7 位为偶校验位，如果发生偶校验错，转向出错处理程序 ERROR；如无校验错，则将字节的校验位清 0 后送 BUFFER。

7.5　类型号 20H 的中断向量在存储器的哪些单元？

7.6　假设中断类型 9 号的中断处理程序在起始地址为 INT_9，试编写主程序为建立这一中断微量而编制的程序段。

7.7　编写一个中断处理程序，要求在主程序运行过程中，每隔 10s 响铃一次，同时在屏幕上显示出信息“THE BELL IS RING!”

7.8　试利用 BIOS 中断编写程序生成 0～100 的随机数。

7.9　利用 BIOS 中断编写程序实现从屏幕（50，60）位置开始，用反显示法连续显示 5 个闪烁的“*”。

7.10　利用 BIOS 中断编写程序实现在品红背景下，显示 5 个浅绿色闪烁的星号。

第 8 章　高级语言与汇编语言混合编程

8.1　混合编程概述

8.1.1　混合编程的必要性

汇编语言与机器语言一样能够帮助我们从 CPU 的角度理解和掌握计算机系统，直接访问与硬件相关的存储器或 I/O 端口；能够不受编译器的限制，对生成的二进制代码进行完全的控制；能够对关键代码进行准确的控制，避免因线程共同访问或者硬件设备共享引起的死锁；能够根据特定的应用对代码做最佳的优化，提高运行速度；能够最大限度地发挥硬件的功能等。但汇编语言却比机器语言易于读写、调试和修改。因此在底层软件（如驱动程序）、系统软件（如操作系统、数据库）开发中必不可少。

汇编语言在系统级开发中的确非常有效，但随着硬件设备性能的迅猛发展，汇编语言在程序性能方面的优势已经不那么重要。同时，软件开发效率越来越成为制约 IT 技术发展和普及的瓶颈。在开发效率方面，汇编语言的缺点最为明显。所以，在应用级开发中，使用高级语言能够得到更好的软件开发性能和质量。

汇编语言和高级语言各有千秋，任何一种都无法取代另一种的角色和地位。但是，任何一种语言却都无法适应各种复杂的软件开发要求。因此，在某些情况下，需要使汇编语言和高级语言相互补充，在同一个软件系统中相互协作，更好地实现软件需求。这样，混合编程就非常必要了。

虽然这些汇编程序数量不大，但在整个软件系统中却起着不可或缺的作用。或者关系着整个计算速度能否接受，或者影响到整个系统的某个关键步骤。

这种在用高级语言开发的软件里，其中一部分使用汇编语言编写，这种开发方式就叫做混合编程。更准确地说，使用两种或两种以上的程序设计语言完成软件开发的形式称为混合编程。

8.1.2　混合编程的广泛性

混合编程的概念看起来通俗易懂：只要一个软件开发中使用到了两种或更多种程序设计语言，就是一个混合编程的软件；如果自始至终只用到一种语言，是单一语言开发的软件，不属于混合编程。说起来容易，可是，真正判断起来并不这么轻松，如图 8.1 所示混合编程示例，从形式上看，GetCycleCount()是一个 C++语言的函数，但是其中事实上用到了机器代码，那么这段程序是否属于 C++语言和机器语言的混合编程呢？

在 C/C++语言中，可以很方便地使用嵌入式汇编指令，这是否属于混合编程？

更模糊地，在 C++语言中，调用 C 语言的 printf()函数输出字符串，是否属于 C 语言和 C++语言的混合编程呢？

按照前述对于"混合编程"的定义，只要在一种语言中使用了另一种语言，即使另一种语言是机器代码，也已经可以算做混合编程。但是，如果原语言中提供了这种机制（比如 C++语言中的__emit__和__asm），就不会给开发的后续工作带来额外的工作量，因此这种"混合编程”的形式非常含蓄，不妨称为隐式混合编程。

Windows 编程中精确的时间控制。

（1）毫秒级计时：在 Windows 平台下，多媒体计时器 timeGetTime 可以提供毫秒级的计时。在实时系统开发中，这一精度经常不能满足要求；

（2）微秒级计时：QueryPerformanceCount/QueryPerformanceFrequency，在实时图形处理、多媒体数据流处理等实时系统构造中经常使用，随系统的不同可以提供精确到微秒级的计时；

（3）纳秒级计时：直接使用 Pentium CPU 内部时间戳进行高精度计时。Intel Pentium 以上的 CPU 提供专门的 RDTSC 指令，以读取的“时间戳（Time Stamp）”。这是一个 64 位无符号整数，记录了自 CPU 上电以来所经过的时钟周期数。由于目前 Pentium 级别 CPU 的主频极高，因此这个计数值达到纳秒级别计时精度。

RDTSC 指令是“Read Time Stamp Counter”的助记符，是一条双字节指令，十六进制代码为 0x0f、0x31。RDTSC 指令读取 CPU 时间戳，保存到 edx:eax 寄存器中。

由于 edx:eax 寄存器对恰好是 Win32 平台下 C++语言函数返回值所在位置，因此可以把这条指令看成是一个普通的函数调用。因此便有了如下的 C++函数：

```
inline  unsigned  __int64  GetCycleCount()
{
     __emit__(0x0f,0x31);
}
```

注意这里使用了 C/C++语言的特殊伪指令“__emit__”：告诉 C/C++的编译器直接在程序代码中嵌入机器代码。该伪指令的具体形式和语法要求在不同版本的编译器中可能会有差别，但都是由单词“emit”和下划线组合而成。

图 8.1　混合编程示例

在目前的软件开发中，已经在大量使用各种语言的相互协作。

（1）有亲缘关系的语言之间的混合编程。

C 语言和 C++语言的混合编程：由于 C 语言和 C++语言在语法结构非常接近，在实现过程中的内存模式、调用方式等方面也有类似之处，所以实现在 C++中使用 C 语言模块的混合编程比较容易。

C#与 VC 语言的混合编程：与 C++程序中调用 C 程序相同的理由，C#能够较方便地调用 VC 语言的模块（注意 C#和 VC 只能运行在 Windows 平台，没有跨平台的情况。这里的 VC 不能换成 C++）。

（2）有明显功能特点的语言被其他语言所调用。

C 语言：作为最适合开发低层功能的高效语言，可以被大量的其他语言调用。由于 C 语言极大的灵活性，几乎所有高级语言都可以调用 C 语言编写的程序；

汇编语言：作为最直接、最灵活、最高效的硬件控制语言，可以被几乎所有高级语言程序所调用。需要注意的是汇编语言是针对特定指令系统的，比如 GNU C 程序调用 i86 汇编语言程序，以及 C51 程序调用 ASM51 的程序，都是 C 语言和汇编语言的混合编程；

FORTRAN 语言：作为最适合进行科学计算、计算结果最精确的语言，可以被多种语言调用，比如在 Windows 平台上，Visual Basic 程序、C#程序都可以调用 FORTRAN 语言的模块实现科学计算功能；

（3）特殊应用环境的脚本中使用其他语言。目前广泛使用的 MATLAB 环境中，可以使用 C、C++、C#、VC 等语言编写的程序。

在早期的个人数据库系统 dBASE/FoxBASE/FoxPro 中，可以调用特殊格式的汇编模块。

在微软的 SqlServer 数据库中，可以调用 Visual C 编写的程序模块。

（4）分布式环境下各种语言的广泛协作。

JAVA 语言：作为跨平台的代表语言，可以在多种硬件平台上运行。JNI（Java Native Interface，JAVA 本地接口）从 Java 1.1 开始就成为 JAVA 标准的一部分，通过 JNI 接口规范，Java 程序可以调用其他语言（典型的如 C、C++）编写的程序。

.Net 环境：微软的.Net 平台提供了 Visual Basic、Visual C、C#等多种语言之间相互任意调用的机制。严格来说，这并不是多种语言的混合编程，而是特殊的分布式环境的多语言协作开发。

可见，随着计算机技术的发展，软件所面对的问题越来越广泛，也越来越复杂，解决问题的不同环节比以前更需要不同特性的语言之间进行相互协作。因此，软件正在走向多种语言之间的深入协作。这种协作已经逐渐变成一种工业标准，或者在形成某种平台。在这种趋势下，多语言程序之间的无缝协作是软件技术发展的必然结果。但是，经典的不同语言之间的混合编程，在很长一段时间内，依然会是单机程序开发的必要软件技术；在系统级软件开发、嵌入式开发等特殊场合中，依然离不开混合编程。

8.1.3 混合编程的困难

从表面上来看，混合编程有两个问题需要解决：如何找到并调用另一种语言编写的程序；如何从被调用语言中返回调用者继续执行。对于汇编语言来说，这是一次典型的 CALL 指令和 RET 指令。但是，汇编语言中的 CALL 有三种：short，near，far。同样，ret 也有两种：near 和 far。如何确定调用和返回的目标位置的属性，是首先需要解决的问题。

由于汇编语言模块可以非常自如地设置目标位置的属性，因此在这方面完全可以满足任何语言的调用要求。反过来，单从这一点上看，从理论上说，汇编语言也可能调用任意其他编译型语言编写的模块。

然而实际情况并没有这么幸运。高级语言之所以拥有较高的开发效率，是因为有了大量的可以直接调用的函数库和类库。对于面向对象的语言如 C++和 JAVA，在运行时还必须有运行库（RunTime）的支持。所以，通常情况是其他编译型语言调用汇编语言的模块并不困难，但汇编语言中要调用其他语言的程序就非常艰难了，因为这意味着必须提供被调用语言的运行库和类库，必须建立被调用语言的运行时环境。

其实，调用的问题相对来说比较容易解决，更重要的原因不同语言的编译器在内存框架、命名规范、调用规则等方面都有所不同。而在汇编语言中，汇编器对这些完全不做设定，开发者可以任意设置内存框架、命名规范、调用规则等。所以这种自由设置的汇编语言程序，无法被其他语言的程序所调用。同样，在汇编语言中调用其他语言编写的程序时，必须遵守（至少是在调用的这一个模块中遵守）被调用程序语言的各种规范。

（1）内存框架指的是程序段、数据段、堆栈段等都放在什么地方，叫什么名字，用哪个段基存器访问，偏移地址基于哪个位置计算。显然，如果采用不同的内存框架，就会找不到相应的段，或者算错偏移地址，这样就不可能完成调用。

（2）命名规范指变量名、函数名等在编译后生成的目标模块中的名称，尤其是共享符号、全局符号名。比如在 C 语言中，函数名编译之后前面带有一个下划线，printf()函数在汇编的层次上看到的其实是“_printf”这一符号。所以，如果在汇编语言中要调用 C 语言中的 printf()函数，直接使用不带下划线的 printf 肯定是找不到正确位置的。

高级语言中几乎都会这样做，因为在汇编层次上的那些符号如 8086 汇编语言中的 ax、ah、al、cs、mov 等，在汇编语言程序中不会引起混淆，但是高级语言比如 C 语言中，却不会把这些符号特别对待，照样会使用这些符号为标识符命名。如果编译器不作特殊处理，一旦和汇编语言模块放到一起进行混合编程，就会引起命名混乱。

可以说，不同语言的编译器为了尽可能地支持混合编程，各自了采用了一些奇怪的命名规范。虽然看起来不好理解，但却有效地避免了混合编程时重名可能引发的命名混乱。

（3）调用规则是在混合编程中最复杂的部分。从汇编语言的角度来看，调用规则分为三个方面：CALL 和 RET 的类型（near 还是 far）；调用参数传递方式；返回值的类型以及返回值存放位置的约定。

CALL 和 RET 的类型只要相同，就可以调用了。返回值类型和存放位置需要提前约定好，双方都遵守相同约定去返回、读取。

在汇编语言里，调用参数传递可以使用寄存器、栈的顶部、数据段里的变量、指针等多种方式实现。但由于高级语言的复杂性，只能使用把参数放在栈的顶部的方式传递参数。这样，在调用过程中栈的使用就相当复杂了：调用参数在栈里，返回地址在栈里，被调用程序保护现场的相应值在栈里，被调用程序还可能在栈里创建局部变量。

因此，除了栈的深度必须足够之外，必须保证双方都能够从栈里读到正确的值。最重要的就是在执行 RET 指令时，确保栈顶的数据就是正确的返回地址。

8.1.4　混合编程过程

由上分析可知，混合编程的过程可分为三个阶段：准备阶段，编程阶段，实施阶段。

准备阶段，就是计划、设计，考虑好内存框架统一到哪种结构、采用怎样的命名规范和相互调用规则。

编程阶段，在被调用的程序中写好能够让调用者的每个符号，读取调用参数，准备返回值，检查调用栈，最后用适当的类型返回。如果被调用程序自身使用大量的局部变量，而这些局部变量都在栈中分配，那么应该采用自己的局部栈，以免栈溢出后导致返回到未知的位置，从而使软件失控。

调用方的程序中，把每个需要调用的符号声明为外部符号，准备调用参数，调用，检查调用栈，读取返回值，然后进行后续处理。

内存框架方面，可能要在源程序中增加特定的指令，视不同高级语言的要求而定。

实施阶段，采用适当的编译参数，分别编译、汇编每个模块；编译成功后，使用恰当的链接参数，将启动代码、已经得到的每个模块、所需的函数库链接到一起，得到最终的可执行程序。

对于单一语言的编程，实施阶段使用默认参数类型即可。但对于混合编程，经常需要复杂的编译参数和链接参数，链接命令行尤其复杂。这类难以记忆、不易输入的命令行手工输入很不方便，因而经常以某种格式记录在一个称为“工程文件”的独立文件中。工程文件记录了生成最终的可执行程序需要用到的所有模块，每一个模块的产生过程，以及这些模块之间的依赖关系等。在混合编程过程中，使用工程文件会使生成可执行程序的过程变得更加得心应手。

得到可执行文件只是混合编程的第一个里程碑，后续工作还很多。现在程序可以运行之后，构造测试数据进行不同语言模块之间的调用接口，与汇编语言程序的调试类似，同样需要非常细心、非常耐心。发现问题，修改代码，重新生成可执行程序，继续调试：这一过程需要循环多次，最后得到确信无误的程序，才基本达到程序开发过程的终点。

8.1.5 程序之间的其他协作形式

在一个软件系统之中，不同语言编写的程序之间的协作形式是多样的，混合编程只是其中一种，但却是最深入、最自由的协作形式。一种语言的模块能够使用另一种语言模块中的数据，能够调用程序代码，实现最紧密的程序内部的相互协作。

然而，还有一类其他的协作形式：在一个程序中，总会有调用另一个程序的方法。无论在汇编语言里，还是高级语言中，都有调用另一个程序的方法，比如使用指定的播放器播放指定的视频文件，使用指定的浏览器打开指定的网址等。播放器、浏览器程序是另外的独立的程序，可以是任何语言编写的其他程序，通过文件路径、参数等进行调用，而这些路径和参数以字符串的形式存在于调用它的程序之中。

这也是两个程序协作的一种方式，但只是一种外在的方式，因为两个程序之间并没有发生模块间的调用和内部的数据访问。

具体实现过程，以 C 语言为例，简单的如 system()函数，复杂一些的有 exec()、spawn()函数族。

这类协作形式比较多，但都有同一个特点，就是与平台有关。在不同的操作系统下，这类调用会有一些差别。也就是说，这类调用其实不是程序语言的功能，而是操作系统的支持。操作系统平台对程序之间的协作有一整套支持方案，上述只是很简单的一种。

需要说明的是，程序之间在操作系统平台下实现的协作不属于混合编程。严格来说，甚至于都不属于编程部分，是操作系统特性的一方面。

8.2 C 语言程序调用汇编模块

本节以 C 语言程序中调用汇编语言模块为例，说明混合编程的基本过程。

8.2.1 内存分配模式

C 语言程序的内存模式与汇编语言类似，C 语言的经典内存模式有 6 种。在不同的平台上的不同的编译器，可能会增加新的内存模式。内存模式的内容包括内存框架、调用类型等，比如程序段、数据段、堆栈段等每一段的名字、类型、在内存中的分配方式。指定编译所使用的内存模式，其实就是选择编译器预先定义的一套内存组织框架。

C 语言的 6 种基本内存模式是：Tiny（微型模式），Small（小型模式），Medium（中型模式），Compact（紧凑模式），Large（大型模式）和 Huge（巨型模式）。这 6 种模式中，Small 是默认的编译模式。如果没有指定是哪种内存模式，编译器会用 Small 模式进行编译。

在编译命令行中分别用这 6 个词的首字母表示，如：

```
gcc  -c  -mc  hello.c  -o hello
```

gcc 是命令名，这个名字会随着编译器的不同而不同，比如 Visual C 下是 cl。

“m”参数（注意是小写 m，C 编译的命令行参数是大小写敏感的）指定编译所用的内存模式，“c”代表紧凑模式。

六种内存模式是基本按照代码段与数据段的大小来分的。在 16 位计算机上，是以 64KB

为标准划分内存模式的。64KB 内（小于 2^{16} 字节）的叫做小段，64KB 以上（超过 2^{16} 字节）的叫做大段，这是按照 16 位偏移地址来区分的。如果一个段的规模小于 64KB，也就是 2^{16} 字节，固定段寄存器不变，仅用 16 位偏移地址就可以访问得到一个段内的所有资料。如果段的规模超过 64KB，仅用 16 位偏移地址无法访问到段内的全部资料，所以必须同时使用不同的段寄存器（比如修改默认段寄存器的值，或者使用段超越前缀等）。

小代码就是指程序只有一个代码段，大小不超过 64KB，默认的代码（函数）指针是 near 类型（近指针），函数的调用是近调用，返回是近返回。大代码就是指程序有多个代码段，每个程序段不超过 64KB，但代码总量可能超过 64KB，默认的代码（函数）指针是 far 类型（远指针），函数的调用是远调用，返回是远返回。小数据就是指程序只有一个数据段，默认的数据指针是 near 类型。大数据就是程序有多个数据段，默认的数据指针是 far 类型。

分别按照代码段（程序段，也叫正文段）和数据段的规模，六种内存模式大致如表 8.1 所示。

表 8.1　　内存模式示意表

项目	小代码段	大代码段
小数据段	Tiny，Small	Medium
大数据段	Compact	Large，Huge

（1）Tiny 微型模式：程序中的数据及代码均在同一 64KB 的段内，加起来总共不超过 64KB。代码段、堆栈段和数据段的段地址均相同：CS＝DS＝SS＝ES，数据指针、指令指针都是 near 类型。代码段、数据段和堆栈段均在同一段内，寻址时以同一地址偏移为参考点，称为属于同一组段（DGROUP）。栈向上增长，即每压栈一次栈指针 SP 减 2，初值指向栈底，即 0xfffe。堆向下增长，即向地址值增大的方向变化。堆和栈地址相向生长，当占用量较大时，就会导致重叠并覆盖部分堆空间，这种情况叫做堆栈溢出。

（2）Small 小型模式：这是默认的内存模式。程序中的代码放在 64KB 的代码段内，数据放在另一个 64KB 的数据段内，代码和数据加起来可能达到 128KB。在小型模式下，栈段、附加数据段和数据段均指向同一地址：DS=SS=ES。数据指针、指令指针都是 near。数据段、堆栈段和附加段为同一段组，即它们的偏移地址均以同一段地址（DGROUP）为参考点。

（3）Medium 中型模式：大代码、小数据模式。所有数据放在 64KB 的数据段内，数据指针使用 near 型。代码量可以大于 64KB（在 16 位计算机上最大达到 1MB），指令指针使用 far 类型的指针。

（4）Compact 紧凑模式：小代码、大数据模式。数据量超过 64KB，数据指针是 far 类型。代码量不超过 64KB，指令指针是 near 类型。

（5）Large 大型模式：代码及数据均采用 far 指针，在 16 位机器上最大 1MB。

（6）Huge 巨型模式：与 Large 模式类似，但静态数据可以超过 64KB。

紧凑模式、大型模式、巨型模式数据大小都可以超过 64KB，用 far 型数据指针访问数据，统称为大数据存储模式。但在紧凑模式和大型模式中，静态数据的数据不能超过 64KB，只有在巨型模式下，静态数据才没有 64KB 的限制。在大数据存储模式下，堆和栈分别位于不同段中，不受 64KB 大小的限制，栈的增长不会占用数据堆的空间。

现在，32 位或更大字长的计算机已经普及，32 位、64 位架构也越来越常见。因此，在 32 位系统（如 Win32）中，增加了一种名为“Flat”的 32 模式，可意译为“平坦”模式。Flag 模式下不再区分 near 与 far 的类型，每项数据都采用 32 位偏移地址寻址，具有 2^{32}=4GB 的寻址规模。不再区分数据段与代码段，代码与数据组织到同一个 4GB 的范围内。

然而，即使在 Flag 模式，内存模式的概念依然相同。虽然“段地址”拥有了新的名字叫做“段选择器”，“段选择器”长度依然是 16 位。而且对程序员来说，寻址方式依然是“段”+“偏移”的形式，不过在 Flag 模式下，“偏移”地址不再是 16 位而是 32 位。

8.2.2 内存模型

选定一种内存模式，就等于指定了一套内存分配结构。相互调用的两种不同语言的程序，都要满足这套内存结构。也就是说，被 C 所调用的汇编程序，当然也必须满足同样的内存结构，包括具有相同的段名、段类型、边界对齐类型、连接合并类型。只有这样，才能在链接阶段与 C 编译器产生的模式具有一致的段结构，从而实现相互访问。

汇编语言可以自由地分配每一个段，可以灵活地部署各个代码块和数据区在内存中的位置。

在 C 中，代码段叫做“_TEXT”，定义为：

```
_TEXT SEGMENT BYTE PUBLIC 'CODE'
_TEXT ENDS
```

对于大代码模式（Medium，Large，Huge）中，有多个这样的代码段，因此每个代码段还必须有自己额外的名称，比如：

```
name1_TEXT SEGMENT BYTE PUBLIC 'CODE'
name1_TEXT ENDS
name2_TEXT SEGMENT BYTE PUBLIC 'CODE'
name2_TEXT ENDS
```

数据段叫做“_DATA”，定义为：

```
_DATA SEGMENT WORD PUBLIC 'DATA'
_DATA ENDS
```

类似地，在大数据模式（Compact，Large，Huge）中，有多个类似的数据段，所以每个数据段也拥有额外的名称。如：

```
name1_DATA SEGMENT WORD PUBLIC 'DATA'
name1_DATA ENDS
name2_DATA SEGMENT WORD PUBLIC 'DATA'
name2_DATA ENDS
```

只读数据区单独放在一个存储区域：

```
CONST SEGMENT WORD PUBLIC 'CONST'
CONST ENDS
```

未初始化的全局变量和静态变量称为 BSS 段(Block Started by Symbol)，放在一个单独的区域：

```
_BSS SEGMENT WORD PUBLIC 'BSS'
_BSS ENDS
```

栈段：

```
STACK SEGMENT  PARA  STACK  'STACK'
STACK ENDS
```

然后，把常量区、未初始化全局区和数据区合并起来形成一个数据组 DGROUP：

```
DGROUP GROUP  CONST,_BSS,_DATA,STACK
```

如果在汇编语言的程序中用不到某些段，这些段就可以不用定义，在 GROUP 中也不用出现，如：

```
DGROUP GROUP  CONST,_DATA
```

这时汇编程序没有使用自己的栈，这时会共用 C 语言程序的栈。需要提前估算栈的使用情况，以防程序运行过程中栈溢出。

最后一步，用 ASSUME 伪指令声明每个段寄存器的内容，以便汇编器产生合适的段超越前缀：

```
ASSUME CS:_TEXT,DS:DGROUP,SS:DGROUP
```

这是小代码模式（Tiny、Small 和 Compact）的情形。对于大代码模式（Medium，Large，Huge），因为有多个代码段，所以需要指定其中一个段名：

```
ASSUME CS:namek_TEXT,DS:DGROUP,SS:DGROUP
```

在 Flat 模式中，虽然内容有了很大的不同，但在编程时使用的形式并没有多少变化。除不需要再考虑每个段是不是超出了 64KB 的大小之外，还有一些细微的差异。比如在 Visual C 的 Flat 模式中，每个数据段的类型从 WORD 变成了 DWORD，同时段的组织方式变为：

```
FLAT  GROUP  _TEXT,_DATA,CONST,_BSS
ASSUME  CS:FLAT,DS:FLAT,SS:FLAT
```

8.2.3　被调用的符号名

要让汇编语言中的模块被 C 语言调用，首先要使作为一个标识符的模块名在 C 语言中可见，以便 C 程序找得到被调用的模块；其次要让 C 语言正确识别符号的类型，以便 C 程序按正确的格式使用该符号；最后，就是协商合适的调用参数和返回类型。

在汇编语言里，让一个符号对外可见，只需要使用 PUBLIC 伪指令进行声明：

```
PUBLIC    public_data_name
PUBLIC    public_code_name
```

PUBLIC 伪指令声明后面列表中的数组或标号（包括过程名、函数名）对外部模块可见，在本模块内没有其他影响，所以可以放在程序中的任何地方。

这样声明之后，在 C 语言程序中该符号相当于一个全局符号。只要声明为外部符号，就可以在 C 程序中使用。

声明为外部符号使用 C 语言关键字 extern。按照作用域规则，只要在使用之前某个位置被声明过，就可以正确访问到该符号。由于被作为全局符号看待，所以可以声明在任何函数体外，也可以放在被调用的函数体内声明。如：

```
main()
{
extern  int  public_data_name;
extern  int  public_code_name();
int  x = public_code_name;
printf("%d",public_data_name);
}
```

或：

```
extern  int  public_data_name;
extern  int  public_code_name();
main()
{
int  x = public_code_name;
printf("%d",public_data_name);
}
```

从概念上来说，只要类型一致，这样就已经完全成功了。可是还有一点需要注意的是，汇编模块中的公共符号在C语言被看作全局符号，所以：

```
extern  int  public_data_name;
extern  int  public_code_name();
```

在C语言中编译之后，得到的符号名按照C语言的编译规则，对所有全局符号名加上了下划线，所以事实上被声明为外部符号的相当于：

```
_public_data_name  DW  0
_public_code_name  PROC
```

因此，要注意在汇编模块中使用的全局符号前面加上一个下划线符号，而变成如上形式。同样，PUBLIC伪指令也应该成为：

```
PUBLIC    _public_data_name
PUBLIC    _public_code_name
```

8.2.4 调用参数及返回值

在汇编程序中，调用程序和被调用程序之间传递数据的方式很多。简单的可以直接用某个或者某些约定的寄存器，复杂的可以用约定好的双方都可以寻址到的任意内存数据。但在C语言中，使用寄存器显然不是一个好方法。

因为调用者要提前在栈中保存返回地址，而被调用者在执行完毕后会读取该保存的地址并返回该地址继续执行。这种过程事实上就相当于参数传递。因此，在栈里传递更多的调用参数就是最自然的实现方式。包括C语言在内，几乎所有的高级语言都采用在栈中传递调用参数的方式。

在调用发生时，调用者首先把所有调用参数放到调用栈中，然后把返回地址放进调用栈里，并转到被调用的位置。这是必需的调用过程，事实上的栈内容比这更加复杂。

首先，在高级语言中，调用之前保存现场并不是只保存，还有编译器认为有必要保存的其他寄存器。其次，被调用程序中需要的局部变量不在_DATA 段中定义，_DATA 中定义的是全局数据。局部变量随着过程调用的发生而产生，随着过程调用的结束而消失。这种动态的数据最适合在栈里声明。当然，栈里肯定还会有一些后来运行过程中的数据，这就与本次调用无关了。

被调用的过程或函数在执行完自己的任务之后，首先需要清理栈里的局部变量。然后，就可以返回到调用者、恢复现场、清理栈中的调用参数。这样，一次调用过程就彻底结束了，程序继续按顺序运行。整体的过程大致如图 8.2 所示。

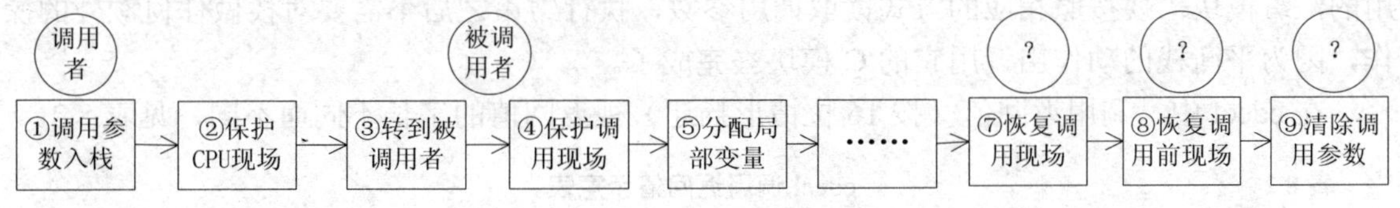

图 8.2 调用过程

这一过程大致可分为如上 9 步。前 3 步由调用者负责，毫无选择。接下来 3 步由被调用者承担，别无选择。最后 3 步该由谁来负责呢？在汇编语言里，这一系列过程对编程者都是可见的，留给程序员的编程风格去解决。

第 8 步和第 2、3 两步相对应。和第 3 步对应的应该由被调用者承担，与第 3 步对应的部分似乎调用者和被调用者都有机会去做。进一步说，既然第 8 步被调用者或者调用者都可能去做，那么第 9 步就有可能顺便被相同一方去完成。类似地，第 7 步自然也有一部分由调用者顺便完成的可能性，因为毕竟 7、8、9 三步是紧接在一起的。当然，在图中，7、8 两步之间的返回被调用者这一步被故意省略了，只有这一步是必须由被调用者承担的。

也就是说，7、8、9 三步，到底由谁负责其实不是固定不变的，有着多种不同的选择。在汇编语言里，这些都是由编程者灵活处理的。可是在高级语言里，这些过程对于编程者来说是未知的，因此必须由编译器给出一套规则去解决。

典型的，与 C 语言相关的，有两套典型的解决方案，分别称为 stdcall 和 cdecl。

stdcall 方案采用被调用者平衡栈的方式，就是第 9 步由被调用者去做。还有一个特征，在前述讨论中没有提到的，就是调用参数的进栈顺序，stdcall 是从左至右进栈的。这样一来，这些参数在栈中位置就变成了越往右边的参数，在栈中的位置越靠栈顶。

由调用方从左到右把参数放到栈里，由被调用方在调用结束之后参数消费掉，并平衡调用栈。调用方提供参数，被调用方消费参数，合情合理的解决方案。因而，stdcall 方案被很多高级语言采用。乃至 Windows 操作系统的 API，也是采用 stdcall 的方式。

然而，尽管 stdcall 看起来非常自然，却有着无法解决的缺陷：一旦被调用者出了故障，没有正确平衡调用栈，就会导致返回调用者之后栈中的内容发生了变化。而这种变化对于调用者来说是完全未知的，就会造成调用者未来的运行过程变成未知。一般的后果可能是结果错误，严重的会导致运行失控以至于崩溃。

所以，C 语言采用了另一种看起来很不自然的调用方式：cdecl，是从 C 语言才开始的调用方式。cdecl 方案中，调用结束之后平衡栈的动作由调用方执行，而不是被调用方。被调用者只需要读取参数，而不需要考虑清理调用栈。这样就完全避免了由于被调用者的故障使调用程序运行不稳定的情况。

cdecl 方案中调用参数的进栈顺序与 stdcall 正好相反，采用从右到左的顺序。这样，在被调用程序看来，离栈顶最近的就是调用参数表中最左边的参数。单独来看，这样做的好处不是很明显。但是和由调用方平衡栈结合起来，一个直接的效果可以轻易实现可变参数的调用，比如 printf(char * format,…)。如果采用 stdcall，是无法实现可变参数调用的。

还有一类称为 fastcall 的，类似于 stdcall，但是使用 CPU 寄存器（32 位的 ecx 和 edx）传递一部分参数。

如果没有特别的说明，C 语言中的函数调用都采用 cdecl 的方式，所以被 C 语言程序调用的汇编模块需要按照相应的方式读取调用参数，执行结束之后不需要对栈做任何额外的操作，因为平衡栈的动作由调用它的 C 模块去完成了。

在 cdecl 中，调用返回值（按 16 位情形描述）视返回值的字长不同而不同，见表 8.2。

表 8.2　　cdecl 调用返回值示意表

返回值类型	8 位	16 位	32 位	更长
寄存器	al	ax	dx:ax	内存中

对于 32 位返回值，用 dx:ax 拼成一个 32 位值返回；对于更长的结构类型，将返回结构放在堆中，将结构指针按 16 位(小数据模式)或 32 位(大数据模式)方式返回。

8.2.5　调用过程实例

本小节以计算两个无符号整数的乘积为例，演示 C 程序调用汇编模块的过程：C 语言程序传来两个无符号整数，汇编代码计算出两个整数的乘积作为函数的返回值。

这项功能过于简单，没有什么实际意义，仅作混合语言调用的演示。

（1）调用汇编模块的 C 程序文件为 countHours.c，内容如下：

```
#include  <stdio.h>
unsigned long  PRODUCT(unsigned int, unsigned int);
void main()
{
  unsigned  int days=365,hoursPerDay=24;
  unsigned  long  hours;
  hours = PRODUCT(days, hoursPerDay);
  printf("一年共有%ld 小时\n",hours);
}
```

声明外部函数应该带有 extern 关键字说明：

```
extern  unsigned  long  PRODUCT(unsigned int, unsigned int);
```

由于 C 中的所有非静态函数都是全局的，所以声明外部函数可以不用 extern：

```
unsigned  long  PRODUCT(unsigned int, unsigned int);
```

这样一来，看上去完全就是声明了一个 C 语言的函数头，毫无差别。

调用汇编模块中函数的语句是：

```
  hours = PRODUCT(days, hoursPerDay);
```

整个调用过程相当于如下动作：

```
  PUSH  hoursPerDay ;从右到左压栈
  PUSH  days        ;最左的参数最后入栈
  CALL  _PRODUCT    ;近调用
  ADD  SP,+4        ;平衡栈。也可以用两条 POP 指令
  MOV  [hours],ax   ;读取返回值的低 16 位
  MOV  [hours+2],dx ;返回值的高 16 位
```

注意调用参数是从右到左压栈，然后进行调用。调用结束之后要清理栈中的内容，这项工作叫做“平衡栈”，经常用 POP 指令实现。但是这些值已经使用完毕，在这里只需要调整栈顶指针的位置，所以在需要 POP 的内容较多时常用加法实现。

调用完毕后，按照返回值类型的不同长度，采用不同的约定得到返回值。这个例子里返回值是 long 型，32 位数据，所以放在 DX:AX 寄存器组中：DX 为高 16 位，AX 为低 16 位。

（2）被调用的汇编代码源程序 mulLong.asm，内容如下：

```
_TEXT SEGMENT  BYTE  PUBLIC  'CODE'
_TEXT ENDS
_DATA SEGMENT  WORD  PUBLIC  'DATA'
_DATA ENDS
CONST SEGMENT  WORD  PUBLIC 'CONST'
CONST ENDS
_BSS  SEGMENT  WORD  PUBLIC  'BSS'
_BSS ENDS
DGROUP GROUP CONST,_BSS,_DATA
ASSUME CS:_TEXT,DS:DGROUP,SS:DGROUP
_TEXT SEGMENT
   ASSUME CS:_TEXT
   _PRODUCT  PROC NEAR
      PUSH BP
      MOV  BP,SP
      MOV AX,[BP+4]
      MUL AX,[BP+6]
      POP BP
      RET
   _PRODUCT  ENDP
_TEXT ENDS
PUBLIC  _PRODUCT
END
```

内存框架部分前面已经详细解释过，这段代码以 Small 模式为例编写。与内存模式相关的部分在如上程序中，与这部分代码相关：

```
   _PRODUCT  PROC NEAR
      PUSH BP
      MOV  BP,SP
      MOV AX,[BP+4]
      MUL AX,[BP+6]
```

用粗体标出来的部分都与内存模式相关：Small 模式中，被调用函数是 near 类型，调用是近调用。所以调用前在栈里只压入 2 个字节的返回偏移地址。再加上前面的一条 PUSH 在栈里存放 2 字节的内容，调用参数就在栈顶+4、栈顶+6 的位置，所以这个 4 和 6 的值与内存模式相关。

对照如上代码，注意另外三个方面：

①被调用的符号“_PRODUCT”的定义和声明。“PUBLIC　_PRODUCT”把这个符号声明为在模块外部可见，这一行可以放在编程者喜欢的任何地方。放在最后是一种常见的做法，也有放在前面的，也有放在定义位置的。

②调用参数的读取：因为调用参数在栈里，访问栈数据习惯于使用基指针 BP，不需要使用段超越就默认从 SS 段读取数据。但是调用者（C 语言程序）可能正在使用 BP 中的值，因此要保护调用前 BP 中的值，因此有对于 BP 的 PUSH 和 POP 操作。

如前所述，两个参数值在栈中的位置是离栈顶 4 字节处。由于调用参数表按照从右到左的顺序入栈，因此：

```
MOV AX,[BP+4]
MUL AX,[BP+6]
```

相当于

```
MOV AX,[daysValue]
MUL AX,[hoursPerDayValue]
```

③准备返回值：在 C 程序里，PRODUCT 被声明为 unsigned long 型，这是 32 位值，所以返回值应该放在 32 位累加器组 DX:AX 中。

在计算完乘法之后，乘积已经包含在 DX:AX 中，因此不需要额外的 MOV 指令，直接 RET。

（3）实现。现在，计划好了两个源程序文件：C 语言的 countHours.c 和汇编语言的 mulLong.asm。

将两个源程序文件分别编译、或汇编之后，得到两个目标模块文件。最后把两个目标模块和其他代码（比如 C 程序的启动代码、库文件等）链接在一起，就得到了完整的可执行程序文件。具体操作细节与不同的开发环境有关，典型步骤为：

①用 C 语言编译器，把 countHours.c 编译为 obj 模块；

②用汇编器把 mulLong.asm 汇编为 obj 模块；

③用链接器把以上两个 obj 模块以及其他模块(启动代码、库)链接成一个可执行文件。

其中①②两步不分先后，先编译 C 模块还是汇编 asm 程序没有任何影响，但是这两步都必须在链接之前完成。

在所有高级语言中，C 语言更接近于汇编语言，所有 C 语言有时也称为“中级语言”。因而，C 语言程序和汇编语言程序之间的相似程序也更大，链接到同一个可执行文件中也更加方便。

如上三步，在经典的 TurboC 环境中，只要存在对应的汇编器 tasm，只需要一条命令就可以完成所有工作，命令行类似于：

```
D>tcc  countHours.c  mulLong.asm
```

只用一条命令，自动完成汇编、编译、链接的所有工作。命令行上没有指定内存模式，采用默认内存模式进行。如果没有特别配置，默认模式为 Small，相当于在命令行使用了参数“-ms”。

命令行上可以有多个 c 源程序文件（.c 可以省略），可以有多个 asm 文件。对于每个 c 源程序文件（省略后缀名的看作 c 程序文件）分别进行编译，对于每个 asm 文件分别调用汇编器(默认为 tasm)进行汇编，最后调用链接器(默认为 tlink)把所有这些模块以及必需的其他模块链接到一起。生成的可执行文件的文件名，默认与命令行上第一个出现的模块的名称相同。

如果使用 Visual C 环境，除编译器为 cl，汇编器是 ml。默认情况下，cl 在编译成功之后会自动调用链接器生成 exe 文件。类似地，默认情况下 ml 在汇编成功之后也会自动调用链接器生成 exe 文件。微软的汇编器 ml 以前在命令行上叫做 masm，在 VS 中是 ml。单独进行链接时，链接器命令行为 link。这时三步需要分别在命令进行，而且命令行参数较多。

相对来说，gcc 环境使用同样简捷。虽然可选参数众多，灵活性很大，但是类似前过 tcc 的形式，使用默认配置就可以得到可执行程序，用-o 参数指定生成的可执行文件名，如：

```
gcc  -o countHours  countHours.c  mulLong.s
```

在 gcc 环境下，默认的汇编源程序类型名为“.s”。

当然，也可以把这三步分开来单独完成：

```
①gcc  -c  countHours.c                          编译为 obj 模块 countHours.o
②gcc  -c  mulLong.s                             汇编为 obj 模块 mulLong.o
③gcc  -o countHours  countHours.o  mulLong.o    链接为可执行文件
```

8.2.6　make

如果需要编译和汇编的模块数量很大，有时需要修改其中的一部分，然后又需要重新编译、汇编相关目标模块，并重新生成可执行文件。这项工作手工去做不但烦琐，而且容易遗漏。要是全部重做一遍又有些不值得，所以就把源程序文件、目标模块文件、可执行文件的相互依赖关系写到一个文件里，并标明如何所依赖的文件生成该文件的命令行。包含依赖关系和生成每个文件的命令行信息的这个文件叫做工程文件，典型地使用 makefile 作为文件名。按照 makefile 中的信息，检查每个需要重新生成的文件并按依赖关系的顺序生成的过程，经常由一个专门的程序去做，这个程序叫做 make。比较复杂的程序经常包含多个模块，使用 make 方法去做就显得非常方便。常见的 C 语言开发环境都支持 makefile，当然也提供了 make 工具。

针对前述的 gcc 编译、汇编过程，makefile 的内容可能如下所示：

```
all:countHours
      countHours:countHours.o  mulLong.o
          gcc  -o countHours  countHours.o  mulLong.o
      mulLong.o:mulLong.s
          as  -o mulLong.o mulLong.s
      countHours.o:countHours.c
          gcc  -g -o countHours.o  countHours.c
```

其中，all 表示最终的可执行文件，冒号代表依赖关系，紧接着依赖关系的行是按照依赖文件生成该文件的命令行。

建立了这个 makefile 之后，每次修改其中的某些源程序需要重新生成可执行程序时，只需要使用 make 命令。make 命令默认从当前目录下的 makefile 文件中读取信息，所以不需要任何命令行参数，比如：

```
D:\COUNTHOURS>make
```

即可。

在 Visual C 中，makefile 的语法有所不同。为便于理解，以下不使用隐含规则，从而如前所述的 makefile 使用 Visual C 语法可以写成这样：

```
countHours.exe : countHours.obj mulLong.obj
link  -out:countHours.exe  countHours.obj mulLong.obj
countHours.obj:countHours.c
cl  /c  countHours.c
mulLong.obj:mulLong.asm
ml  /c/coff   mulLong.asm
clean:
del *.obj
```

此外，在 make 命令名在 Visual C 中变成了“nmake”，默认依然从 makefile 中读取规则。

8.3 汇编语言与 C 语言的其他协作方式

C 语言程序调用汇编模块，是汇编语言与高级语言协作开发的典型方式。然而，由于 C 语言设计的特性，使 C 语言也可以编写被其他语言程序所调用的模块。当然，类似于汇编语言程序，被其他语言程序调用的 C 模块需要针对被调用的环境进行特殊处理。

能够在汇编语言程序中比较方便地被调用，这是在高级语言中是很少见的。理论上，由于汇编语言可以非常自由地编写任意内存框架、支持任意调用规则，因此所有高级语言程序模块都可以在汇编程序中被调用。但是，绝大部分高级语言程序的模块要在汇编程序中被调用，需要汇编程序做大量繁重的工作，所以事实上没有人愿意这么做。

此外，由于 C 语言的这种特性，在 C 语言中还有更方便地使用汇编代码的方式：嵌入汇编。就是在 C 语言的源程序中，可以直接把某一部分甚至于某个函数整个用汇编语言实现，而不需要把汇编代码写到一个单独的源程序文件之中。C 语言的编译器可以识别嵌入汇编，并全自动进行汇编和链接，不需要额外的命令行参数。

本小节简述汇编程序调用 C 模块，以及 C 程序直接嵌入汇编代码两种协作方式。

8.3.1 汇编程序调用 C 模块

如前所述，只要汇编程序符合 C 程序的内存框架和调用规则，就可以方便地调用 C 模块。这里是一个简单的例子，汇编版的 HelloWorld。本程序针对 Visual C 环境，所以使用了 flat 内存模式。可以直接在 Visual C 环境下用 ml 命令行生成可执行程序，能够正确运行。

注意程序中用粗体标出的部分：

（1）因为这是一个 C 语言形式的完整的 main()函数，所以要定义_main 过程名，并声明为 PUBLIC，以便外部模块能够调用得到。

（2）其中的_printf 是 C 的库函数，对汇编程序来说属于外部符号，需要用“EXTRN”关键字说明，并声明类型为 PROC。注意“EXTRN”的写法：功能与 C 中的“extern”相同，但是汇编里大小写无关，而且只有五个字母，没有中间的那个“E”，这里容易写错。

（3）调用 printf 的代码与调用汇编语言编写的过程完全相同，只不过调用参数需要放到栈里。

```
push fmtstr
call _printf
add  esp,4
```

（4）按照 cdecl 调用约定，调用完毕之后由调用方平衡栈。也就是说，由汇编程序代码把调用 printf 之前压栈的参数全部出栈。这些参数在汇编代码里已经不需要再使用，所以简单地用一条加法指令即可。注意“add　esp，4”中的“4”，因为这是 flat 模式，标号全都是 32 位，占 4 个字节。

完整的程序代码如下：

```
    .model flat
_DATA    SEGMENT
    fmtstr DB  'Hello,World!',13,10,0
_DATA    ENDS

PUBLIC  _main
EXTRN   _printf:PROC

_TEXT   SEGMENT
_main   PROC
    push ebp
    mov  ebp,esp
    push     fmtstr
    call _printf
    add  esp,4
    xor  eax,eax
    pop  ebp
    ret
_main   ENDP
_TEXT   ENDS
END
```

把上述代码写到 hello.asm 源文件中，可以用 ml 生成可执行文件：

```
ml  hello.asm
```

命令行全部使用默认设置。如果没有输入错误，则在当前目录下生成 hello.exe 可执行文件。

8.3.2　C 语言嵌入汇编

由前述调用过程可见，C 语言程序与汇编语言程序可以相互调用，实现相当深入的相互协作。此外，汇编语言还有一种更直接地辅助 C 语言完成低层操作的方式：嵌入汇编：关键字 asm 开始的是嵌入汇编指令，如：

```
asm  MOVAX,[SP+4]
```

或

```
asm {
PUSH  BP
MOV  BP, SP
}
```

单行的 asm 命令末尾可以带分号，也可以不带分号，这是 C 语言中唯一一条可以以换行结束的语句。注意在 VC 中，嵌入汇编指令改成了“__asm”，功能不变。

由于嵌入汇编在 C 程序的框架下作为辅助的低层操作指令，有些指令如 CALL、RET 显然不适合出现在嵌入汇编之中。C 的嵌入汇编允许四类汇编指令：通用指令、串操作指令、跳转指令、数据定义伪指令。嵌入汇编比单独的汇编程序更灵活，借助于C程序的框架，使用起来也更加方便。

但嵌入汇编不是完整的汇编程序，因此错误检查比较复杂。

作为简单例子，以下是在微软环境下使用嵌入汇编实现的HelloWorld程序：

```
main()
{
  char *str="Hello,world!\n\r$";
  asm  mov ah,9
  asm  mov dx,str
  asm  int 33
}
```

这里使用操作系统的9号功能调用实现输出（因而字符串的格式与使用printf有所不同，注意串尾的“\r$”），没有使用标准库中拥有强大格式加工能力的printf函数，所以得到的可执行文件体积小得多。

注意在嵌入汇编中使用C定义的变量时直接按照C语言中使用变量的方式使用即可，不要前面的下划线。而且，“[str]”外面的方括号也可以不用。

8.4 JAVA程序调用汇编程序

JAVA是典型的面向对象语言，而且是跨平台运行的，“Write Once，Run Everywhere（一次编程，处处运行）”是JAVA语言的目标。就是说，JAVA程序可以在各种平台上运行，包括不同的操作系统、不同的CPU等，都可以统一运行。

面向对象和跨平台，是汇编语言不具备的高级特性，是JAVA程序调用汇编代码的巨大障碍。要让JAVA程序调用本地的汇编代码，必须通过JNI（JAVA Native Interface，JAVA本地接口）。JNI是JAVA为使用本地资源而提供的，使跨平台的JAVA语言以规范的方式使用本地计算机系统中的软硬件资源。

因而通过JNI，就可以在JAVA程序中调用本地的汇编语言模块。本小节以调用Windows的MessageBox显示一个字符串为例，说明JNI调用汇编语言的过程。

8.4.1 JNI环境

事实上，JNI是一套标准化的接口，与语言无关。为了使跨平台的JAVA和本地操作系统环境之间能够相互沟通，JAVA使用一种称为“JNI Env”（JNI Environment，JNI环境）的机制，这是JAVA程序与本地代码之间的基本通信方式，JAVA的数据格式和本地数据格式之间就通过这一环境进行转换。

8.4.2 后期联编

在Windows下，JNI调用是通过dll实现的。就是说被调用的代码要编译链接成不同于exe的另一种可执行文件格式，并在运行时被JAVA程序调用。和C语言调用汇编模块的情形不同的是，C语言中的调用过程其实是在链接(link)过程中实现的，汇编程序以目标模块的形式在链接阶段和C语言模块合成一体。

但JAVA是面向对象的语言，调用在运行时才会发生。在运行开始之后，才能联编（Binding）到本地代码，所以称为后期联编。对应地，C语言中的那种链接在运行之前发生，可以称为“前期联编”。汇编程序不是以待链接的目标模块的形式提供给 JAVA 程序调用，而是以链接之后生成的可执行文件形式，以供 JAVA 程序在运行过程中调用。只不过这种可执行文件不是 exe 格式，而是 dll 格式。

现在就需要进行 JAVA 调用汇编模块的第一步，写出 JAVA 代码，并编译为 class 文件：

```
class JniTest{
   public native String helloWorld(String s);
   static{System.loadLibrary("hello.dll");}
   public static void main(String[] args)
   {
     JniTest sm = new JniTest();
     String strReturn = sm.HelloWorld("Hello,World, Here is JNI");
     System.out.println(strReturn);
   }
}
```

该程序的内容与实现语言无关，用 C、C++还是汇编语言实现都一样，调用类不需要知道 JNI 方法的实现细节。

其中 JniTest.helloWorld(String)是即将要用汇编语言实现的本地模块，所以用“native”标记；该本地模块将用汇编语言实现并汇编、链接生成可执行文件“hello.dll”，所以接下来的一行 static 代码加载了这一 dll 文件。

这时，JniTest 类完全能够正确通过 JAVA 编译生成 class 文件，但是不能运行，因为本地代码还没有开始建立。

8.4.3 名称转换

要在汇编语言中实现 JniTest.helloWorld(String)本地方法，先要知道汇编语言看到的函数名是什么。JNI 使用一种名称转换(mangling)规则生成新的函数名，可以通过了解 JNI 的名称转换规则手工推算得到。

这里我们使用另一种方式，在 JniTest.class 所在目录下运行 javah 命令：

```
javah  -jni  JniTest
```

然后在该目录下生成 JniTest.h 文件，这是 C 语言格式的头文件，其中包含转换后的函数名。这样就得到了汇编程序要实现的函数名：Java_JniTest_helloWorld。

8.4.4 调用参数

通过 JNI 调用本地方法，被调用的方法会收到两个额外参数：第一个额外参数是指向 JNIEnv 的指针。第二个额外参数是指向调用对象的指针，相当于 this。从第三个参数开始，才是在 JAVA 程序中声明的参数。因此，待实现的本地函数的调用格式相当于：

```
Java_JniTest_helloWorld(JNIEnv,this,String)
```

按照 JNI 的资料，现在可以用汇编语言实现这一本地函数了。具体内容略。

8.4.5 初始化代码

由于本地函数最终被编译成 dll 格式的可执行文件，因此需要编写 dll 的 init 代码。这里不需要做任何额外操作，只需要简单地返回一个非零值即可。

现在，已经全部完成了本地代码的每个部分，本地代码 hello.asm 内容为：

```
.model  flat,stdcall
option  casemap:none
include …
Java_JniTest_helloWorld  PROTO :DWORD,:DWORD,:DWORD
.data
…
.code
initProc proc hInstance:HINSTANCE,reason:DWORD,
reserved1:DWORD
mov eax,TRUE
ret
initProc endp
Java_JniTest_helloWorld proc JNIEnv:DWORD,this:DWORD,
str:DWORD
…
ret
Java_ShowMessage_HelloDll endp
End  initProc
```

把这个汇编程序汇编成目标文件，再链接得到 dll 格式的可执行程序。把得到的 dll 文件放到 JniTest.class 所在的目录中，就可以运行 JAVA 类 JniTest 了。

8.4.6 步骤回顾

最后，回顾一下使用 JNI 调用汇编程序的整个过程：

（1）实现 JAVA 代码，并编译成可运行的 class 文件；

（2）运行 javah -jni JniTest，得到 C 语言格式的头文件 JniTest.h，得到本地方法的函数名；

（3）用汇编语言实现 Java_JniTest_helloWorld proc JNIEnv:DWORD,this:DWORD,str:DWORD；

（4）dll 初始化：initProc proc hInstance:HINSTANCE,reason:DWORD,reserved1:DWORD；

（5）设置程序入口为 initProc：在源程序最后加上 End initProc；

（6）把汇编程序汇编并链接成 dll 格式的可执行程序，运行 JAVA 类 JniTest。

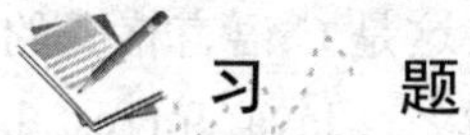

习　题

8.1 按你的理解，讨论：

（1）什么是混合编程？

（2）讨论 8.2.2 中所列举的各种情况是否属于混合编程，给出你关于混合编程范围界定的理解；

（3）按照你对程序、软件等概念的理解，在哪些情况下需要使用混合编程？

8.2 .Net 中的一个应用程序的不同模块可以使用 C#、C++、Visual Basic 中的任何一种语言编写，这能不能称为多语言混合编程？在 Visual FoxPro 中调用 Web Services 进行远程数据访问，是否属于 VF 和.Net 的多语言混合编程？

8.3 为什么 JAVA 语言可以调用汇编语言程序，但汇编语言程序无法调用 JAVA 语言的程序？为什么不同语言编写的目标模块之间不能像在同一种高级语言中那样自如地进行相互调用？

8.4　汇编语言可以调用 C 语言的函数，包括标准库函数和自己编写的函数。在汇编语言中能否调用 C++的重载函数，为什么？

8.5　被 C 程序调用的汇编模块和 C 程序使用不同的内存模式，会造成什么后果？

8.6　C 编译在全局符号前会加上下划线，形成形如“_x”的汇编级符号。如果在 C 程序中直接把全局符号声明为“_x”，在汇编语言里应该如何命名？

8.7　C 中函数调用为什么没有像汇编语言那样的使用寄存器传递参数的形式？

8.8　为什么高级语言普遍在栈中传递调用参数，而不是在其他数据段中？

8.9　函数中的局部变量为什么不在数据段分配空间而要在栈里分配空间？

8.10　C 语言为什么不采用普遍使用的 stdcall 方式调用函数？cdecl 调用方式有什么好处？

8.11　为什么 stdcall 无法实现可变参数调用？

8.12　被 C 程序调用的汇编模块中，能不能用 BX、SI、DI 等寄存器代替 8.3.5 的例子中的 BP 读取调用参数？为什么？

8.13　什么是 makefile？使用 make 有什么好处？

8.14　能不能把 C 源程序翻译成汇编语言源程序？如果可以，怎么操作？

8.15　在 C 语言中，嵌入式汇编能否使用 C 语言中定义的变量、函数？

8.16　被 C 语言程序所调用的汇编模块中，如果发生下述情形，会发生什么后果：

①C 程序没有传递参数但汇编模块读取了参数值，并按读出的值进行计算；

②C 程序传递了多个参数，其中一部分在汇编模块中根本没有使用；

③C 程序没有传递参数但汇编模块使用参数，并在汇编模块中修改了参数的值。

8.17　怎样才能在跨平台的 JAVA 语言中调用本地计算机系统中的汇编程序？

8.18　C 调用汇编与 JAVA 调用汇编的过程有哪些不同？

附录A 8086 指令系统速查表

附表 A-1 数据传送指令组

类别	指令格式	功 能	允许的操作数
通用数据传送指令	MOV OPD1，OPD2	OPD1←OPD2	OPD1，OPD2
			存储器，寄存器
			寄存器，存储器
			段寄存器，通用寄存器
			通用寄存器，段寄存器
			存储器，段寄存器
			段寄存器，存储器
			通用寄存器，通用寄存器
			通用寄存器，立即数
			存储器，立即数
	PUSH OPD	（SP）←OPD	OPD 寄存器（CS 合法） 存储器
	POP OPD	OPD←（SP）	OPD 寄存器（CS 非法） 存储器
	XCHG OPD1，OPD2	OPD1←→OPD2	OPD1，OPD2 通用寄存器，通用寄存器 通用寄存器，存储器 存储器，通用寄存器
	XLAT OPD	AL←[BX＋AL]	OPD 存储器中的表首地址
I/O 端口输入输出指令	IN OPD1，OPD2	OPD1←OPD2	OPD1，OPD2 AL 或 AX，端口地址 n AL 或 AX，DX DX 中为端口地址 n
	OUT OPD1，OPD2	OPD1←OPD2	OPD1，OPD2 端口地址 n，AL 或 AX DX，AL 或 AX
标准传送指令	LAHF SAHF PUSHF POPF	AH←标志寄存器低位字节 标志寄存器低位字节←AH （SP）←标志寄存器 标志寄存器→（SP）	无操作数（隐含） 无操作数（隐含） 无操作数（隐含） 无操作数（隐含）
地址操作指令	LEA OPD1，OPD2	OPD1←OPD2 的地址偏移量	OPD1，OPD2 16 位通用寄存器，存储器
	LDS OPD1，OPD2	DS←OPD2 的段地址 OPD1←OPD2 的地址偏移量	OPD1，OPD2 16 位通用寄存器，存储器（双字）
	LES OPD1，OPD2	ES←OPD2 的段地址 OPD1←OPD2 的地址偏移量	OPD1，OPD2 16 位通用寄存器，存储器（双字）

附表 A-2 算术运算指令组

类别	指令格式	功能	允许的操作数
加法指令	ADD OPD1，OPD2 ADC OPD1，OPD2	OPD1←OPD1＋OPD2 OPD1←OPD1＋OPD2＋CF	OPD1，OPD2 通用寄存器，通用寄存器 通用寄存器，存储器 存储器，通用寄存器 存储器，立即数 通用寄存器，立即数
	INC OPD	OPD←OPD＋1	OPD 通用寄存器、存储器
	AAA	AL←对 AL 中未组合的十进制数和调整	隐含
	DAA	AL←对 AL 中未组合的十进制数和调整	隐含
减法指令	SUB OPD 1，OPD2 SBB OPD 1，OPD2	OPD1←OPD1－OPD2 OPD1←OPD1－OPD2－CF	OPD1，OPD2 通用寄存器，通用寄存器 通用寄存器，存储器 存储器，通用寄存器 存储器，立即数 通用寄存器，立即数
	DEC OPD	OPD←OPD－1	OPD 通用寄存器、存储器
	NEG OPD	OPD←OPD 求补	OPD 通用寄存器、存储器
	CMP OPD1，OPD2	OPRD 1－OPD2（比较）→送 F 寄存器	OPD1，OPD2 通用寄存器，通用寄存器 通用寄存器，存储器 存储器，通用寄存器 存储器，立即数 通用寄存器，立即数
	AAS	AL←对 AL 中未组合的十进制数差调整	隐含
	DAS	AL←对 AL 中未组合的十进制数差调整	隐含
	NEG OPD	OPD←OPD 求补	OPD 通用寄存器、存储器
	CMP OPD1，OPD2	OPD 1－OPD2（比较）→送 F 寄存器	OPD1，OPD2 通用寄存器，通用寄存器 通用寄存器，存储器 存储器，通用寄存器 存储器，立即数 通用寄存器，立即数
乘法指令	MUL OPD	AX←AL×OPD（字节） DX:AX←AX×OPD（字）	OPD（无符号数） 通用寄存器、存储器
	IMUL OPD	AX←AL×OPD（字节） DX:AX←AX×OPD（字）	OPD（有符号数） 通用寄存器、存储器
	AAM	AX←对 AX 中未组合的十进制数积调整	隐含

续附表 A-2

类别	指令格式	功　能	允许的操作数
除法指令	DIV　OPD	AL←AX÷OPD（字节）的商 AH←余数 AX←DX:AX÷OPD（字）的商 DX←余数	OPD（无符号数） 通用寄存器、存储器
	IDIV　OPD	AL←AX÷OPD（字节）的商 AH←余数 AX←DX:AX÷OPD（字）的商 DX←余数	OPD（有符号数） 通用寄存器、存储器
	AAD	AX←对 AX 中未组合的十进制数被除数调整	隐含（做除法前先调整）
	CBW	AX←扩展 AL 中的字节数为字	隐含（做除法前先扩展）
	CDW	DX:AX←扩展 AX 中的字为双字	隐含（做除法前先扩展）

附表 A-3　　**逻辑运算指令组**

类别	指令格式	功　能	允许的操作数
逻辑运算指令	NOT　OPD	OPRD←OPD 取反	OPD 通用寄存器 存储器
	AND　OPD1，OPD2	OPD1←OPD1“与”OPD2	OPD1，OPD2 通用寄存器，通用寄存器 通用寄存器，存储器 存储器，通用寄存器 存储器，立即数 通用寄存器，立即数
	OR　OPD1，OPD2	OPD1←OPD1“或”OPD2	OPD1，OPD2 通用寄存器，通用寄存器 通用寄存器，存储器 存储器，通用寄存器 存储器，立即数 通用寄存器，立即数
	XOR　OPD1，OPD2	OPD1←OPD1“异或”OPD2	OPD1，OPD2 通用寄存器，通用寄存器 通用寄存器，存储器 存储器，通用寄存器 存储器，立即数 通用寄存器，立即数
	TEST　OPD1，im	F 寄存器←OPD1“与”im	OPD1，im 通用寄存器，立即数 存储器，立即数

附表 A-4　　移位及循环移位指令组

类别	指令格式	功　能	允许的操作数
移位指令	SHL　OPD，m SAL　OPD，m	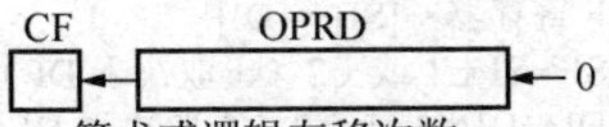 CF　OPRD　0 算术或逻辑左移次数＝m	OPD，m 通用寄存器，1 或 CL 存储器，1 或 CL（CL 中为移位次数）
	SHR　OPD，m	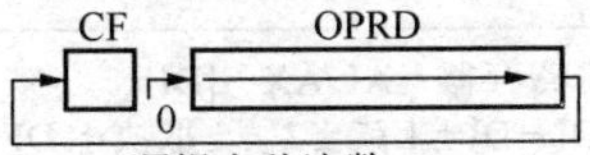 CF　OPRD　0 逻辑右移次数＝m	OPD，m 通用寄存器，1 或 CL 存储器，1 或 CL（CL 中为移位次数）
	SAR　OPD，m	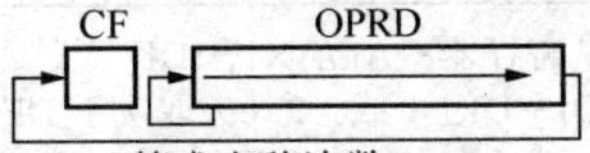 CF　OPRD 算术右移次数＝m	OPD，m 通用寄存器，1 或 CL 存储器，1 或 CL（CL 中为移位次数）
	ROL　OPD，m	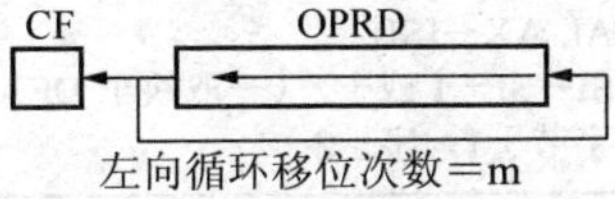 CF　OPRD 左向循环移位次数＝m	OPD，m 通用寄存器，1 或 CL 存储器，1 或 CL（CL 中为移位次数）
	ROR　OPD，m	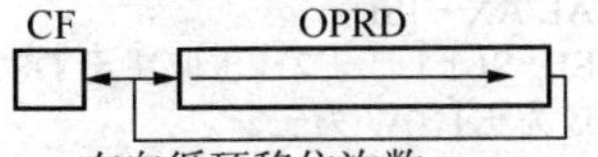 CF　OPRD 右向循环移位次数＝m	OPD，m 通用寄存器，1 或 CL 存储器，1 或 CL（CL 中为移位次数）
	RCL　OPD，m	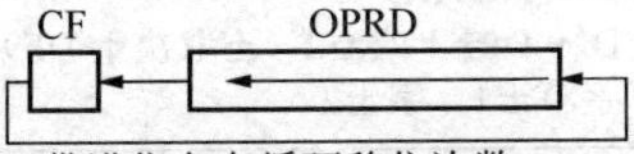 CF　OPRD 带进位左向循环移位次数＝m	OPD，m 通用寄存器，1 或 CL 存储器，1 或 CL（CL 中为移位次数）
	RCR　OPD，m	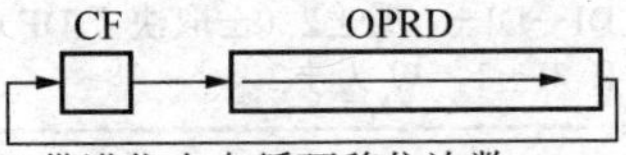 CF　OPRD 带进位右向循环移位次数＝m	OPD，m 通用寄存器，1 或 CL 存储器，1 或 CL（CL 中为移位次数）

附表 A-5　　串操作指令组

类别	指令格式	功　能	允许的操作数
重复前缀	REP	重复，直至 CX＝0	无，与串操作指令组合用
	REPZ/PEPE	当“相等/为零”时，重复，直至 CX＝0 或 ZF＝0	无，与串操作指令组合用
	REPNZ/PEPNE	当“不相等/不为零”时，重复，直至 CX＝0 或 ZF＝1	无，与串操作指令组合用
串传送	MOVS　OPD1，OPD2 可加重复前缀	[DI]←[SI] SI←SI±1 或±2（±取决于 DF） DI←DI±1 或±2（±取决于 DF） 字节±1，字±2	OPD1，OPD2 目的串地址，源串地址 分别用 ES，DS 作段地址
	MOVSB/MOVSW 可加重复前缀	[DI]←[SI] SI←SI±1 或±2（±取决于 DF） DI←DI±1 或±2（±取决于 DF） B 为±1，W 为±2	无
串比较	CMPS　OPD1，OPD2 可加重复前缀	F 寄存器←[SI]－[DI] SI←SI±1 或±2（±取决于 DF） DI←DI±1 或±2（±取决于 DF） 字节±1，字±2	OPD1、OPD2 目的串地址、源串地址 分别用 ES、DS 作段地址

续附表 A-5

类别	指令格式	功　能	允许的操作数
串比较	CMPSB/CMPSW 可加重复前缀	F 寄存器←[SI]－[DI] SI←SI±1 或±2（±取决于 DF） DI←DI±1 或±2（±取决于 DF） B 为±1，W 为±2	无
串搜索	SCAS　OPD 可加重复前缀	F 寄存器←AL/AX－[DI] DI←DI±1 或±2（±取决于 DF） 字节±1，字±2	OPD 目的串地址
	SCASB/SCASW 可加重复前缀	F 寄存器←AL/AX]－[DI] DI←DI±1 或±2（±取决于 DF） B 为±1，W 为±2	无
取串	LODS　OPD 一般不加重复前缀	AL/AX←[SI] SI←SI±1 或±2（±取决于 DF） 字节±1，字±2	OPD 源串地址
	LODSB/LODSW 一般不加重复前缀	AL/AX←[SI] SI←SI±1 或±2（±取决于 DF） B 为±1，W 为±2	无
存串	STOS　OPD 可加重复前缀	DI←AL/AX DI←DI±1 或±2（±取决于 DF） 字节±1，字±2	OPD 目的串地址
	STOSB/STOSW 可加重复前缀	DI←AL/AX DI←DI±1 或±2（±取决于 DF） B 为±1，W 为±2	无

附表 A-6　　转 移 指 令 组

类别	指令格式	功　能	允许的操作数
无条件转移	CALL　OPD	调用过程或子程序	OPD 远/近过程名，标号，通用寄存器，存储器
	RET　OPD	从过程（子程序）返回，若 OPD 存在，则 SP←SP＋OPD	OPD 可没有或等于偶数 *n*
	JMP　OPD	无条件转移	OPD 可为标号，寄存器，存储器
无符号数条件转移	JA/JNBE　OPD	高于/不低于也不等于时，转移	OPD 为近标号
	JAE/JNB　OPD	高于或等于/不低于时，转移	OPD 为近标号
	JB/JNAE　OPD	低于/不高于也不等于时，转移	OPD 为近标号
	JBE/JNB　OPD	低于或等于/不高于时，转移	OPD 为近标号
无符号数条件转移	JG/JNLE　OPD	大于/不小于也不等于时，转移	OPD 为近标号
	JGE/JLB　OPD	大于或等于/不小于时，转移	OPD 为近标号
	JL/JNGE　OPD	小于/不大于也不等于时，转移	OPD 为近标号
	JLE/JGB　OPD	小于或等于/不大于时，转移	OPD 为近标号

续附表 A-6

类别	指令格式	功 能	允许的操作数
标志条件转移	JNC OPD	无进（借）位时（CF=0）转移	OPD 为近标号
	JNZ/JNE OPD	不等于 0/不相等时转移	OPD 为近标号
	JNO OPD	OF=0（不溢出）时转移	OPD 为近标号
	JNP/JPO OPD	PF=0（非奇偶/奇校验）时转移	OPD 为近标号
	JNS OPD	SF=0（正数）时转移	OPD 为近标号
	JC OPD	有进（借）位时（CF=1）转移	OPD 为近标号
	JE/JZ OPD	相等/等于 0 时转移	OPD 为近标号
	JO OPD	OF=1（溢出）时转移	OPD 为近标号
	JP/JPE ORD	PF=1（奇偶/奇校验）时转移	OPD 为近标号
	JS OPD	SF=1（负数）时转移	OPD 为近标号
	JCXZ OPD	若 CX=0 转移	OPD 为近标号
循环条件转移	LOOP OPD	CX 减 1，若 CX≠0 时循环，至 CX=0 时停止	OPD 为近标号
	LOOPZ/LOOPE OPD	CX 减 1，若 CX≠0 且 ZF=1（等于 0/相等）时循环	OPD 为近标号
	LOOPNZ/LOOPNE OPD	CX 减 1，若 CX≠0 且 ZF=0（不相等/不等于 0）时循环	OPD 为近标号

附表 A-7 **中 断 指 令 组**

类别	指令格式	功 能	允许的操作数
中断	INT n	软中断	n 为 8 位立即数
	INTO	溢出中断	无
	IRET	从中断返回	无

附表 A-8 **处理器控制指令组**

类别	指令格式	功 能	类别	指令格式	功 能
标志操作	CLC	进位标志位清 0	处理器控制	HLT	处理器暂停
	CMC	进位标志位取反		WAIT	处理器等待
	STC	进位标志位置 1		ESC	交权指令
	CLD	DF 标志位清 0		LOCK	总线封锁
	STD	DF 标志位置 1		NOP	空操作
	CLI	IF 标志位清 0			
	STI	IF 标志位置 1			

附录 B　汇编出错信息一览

汇编程序处理源程序遇到错误或可疑的语法时，在屏幕上给出提示信息。与特定代码相关的错误是编号的，与整个源程序而不是某一特定代码相关的错误是不编号的。

1. 有编号的错误信息

有编号的错误信息的显示格式：源文件（行）代码 信息

其中，源文件是出现错误的源文件名。若错误出现在内含文件的宏指令中，则源文件是引用该宏指令的文件，不是定义该宏指令的文件。

行是出错位置在源程序中的行号。

代码是所有微软语言程序使用的标识代码，它由“error”或“warning”开头，后跟一个五字符代码。首字符指出程序是哪种语言编写的字母字符，汇编源程序用 A 开头；后四个是数字字符，第一个数字说明警告级别，致使错误是 2，严重警告是 4，劝告性警告是 5；接着的三个数字是错误号，如致命错误 11，则显示 2011。

信息是错误的解释与说明。

下面给出的是有编号的错误信息及说明。

0　Block nesting error. 块嵌套错误，可能是用户关闭了一个内层仍开着的嵌套的外层。

1　Extra characters on lines. 在一行中除所定义语句的全部信息外，还有多余的字符，即用户提供了较多的操作数。

2　Internal error—Register already defined symbol. 寄存器被定义为符号的内部错误。

3　Unknown symbol type. 未知的类型说明符，可能是用户拼错了类型说明符。

4　Redefinition of symbol. 符号在两处按不同类型定义。

5　Symbol is multi-defined. 符号被多次定义。

6　Phase error between passes. 二义性的语句引起偏移地址在第一遍和第二遍扫描之间改变。

7　Already had ELSE clause. 条件汇编块中用了多个 ELSE。

8　Must be in conditional block. 无与 ENDIF 或 ELSE 匹配的 IF。

9　Symbol not defined. 符号无定义。

10　Syntax error. 句法错，相应语句不正确。

11　Type illegal in context. 类型说明符非法。

12　Group name must be unique. 组名已被定义为其他类型的符号，故应修改组名符号。

13　Must be declared during pass 1:symbol. 符号应预先定义，然后再引用。

14　Illegal public declaration. 在 PUBLIC 语句中，使用了非法操作数，如使用寄存器名。

15　Symbol already different kind:symbol. 符号已经被定义为另一种符号。

16　Reserves word used as symbol:name. 保留字作符号，这是警告错误。

17　Forward reference illegal. 符号提前引用错误。

18　Operand must be register:operand. 操作数应当是寄存器，但却是一个符号或常量。

19　Wrong type of register. 指定的寄存器类型并不是指令中或操作中所要求的。

20　Operand must be segment or group. 操作数应当是段名或组名。提供的却是其他名字或常量。

21　Symbol has no segment.　想使用带有 SEG 的变量，而这个变量不能识别段。

22　Operand must be symbol type. 操作数应当是类型说明符，但却是其他操作数。

23　Symbol already defined locally. 在当前模块中已定义的符号又说明为 EXTRN 的操作数。

24　Segment parameters are changed. 同名段操作数说明有矛盾。语句要求应相同。

25　Improper align/combine type. SEGMENT 语句操作数错，检查定位和组合方式的操作数。

26　Reference to multi-defined symbol. 引用多重定义符号。

27　Operand expected. 需要一个操作数，但接收到的是操作符。

28　Operator expected. 需要一个操作等，但给的却是操作数。

29　Division by 0 or overflow. 表达式结果被零除或结果太大，难以表示。

30　Negative shift count. 作为 SHL/SHR 操作符的操作数的表达式计算成一个负的移位次数。

31　Operand types must match. 操作数类型应当匹配。

32　Illegal use of external. 外部变量使用不正确。

33　Must be record field name. 需要的是记录名或字段名，但得到是其他内容。

34　Operand must be record or field name. 要求操作数是记录或域名，但却是其他类型操作数。

35　Operand must have size. 要求操作数有指定的长度。

36　Must be var,label or constant. 需要的是变量、标号或常数，但得到是其他内容。

37　Must be structure field name. 需要的是结构体字段名，但得到是其他内容。

38　Left operand must have segment. 段取代前缀必须是段寄存器名、组或段名。

39　One operand must be constant. 应当有一个常数操作数。

40　Operands must be in same segment,or one must be constant. 操作数应当在同一段或应有一个常数。

41　Normal type operand expected. 当需要变量、标号时，得到的却是 STRUCT、FIELDS、NAMES、BYTE、WORD、DW。

42　Constant expected. 希望是一个常数。

43　Operand must have segment. 操作数应当有段。

44　Must be associated with data. 要求数据相关项的地方用了与代码相关项。

45　Must be associated with code. 要求代码相关项的地方用了与数据相关项。

46　Multiple base registers. 操作数中使用了多个基址寄存器。

47　Multiple index registers. 操作数中使用了多个变址寄存器。

48　Must be index or base registers. 存储器操作数要求基址或变址寄存器，但给的是其他寄存器。

49　Illegal use of register. 寄存器的使用非法。

50　Value out of register. 值超出范围。

51 Operand not in current CS ASSUME segment. 操作数超出 ASSUME 语句分配的代码范围。通常是对标号的调用或转移超出当前代码段。

52 Improper operand type:symbol. 非法的操作数类型。

53 Jump out of range by number bytes. 条件转移指令不在要求的范围之内。

54 Index displ. must be constant. 试图使用脱离变址寄存器的变量位移量。位移量必须是常数。

55 Illegal register value. 非法使用寄存器。

56 Immediate mode illegal. 立即操作数非法。

57 Illegal size for operand. 特定语句的操作数非法。

58 Byte register illegal. 8 位寄存器用在要求 16 位寄存器的语句中。

59 Illegal use of CS register. 非法使用 CS。

60 Must be accumulator register. 应当使用 AL、AX 的语句中使用了其他寄存器。

61 Improper use of segment register. 段寄存器使用非法。

62 Missing or unreachable code segment. 试图转移到 MASM 不能识别为代码段的标号，通常是因为无 ASSUME 语句使 CS 与一段代码相联造成的。

63 Operand combination illegal. 操作数组合非法。

64 Near JAMP/CALL to different code segment. 近程调用和跳转语句试图转移到非当前代码段。

65 Label cannot have segment override. 标号不允许有段前缀，即段取代前缀使用有误。

66 Must have instruction after prefix. 前缀后应当有的指令。

67 Cannot override ES for destination. 段取代前缀用在串操作指令目的操作数上。

68 Cannot address with segment register. 试图访问存储操作数，但没有用 ASSUME 说明该操作数所在的段。请使用段取代或 ASSUME 标出该操作数的属性。

69 Must be in segment block. 应在段内使用的伪指令，如 EVEN，用在段外。

70 Cannot use EVEN or ALIGN with type. EVEN 和 ALIGN 伪指令用在字节对准的段内。

71 Forward reference needs override or FAR. 调用或转移语句提前引用其他段的标号需使用 PTR 合成操作符予以说明。

72 Illegal value for DUP count. 重复子句的数值表达式不为正整数值。

73 Symbol is already external. 已定义为外部名字的符号又被定义为内部名字。

74 DUP nesting too deep. 重复子句嵌套超过 17 层。

75 Illegal use of undefined operand（?）. ? 使用不正确。

76 Too many values for structure or record initialization. 预置结构或记录变量时给出过多初始值。

77 Angle brackets required around initialized list. 预置结构变量时，没有使用尖括号括起初始值。

78 Directive illegal in structure. 结构定义中的语句非法。

79 Override with DUP illegal. 预置结构变量时，使用了重复子句 DUP。

80 Field cannot be overridden. 预置结构变量时，试图预置不能被预置的域。

83 Circular chain of EQU aliases. 用 EQU 伪指令定义的替补符号名指向自身。

84 Cannot emulate coprocessor opcode. 协处理器指令或操作数与产生协处理仿真程序不支持的操作码一起使用。

85 End of file,no END directive. 源程序无 END 语句。该错误也可能在段嵌套出错时产生。

86 Data emitted with no segment. 应在段内使用的语句在段外使用。产生目的代码的语句必须在段内，不产生目的代码的语句可在段内，也可以段外。

87 Forced error—passl. 用.ERR1 伪指令强制形成的错误。

88 Forced error—pass2. 用.ERR2 伪指令强制形成的错误。

89 Forced error. 用.ERR2 伪指令强制形成的错误。

90 Forced error—expression true（0）. 用.ERR2 伪指令强制形成的错误。

91 Forced error—expression false（not 0）. 用.ERR2 伪指令强制形成的错误。

92 Forced error—symbol not defined. 用.ERRNDEF 伪指令强制形成的错误。

93 Forced error—symbol defined. 用.ERRNDEF 伪指令强制形成的错误。

94 Forced error—string blank. 用.ERRB 伪指令强制形成的错误。

95 Forced error—string not blank. 用.ERRNB 伪指令强制形成的错误。

96 Forced error—strings identical. 用.ERRIDN 伪指令强制形成的错误。

97 Forced error—strings different. 用.ERRDIF 伪指令强制形成的错误。

98 Wrong length for override value. 结构域的重设值太大以至不能适宜于这个域。

99 Line too long expanding symbol:symbol. 使用 EQU 伪指令定义的等式太长。

101 Missing data:zero assumed. 缺少操作数，假定是零。

103 Align must be power of 2. ALIGN 伪指令用了不是 2 的幂的数。

104 Jump within short distance. JMP 语句的转移范围在短标号内，故可在标号前加 SHORT 操作符，从而使指令代码减少一个字节。

105 Expected element. 少了一个元素。

106 Line too long. 源程序行超过 MASM 允许的最大长度。

107 Illegal digit in number. 常数内包含当前的基不允许的数。

108 Empty string not allowed. 空串不允许出现。

109 Missing Operand. 语句缺少一个必需的操作数。

110 Open parenthesis or bracket. 语句中缺少一个圆括号或方括号。

111 Directive must be in macro. 只在宏定义里面要求的伪指令用在宏定义之外。

112 Unexpected end of line. 语句行不完整。

2. 无编号的错误信息

无编号的错误信息表示命令行、存储器分配或文件访问出问题。MASM 可显示如下无编号错误信息。

（1）文件访问错误。当 MASM 处理文件时，若出现磁盘空间不够、错误文件名或其他文件错误，则产生如下错误之一：

```
End of file encountered on input file
Include file filename not found
Read error on standard input
```

```
Unable to access input file:filename
Unable to open cref file:filename
Unable to open listing file:filename
Unable to open object file:filename
Write error on cross-reference file
Write error on listing file
Write error on object file
```

（2）命令行错误。启动 MASM 时，若用户给了无效命令行，则产生如下错误之一：

```
Buffer size expected after B option
Error defining symbol "name"from command line
Extra file name ignored
Line invalid,start again
Path expected after I option
Unknown case option:option
Unknown option:option
```

（3）其他错误。表示存储分配了问题或其他一些与特定源程序行不相关的汇编出错问题。

Internal error. 内部出错，注意错误发生时的情况。

Internal error—problem with expression analyzer. 分析表达式出现内部错误，说明表达式的构成有误。

Internal unknown error. MASM 不能识别的内部表有错。

Number of Open conditionals:（number）. 有 IF 而没有 ENDIF 语句。

Open procedures. 无与 PROC 匹配的 ENDP 语句。

Open segments. 无与 SEGMENT 匹配的 EDDNS.

Out of memory. 存储器有效空间用完，可能是因源文件太长或符号表中定义了太多符号。

附录 C　DOS 系统功能调用（INT 21H）表

DOS 系统功能调用表如附表 C-1 所示。

附表 C-1　DOS 系统功能调用表

功能号 AH=	功　能	入口参数	出口参数
00H	退出用户程序并返回操作系统		
01H	键盘输入字符		AL=输入字符
02H	显示器输出字符	DL=输出字符	
03H	串行设备输入字符		AL=输入字符
04H	串行设备输出字符	DL=输出字符	
05H	打印机输出字符	DL=输出字符	
06H	直接控制台 I/O	DL=FF（输入） DL=字符（输出）	AL=输入字符
07H	直接控制台输入（无回显）		AL=输入字符
08H	键盘输入字符（无回显）		AL=输入字符
09H	显示字符串	DS:DX=缓冲区首址	
0AH	输入字符串	DS:DX=缓冲区首址	
0BH	检查标准输入状态		AL=00　无键入 AL=FF　有键入
0CH	清输入缓冲区并执行指定的标准输入功能	AL=功能号（01，06，07，08 或 0A）	
0DH	初始化盘状态		
0EH	选择当前盘	DL=盘号	AL=系统中盘的数目
0FH	打开文件	DS:DX=FCB 首址	AL=00 成功 AL=FF 未找到
10H	关闭文件	DS:DX=FCB 首址	AL=00 成功 AL=FF 未找到
11H	查找第 1 个目录项	DS:DX=FCB 首址	AL=00 成功 AL=FF 未找到
12H	查找下一个目录项	DS:DX=FCB 首址	AL=00 成功 AL=FF 未找到
13H	删除文件	DS:DX=FCB 首址	AL=00 成功 AL=FF 未找到
14H	顺序读 1 个记录	DS:DX=FCB 首址	AL=00 成功 AL=FF 未找到
15H	顺序写 1 个记录	DS:DX=FCB 首址	AL=00 成功 AL=FF 未找到

续附表 C-1

功能号 AH=	功　能	入口参数	出口参数
16H	建立文件	DS:DX=FCB 首址	AL=00 成功 AL=FF 未找到
17H	文件更名	DS:DX=FCB 首址 （DS:DX+17）=新名	
19H	取当前盘盘号		AL=盘号
1AH	置磁盘传输区	DS:DX=传输区首址	
1BH	取文件分配表（FAT）（当前盘）		DS:DX=盘类型字节地址 DX=FAT 表项数 AL=每簇扇区数 CX=每扇区字节数
1CH	取指定盘的文件分配表（FAT）	DL=盘号	DS:DX=盘类型字节地址 DX=FAT 表项数 AL=每簇扇区数 CX=第扇区字节数
21H	随机读 1 个记录	DS:DX=FCB 首址	AL=00 成功 AL=01 文件结束 AL=02 DAT 太小 AL=03 缓冲不满
22H	随机写 1 个记录	DS:DX=FCB 首址	AL=00 成功 AL=01 盘满 AL=02 DAT 太小
23H	取文件长度（结果在 FCB 中）	DS:DX=首址	AL=00 成功 AL=FF 未找到
24H	置随机记录号	DS:DX=FCB 首址	AL=输入字符
25H	置中断向量	AL=中断向量号 DS:DX=入口地址	
26H	建立一个程序段	DX=段号	
27H	随机读若干个记录	DS:DX=FCB 首址 CX=记录数	AL=00 成功 AL=01 文件结束 AL=02 DAT 太小 AL=03 缓冲不满
28H	随机写若干个记录	DS:DX=FCB 首址 CX=记录数	AL=00 成功 AL=01 盘满 AL=02 DAT 太小
29H	分析文件名	DS:SI=字符串地址 ES:DI=FCB 首址 AL=分析时采取动作	ES:DI=FCB 首址 AL=00 标准文件 AL=01 多义文件 AL=02 非法盘符
2AH	取日期		CX:DX=日期 AL=星期几
2BH	置日期	CX:DX=日期	AL=00 成功 AL=FF 失败
2CH	取时间		CX:DX=时间

续附表 C-1

功能号 AH＝	功　能	入口参数	出口参数
2DH	置时间	CX:DX＝时间	AL＝00 成功 AL＝FF 失败
2EH	置写校验状态	AL＝状态 00 断开 01 接通	
2FH	取磁盘传输区首址		ES:BX＝传输区首址
30H	取 DOS 版本号		AL＝输入字符
31H	终止用户程序并不应该留在内存	AL＝退出码 DX＝程序长度（以节为单位）	AL＝输入字符
33H	置/取 Crrl-Break 检查状态	AL＝00 取状态 DX＝01 置状态	DL＝状态 00 断开 01 接通
35H	取中断向量	AL＝中断类型号	ES:BX＝入口地址
36H	取盘剩余空间数	DL＝盘号	BX＝可用簇数 DX＝总簇数 AL＝每簇扇字节数 CX＝每簇扇区数
38H	取国别信息（2.10 版） 置/取国别信息（3.10 版）	DS:DX＝信息区首址 AL＝0	DS:DX＝国别数据首址
39H	建立 1 个子目录	DS:DX＝字节串地址	CF＝00 成功
3AH	删除 1 个子目录	DS:DX＝字节串地址	CF＝00 成功
3BH	改变当前目录	DS:DX＝字节串地址	CF＝00 成功
3CH	建立文件	DS:DX＝字节串地址 CX＝文件属性字	AX＝文件号（句柄）
3DH	打开文件	DS:DX＝字节串地址 AL＝0 读 AL＝1 写 AL＝2 读/写 有文件共享	AX＝文件号（句柄）
3EH	关闭文件	BX＝文件号（句柄）	
3FH	读文件或设备	BX＝文件号（句柄） CX＝读出字节数 DS:DX＝缓冲区首址	AX＝实际读出的字节数
40H	写文件或设备	BX＝文件号（句柄） CX＝读出字节数 DS:DX＝缓冲区首址	AX＝实际写入的字节数
41H	删除文件	DS:DX＝字节串地址	AL＝00 成功 AL＝FF 失败
42H	改变文件读写指针	BX＝文件号（句柄） CX:DX＝位移量 AL＝0 绝对移动 AL＝1 相对移动 AL＝2 绝对移动	DX:AX＝新的指针位置
43H	置/取文件属性	DS:DX＝字节串地址 AL＝0 取文件属性 AL＝1 置（CX＝）属性	CX＝文件属性

续附表 C-1

功能号 AH=	功　能	入口参数	出口参数
44H	设备文件 I/O 控制	BX=文件号（句柄） AL=0 取状态 AL=1 置状态（DX） AL=2、4 读数据 AL=3、5 写数据 AL=6 取输入状态 AL=7 取输出状态 AL=8 特殊块设备可改变吗？ AL=9 逻辑设备是本地还是远程 AL=0AH 句柄是本地还是远程 AL=0BH 改变共享复制计数	DX=状态
45H	复制文件号（句柄）	BX=文件号 1（句柄 1）	AX=文件号 2（句柄 2）
46H	强制复制文件号（句柄）	BX=文件号 1（句柄 1） CX=文件号 2	AL=输入字符 CX=文件号 1（句柄 1）
47H	取当前目录路径名	DL=盘号 DS:SI=字符串地址	DS:SI=字符串地址
48H	分配内存空间	BX=申请内存数量（节）	AX=0 分配内存首址 BX=最大可用内存空间（失败时）
49H	释放内存空间	ES=内存始址	
4AH	修改已分配的内存空间	ES=原内存始址 BX=再申请数量（节）	BX=最大可用内存空间（失败时）
4BH	装入 1 个程序	DS:DX=字节串地址 EX:BX=参数区首址 BX=文件号（句柄） AL=0 装入执行 AL=3 装入不执行	CF=0 成功 CF=1 失败（AX 为错误代码）
4CH	终止当前程序并返回调用程序	AL=退出码	AL=00 成功 AL=FF 失败
4DH	取退出码		AX=退出码
4EH	查找第 1 个文件	DS:DX=字节串地址 CX=属性	DAT 中
4FH	查找下 1 个文件	DAT	DAT 中
54H	取出校验状态		AL=状态（00 断开，01 接通）
56H	文件更名	DS:DX=字节串地址 ES:DI=新名地址	
57H	置/取日期和时间	BX=文件号（句柄） AL=0 读 AL=1 写，DX:CX=日期和时间	DX:CX=日期和时间
59H	取扩充错误	BX=0000H	AX=扩充错误码 BH=错误级别 BL=建议采取的措施 CH=地点

续附表 C-1

功能号 AH＝	功　能	入口参数	出口参数
5AH	建立临时文件	DS:DX＝以反斜杠为结尾的字符串地址 CX＝属性	AX＝文件句柄 DS:DX＝附有新文件的文件路径名串地址
5BH	建立新文件	功能基本同于 3CH 号功能，只是若已存文件并不截短为 0，以失败返回	
5CH	锁定/开锁文件访问	AL＝00H 锁定 AL＝01H 开锁 BX＝文件句柄 CX:DX＝偏移量高位：低位 SI:DI＝长度高位：低位	CF＝0 成功 CF＝1 失败（AX 为错误代码）
5EH	AL＝00H 取机器名	DS:DX＝内存缓冲区地址	计算机名字符填入缓冲区 CH=0 没有名字 ≠0 定义了名字号 CL＝ 名字的NETBIOS名字号
	AL＝02H 设置打印机配置	BX＝重定向表的索引 CX＝配置字符串长度（≤64） DS:SI＝打印机配置缓冲区的地址	CF＝0 成功 CF＝1 失败（AX 为错误代码）
	AL＝03H 取打印机配置	BX＝重定向表的索引 ES:DI＝打印机配置缓冲区的地址	ES:DI＝打印机配置字符串地址 CX＝数据长度
5FH	AL＝02H 取重定向清单条目	BX＝重定向表索引（从 0 始） DS:DI＝存放本地设备名的 128 字节缓冲区地址 ES:DI＝存放网络名的 128 字节缓冲区的地址	BH＝设备状态标志 b_0 =0 有效 =1 无效 BL＝设备类型 CX＝被存储的参数值 DS:DI＝本地设备名地址 ES:DI＝网络名地址
	AL＝03H 重定向设备		DAT 中
	AL＝04H 取消重定向		AL＝状态（00 断开，01 接通）
62H	取程序段前缀地址		BX＝当前进程的 PSP 段址
63H	取扩展字符集表地址	AL＝00H 取扩展字符集表地址	DX:DI＝扩展字符集表地址
		AL＝01H 置/清临时控制台标志 DL＝00H 置标志 DL＝01H 清标志	
		AL＝02H 取临时控制标志	DL＝标志值

注　功能号 18H、1DH～20H、32H、34H、37H、50H～53H、55H、5DH、60H、61H 均为 DOS 保留。

附录 D ASCII 码字符表

信息在计算机上是用二进制表示的，这种表示法让人理解就很困难。因此计算机上都配有输入和输出设备，这些设备的主要目的就是，以一种人类可阅读的形式将信息在这些设备上显示出来供人阅读理解。为保证人类和设备、设备和计算机之间能进行正确的信息交换，人们编制的统一的信息交换代码，这就是 ASCII 码表，它的全称是“美国信息交换标准代码”。ASCII 码如附表 D-1 所示。

附表 D-1 **ASCII 码**

LSD \ MSD		0	1	2	3	4	5	6	7
		000	001	010	011	100	101	110	111
0	0000	NUL	DLE	SP	0	@	P	`	p
1	0001	SOH	DC1	!	1	A	Q	a	q
2	0010	STX	DC2	"	2	B	R	b	r
3	0011	ETX	DC3	#	3	C	S	c	s
4	0100	EOT	DC4	$	4	D	T	d	t
5	0101	ENQ	NAK	%	5	E	U	e	u
6	0110	ACK	SYN	&	6	F	V	f	v
7	0111	BEL	ETB	'	7	G	W	g	w
8	1000	BS	CAN	（	8	H	X	h	x
9	1001	HT	EM	）	9	I	Y	i	y
A	1010	LF	SUB	*	:	J	Z	j	z
B	1011	VT	ESC	＋	;	K	[	k	{
C	1100	FF	FS	,	<	L	\	l	|
D	1101	CR	GS	—	＝	M	]	m	}
E	1110	SO	RS	.	>	N	^	n	～
F	1111	SI	US	/	?	O	_	o	DEL

ASCII 码表中的控制符号含义如下：

NUL	空	DLE	数据链换码	SOH	标题开始
DC1	设备控制 1	STX	正文结束	ETX	正文结束
DC2	设备控制 2	EOT	传输结束	BS	退一格
DC3	设备控制 3	ENG	询问	CAN	取消
DC4	设备控制 4	BEL	报警符	HT	横向列表
NAK	否定	ACK	确认	LF	换行
SYN	空转同步	EM	纸尽	VT	垂直制表
ETB	信息传送结束	SUB	减	ESC	换码
FF	走纸控制	FS	文字分隔符	CR	回车
GS	组分隔符	SO	移位输出符	RS	记录分隔
SI	移位输入	US	单元分隔符		

参 考 文 献

[1] 曹加恒，等．新一代汇编语言课程设计［M］．北京：高等教育出版社，2003.
[2] 龚尚福，等．微型计算机汇编语言课程设计［M］．西安：西安电子科技大学出版社，2003.
[3] 李珍香，等．汇编语言课程设计案例精编［M］．北京：中国水利水电出版社，2004.
[4] 王爽．汇编语言［M］．北京：清华大学出版社，2003.
[5] 李兆凤．8088/8086 汇编语言程序设计［M］．北京：中央广播电视大学出版社，1993.
[6] 杨路明．汇编语言程序设计［M］．长沙：中南大学出版社，2005.
[7] 罗万钧，等．汇编语言程序设计［M］．西安：西安电子科技大学出版社，1998.
[8] 姚君遗．汇编语言程序设计［M］．北京：经济科学出版社，1999.
[9] 周学毛，等．80486（80x86）汇编语言程序设计［M］．北京：电子工业出版社，1999.
[10] 李强，等．汇编语言程序设计［M］．西安：西安电子科技大学出版社，2005.
[11] 张维勇．汇编语言程序设计自考应试指导［M］．南京：南京大学出版社，2000.
[12] 潘新民，等．微型计算机原理、汇编、接口技术［M］．北京：北京希望电子出版社，2002.
[13] 钱晓捷，等．16/32 位微机原理、汇编语言及接口技术［M］．北京：机械工业出版社，2005.
[14] 罗万钧．汇编语言程序设计教学辅导与上机实验指导［M］．西安：西安电子科技大学出版社，1998.
[15] 刘晓星，等．8088/8086 汇编语言程序设计学习指导书［M］．北京：中央广播电视大学出版社，1993.
[16] 肖刚强，等．汇编语言程序设计［M］．北京：清华大学出版社，2011.
[17] 王成耀．80x86 汇编语言程序设计［M］．2 版．北京：人民邮电出版社，2008.